決定版

知れば知るほど面白い!

孫子の兵法

松下 喜代子

西東社

❶『三国志』『三国志演義』
安衆の戦い

窮地さえも利用する智将の戦法

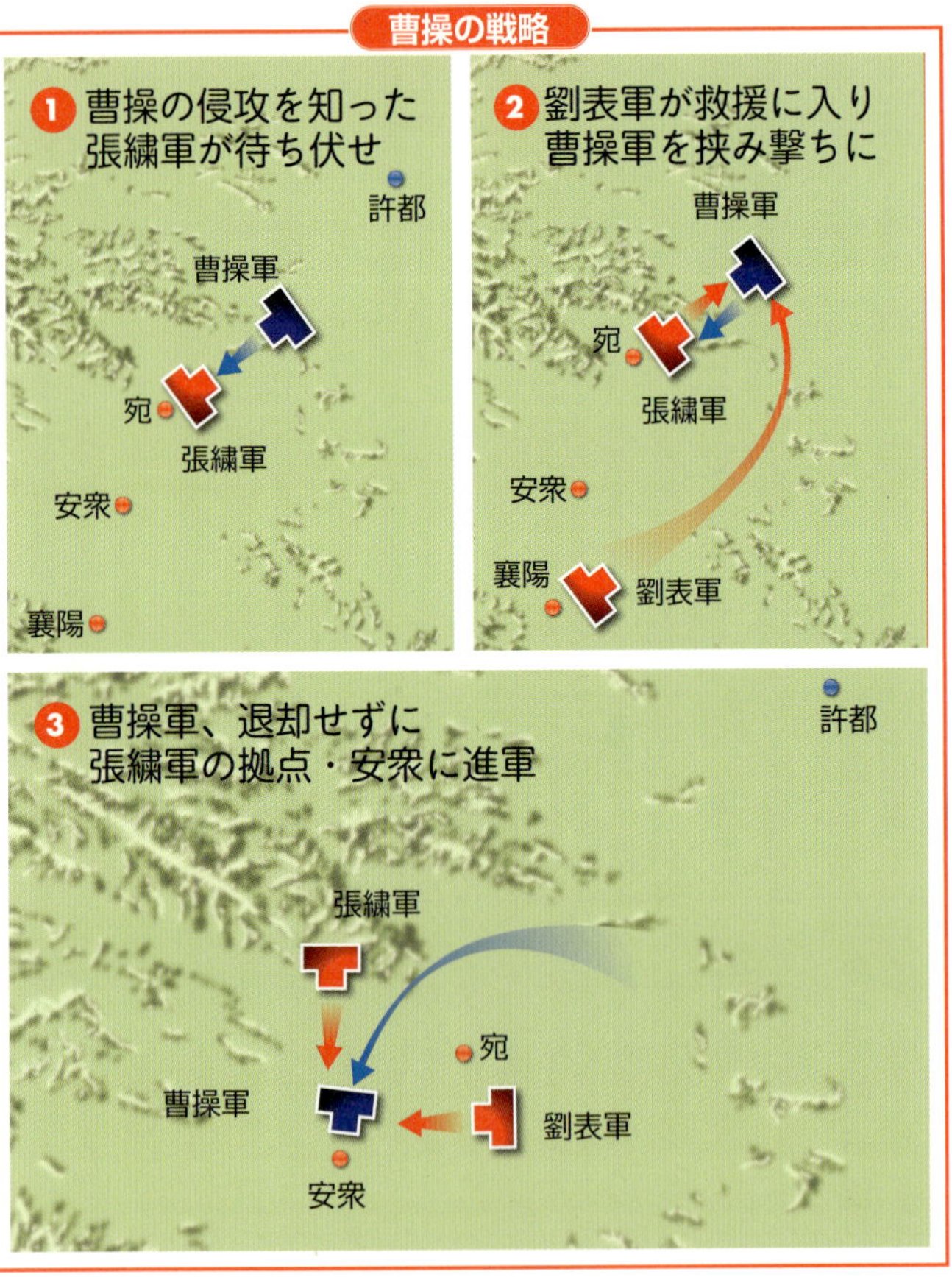
曹操の戦略
① 曹操の侵攻を知った張繍軍が待ち伏せ
許都
曹操軍
宛
張繍軍
安衆
襄陽
② 劉表軍が救援に入り曹操軍を挟み撃ちに
曹操軍
宛
張繍軍
安衆
襄陽
劉表軍
③ 曹操軍、退却せずに張繍軍の拠点・安衆に進軍
許都
張繍軍
宛
曹操軍
劉表軍
安衆

◆曹操の窮地を救った「孫子の兵法」

一九八年、魏《ぎ》の**曹操**《そうそう》は、許都《きょと》への侵攻を窺《うかが》う張繍《ちょうしゅう》の攻撃に向かった。襄陽《じょうよう》の劉表《りゅうひょう》が張繍の救援に入り、曹操包囲網が作られるなか、曹操はなぜか、**さらに敵地深い安衆《あんしゅう》へと軍を進めた。**

曹操はこの時、許に残った軍師・荀彧《じゅんいく》に次の手紙を送っている。**「我《われ》、安衆《あんしゅう》に到《いた》らば、繍《しゅう》を破《やぶ》ること必《ひつ》なり**（安衆に到着すれば、絶対に張繍軍を撃破できるだろう）」　安衆到着後の曹操軍は、案の定両軍に包囲されたが、地下道の掘削《くっさく》や伏兵などの奇策を重ねて敵軍をふりきり（➡**『進《すす》みて禦《ふせ》ぐべからざるとは、其《そ》の虚《きょ》を衝《つ》けば**

兵士は甚だしく陥れば、則ち懼れず。

第4章 形篇より

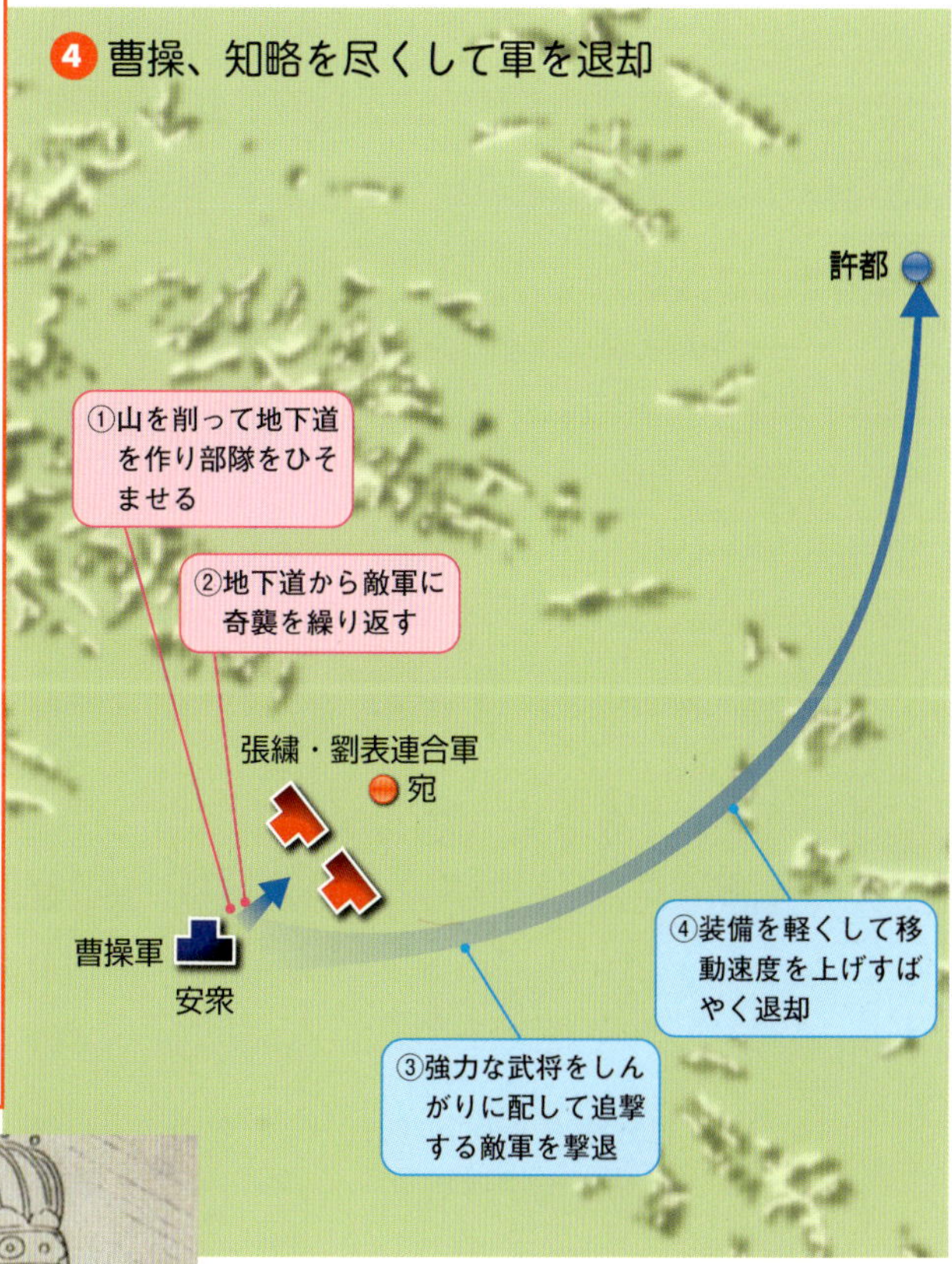

4 曹操、知略を尽くして軍を退却
許都
①山を削って地下道を作り部隊をひそませる
②地下道から敵軍に奇襲を繰り返す
張繡・劉表連合軍
宛
曹操軍
安衆
③強力な武将をしんがりに配して追撃する敵軍を撃退
④装備を軽くして移動速度を上げすばやく退却

なり』P110）、許都へ生還した。

帰還した曹操に荀彧が「なぜ敵が必ず破れるとわかったのか」と尋ねると、曹操はこう答えた。「敵が我が軍の帰還を遮り、必死の状況に追い込んだからだ」（『**兵《へい》士《し》は甚《はなは》だしく陥《おちい》れば則《すなわ》ち懼《おそ》れず**』➡P202）。

曹操は孫子を深く研究しており、彼が遺した注釈書は現在も孫子研究の重要文献になっている。

曹操

後漢時代末期の武将。三国志演義では悪役として有名だが、兵法家として『孫子』を編纂し、兵法を戦略に活かした。

『孫子の兵法』を用いた戦争

❷日露戦争

日本海海戦

「丁字」から「乙字」へ、戦法切り替えの妙

『三笠艦橋の図』に描かれた東郷平八郎（東城鉦太郎 画）

◆日露戦争の命運を分けた戦法

日露戦争の戦況が膠着《こうちゃく》した一九〇四年、ロシアが投入したバルチック艦隊の迎撃を受け持つ連合艦隊司令長官**東郷平八郎**と参謀**秋山真之**《さねゆき》は、七段階にわたる攻撃計画を立てた。敵艦隊が済州《チェジュ》島からウラジオストクに至る間に、どの航路をとりどんな行動をするか、様々にシミュレーションした結果だった（⬇『**軍は必ず五火の変の有るを知りて、数を以て之を守れ**』P216）。

〇五年五月二七日、バルチック艦隊の対馬《つしま》海峡接近が報告され、連合艦隊は出撃。敵艦隊の前方を横切ると、**大回頭**《だいかいとう》（Uターン）を始めた。

一見無謀に見えるが、敵の後続艦が戦闘距離に入ってこないと見越し、先頭艦に集中砲撃を浴びせる「**丁字**《ていじ》**戦法**」の陣形に入る行動だった。

敵が総合戦力で勝っても、こちらの全艦が集中して敵艦一隻を攻撃すれば、ひとたまりもない（⬇『**我**《われ》**は専**《まとま》**りて一**《いち》**となり、敵**《てき》**は分**《わ》**かれて十**《じゅう》**となる**』P114）。それが司令艦ならば、なおさら被害は甚大となる。現にロシア海軍は、司令艦への集中砲火を受け、指令系統を喪失した。

続いて連合艦隊は、再び一斉回頭。今度は敵の側面をつく「**乙字**《おつじ》**戦法**」をしかけ、敵の意表を突いて翻弄した（⬇『**戦**《たたか》**いは、正**《せい》**を以**《もっ》**て合**《あ》**い、奇を以**《もっ》**て勝**《か》**つ**』P94）。隊列を乱した敵艦隊は、戦闘不能に陥り、海戦は日本の海軍の圧勝に終わった。

戦いは、正を以て合い、奇を以て勝つ。

第5章 勢篇より

日露戦争の戦略

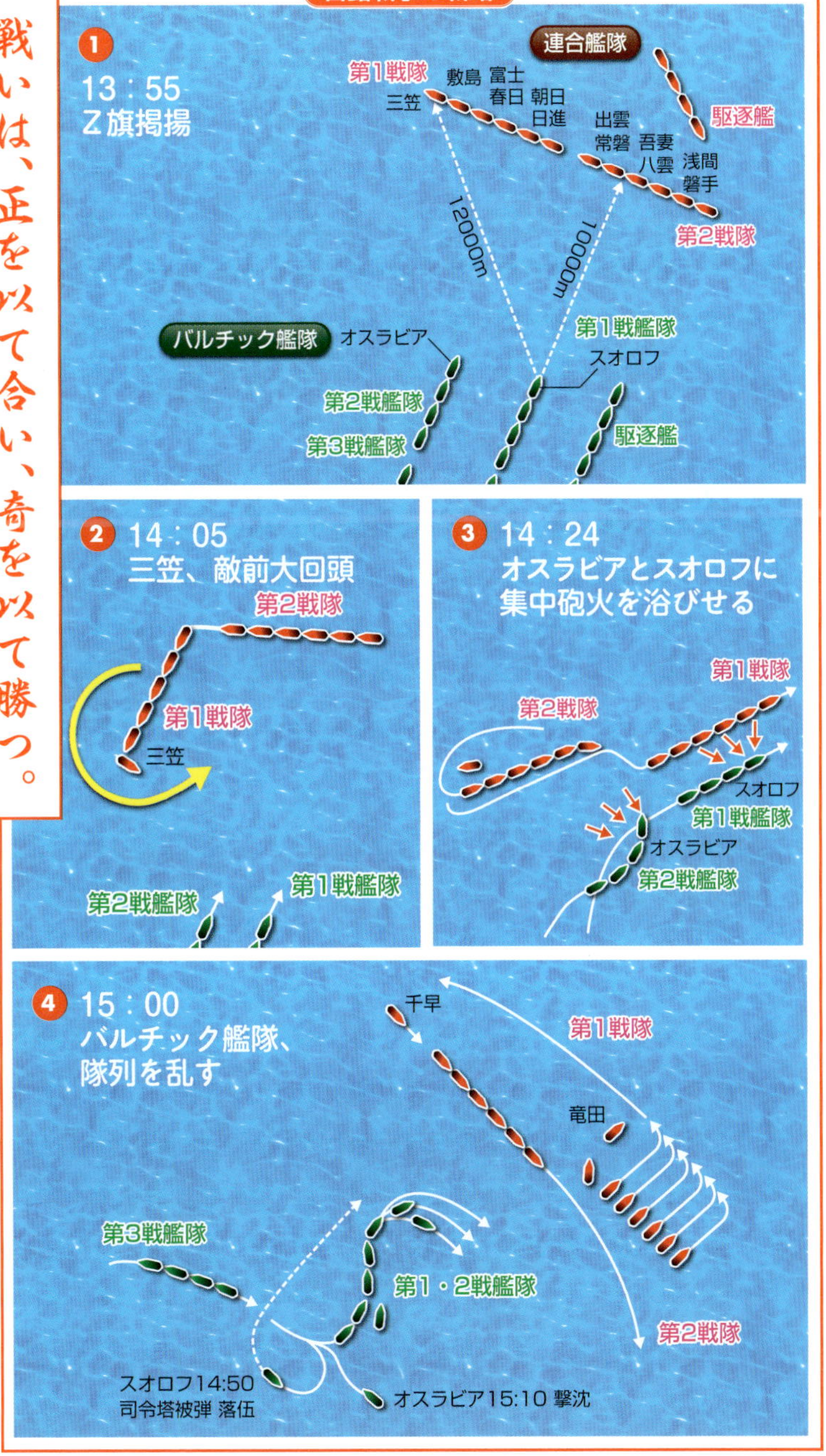

1
13：55
Z旗掲揚
連合艦隊
第1戦隊
敷島 富士
三笠
春日 朝日
日進
出雲
常磐 吾妻
八雲 浅間
磐手
駆逐艦
第2戦隊
12000m
10000m
バルチック艦隊
オスラビア
第1戦艦隊
スオロフ
第2戦艦隊
第3戦艦隊
駆逐艦
2
14：05
三笠、敵前大回頭
第2戦隊
第1戦隊
三笠
第2戦艦隊
第1戦艦隊
3
14：24
オスラビアとスオロフに
集中砲火を浴びせる
第1戦隊
第2戦隊
スオロフ
第1戦艦隊
オスラビア
第2戦艦隊
4
15：00
バルチック艦隊、
隊列を乱す
千早
第1戦隊
竜田
第3戦艦隊
第1・2戦艦隊
第2戦隊
スオロフ14:50
司令塔被弾 落伍
オスラビア15:10 撃沈

『孫子の兵法』を用いた戦争

③ベトナム戦争

クチの地下トンネル

「姿の見えない相手」と敵を戦わせる

◆米軍を悩ませたベトコンの駆け引き

一九六五年、ベトナム戦争に介入したアメリカ軍を悩ませたのは、南ベトナム解放戦線がしかける**ゲリラ戦**だった。

戦力面で圧倒的優勢にあったアメリカ軍だが、ベトナムのジャングルの中で兵は大型火器を使えず、解放戦線兵との戦力差はわずかになった。（➡『**卒《そつ》は離《はな》して集《あつ》めず、兵《へい》は合《あ》わせて斉《ととの》えず**』P198）

解放戦線は、**地下トンネル網を作り襲撃に用いた。**襲撃は直前ま

ゲリラ戦の戦略

① アメリカ軍の空爆計画を南ベトナム内の内通者から入手

② アメリカ軍の空爆で今後の展開状況を最終確認

③ トンネル内に襲撃部隊を配置

でわからず（⬇『**兵《へい》を形《けい》すの極《きわみ》は、無形《むけい》に至《いた》る**』Ｐ120）、アメリカ軍はつねに待ち伏せの危険を探りながら展開しなければならなかった。

また、大規模な兵力を動かすアメリカ軍は準備も大がかりとなり、結果として作戦を読まれてしまった（⬇『**之《これ》を蹟《せき》して動静《どうせい》の理《ことわり》を知《し》る**』Ｐ118）

この苦い戦争の後、アメリカは、軍人の教育カリキュラムに『孫子』研究を取り入れたとされる。

クチの地下トンネルの出入口。小柄な人物しか通れず、アメリカ兵の侵入を阻んだ。現在は観光ツアーで人気。

❹ トンネル出口で待ち伏せ少数部隊を襲撃

❺ 成功・失敗を問わずすばやく退避

❻ 追撃するアメリカ兵は入れない

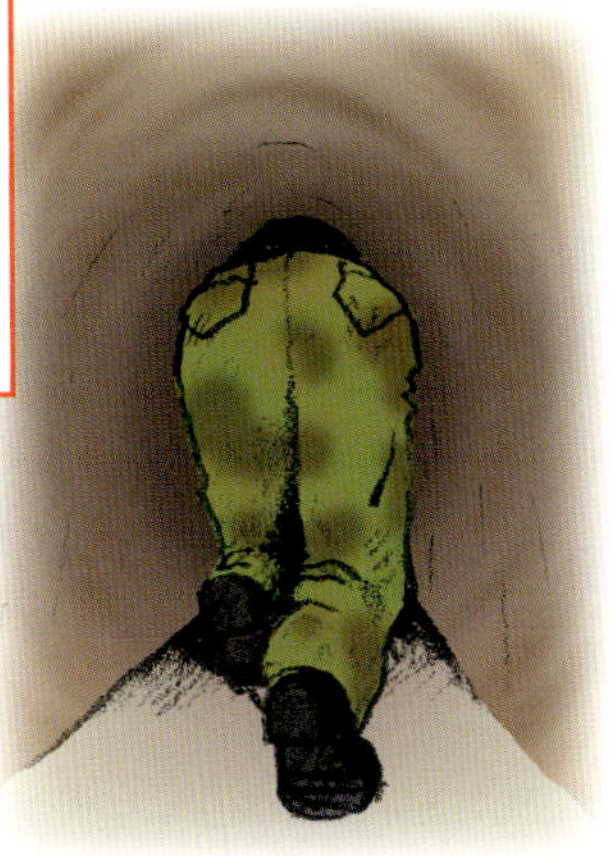

兵を形すの極は、無形に至る。

第6章　虚実篇より

智将・軍師の知略

日本の戦国時代に活躍した智将・軍師たちは、『孫子』を研究し、戦いに応用した。

『孫子の兵法』から読み解く戦略家のアイデア
①日本戦国時代

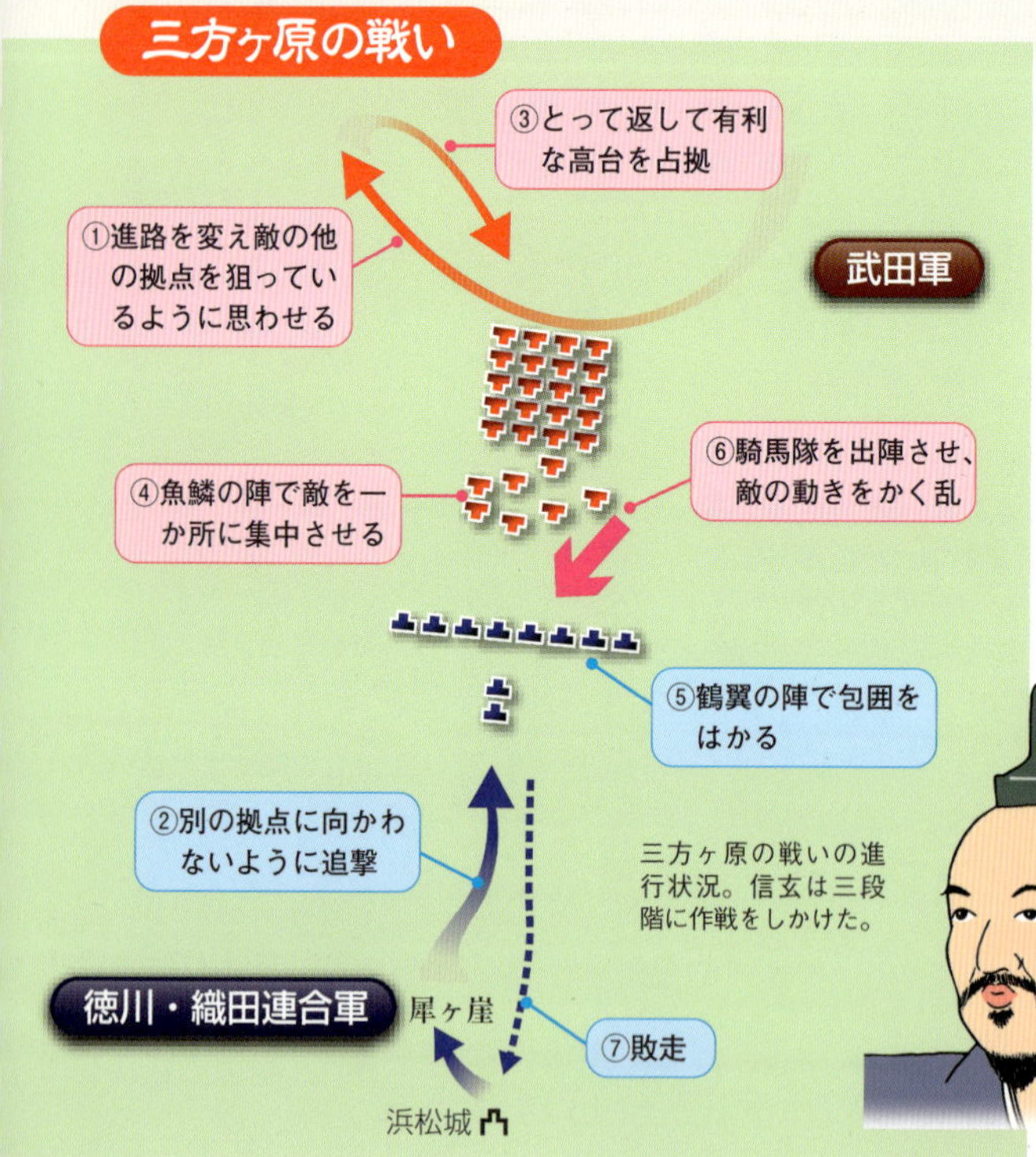

三方ヶ原の戦い
③とって返して有利な高台を占拠
①進路を変え敵の他の拠点を狙っているように思わせる
武田軍
④魚鱗の陣で敵を一か所に集中させる
⑥騎馬隊を出陣させ、敵の動きをかく乱
⑤鶴翼の陣で包囲をはかる
②別の拠点に向かわないように追撃
徳川・織田連合軍
犀ヶ崖
⑦敗走
浜松城

三方ヶ原の戦いの進行状況。信玄は三段階に作戦をしかけた。

武田信玄

計略で誘い出し、オトリで呼び込み、別動隊でしとめる

➡P130

この合戦で、**信玄**は三段にわたる作戦をしかけている。

まず浜松城を守る敵に向かうと見せて、突如軍の進路を90度転換。ゆっくり敵から離脱した。これを見た**徳川・織田連合軍**は、他の城に向かうと判断。阻止するために、今の陣を解いて追撃を始めた。

これを見て取った信玄は、有利な高台に布陣。前線が先細りになる**魚鱗《ぎょりん》の陣**を布き、戦力的に弱い先端部に敵を誘い込むようにした。

思惑どおり、敵は横に長い鶴翼《かくよく》の陣で魚鱗の先端を包囲するように進軍。そこへ**騎馬軍団に側面から急襲させて戦況をかく乱**すると、虚を突かれた敵は混乱し、信玄軍が快勝した。敵の総大将家康は命からがら逃げ帰った。

河越夜戦

北条氏康

無能を装って油断させる ↓P44

上杉・足利連合軍に河越城を包囲されると、救援戦をしかけては退く、降伏を持ちかけるなど、**あえて「下手な戦」を展開**。敵を油断させておいて、巧みな夜襲で奪還した。

善徳寺の会盟

太原雪斎

戦わないで済む手段を考える ↓P64

今川義元に、ライバル武田・北条とは**戦うより同盟せよ**と説き、**婚姻による講和**を画策した。自ら信玄と氏康を説得したとされる。

コラム

孫子に救われた? 源義家——後三年の役

源義家は、金沢の柵に軍を進めたとき、空を渡る雁《かり》の群れが乱れるのを見、配下にその下を探らせた。

彼は都にいる頃兵法を学んでおり、それに「**兵、野に伏すとき、雁行《がんこう》をやぶる**」とあったのである。案の定、敵の伏兵が見つかった。

史実でなく後世の創作とされる挿話だが、『孫子』行軍篇を引いており、当時『孫子』が日本社会に浸透していたことがわかる。

金沢の柵推定地（秋田県横手市）

上方に列を乱す雁の群れ。画面左に伏兵が潜むのが見える

横山城防衛戦

竹中半兵衛

敵の士気が高いときは、戦いを避ける ➡P132

長浜・横山城の在番《ざいばん》（管理）を命じられた**木下秀吉**は、湖北部で失地回復を狙う浅井勢に攻撃をしかけた。

このため浅井勢は攻撃目標を変え、横山城に進撃した。秀吉不在の木下勢は迎撃に出ようとしたが、半兵衛は**戦意の高い敵との戦いを避けるように進言**。敵が接近すると銃撃で追い払うに留めた。

しかし、敵が日没で攻撃を止め引き揚げに入ると、味方の兵を密かに展開。**撤退を始めた敵の背後を突いて**、一気に攻めたてた。浅井勢は戦力に大きな損害を受けて、小谷城に退却した。

岩倉城および安岐城攻城戦

黒田官兵衛

勝利をつかむ手段は実戦だけではない ➡P68

豊臣軍の長宗我部《ちょうそかべ》制圧戦に参加した官兵衛は、**吉野川をせき止め**、敵の岩倉城の山下へ川の水を流しこみ始めた。

これには伏線があり、豊臣軍はこれまで三木、鳥取、高松の三城を**兵糧《ひょうろう》攻め**で干殺しにしていた。高松城と同じ水攻めを誇示し、敵に恐怖を与える戦略だった。

さらに官兵衛は大砲を打ちこんで恐怖を助長。敵は二〇日足らずで降伏した。

官兵衛はこの後、豊《ぶん》後《ご》の熊谷外記《くまがいげき》との**安岐城攻城戦**でも、大砲と「ときの声」で敵の恐怖をあおり、わずか三日で開城を成しとげた。

厳島の戦い

毛利元就

敵に危険を悟らせない ↓P152

むだに見える築城や重臣に偽りの反逆をさせる謀略《ぼうりゃく》で、**陶晴賢《すえはるかた》**軍を厳島におびき寄せ、水軍で包囲した。陶の大軍が狭い島で機動力を失うなか、三方から攻撃し、せん滅した。

今山《いまやま》の戦い

鍋島直茂

敵将の心理の変化を読み取る ↓P134

大友軍の包囲を受け孤立する中でも、敵将、大友親貞《おおともちかさだ》の士気の緩みを察知。**奇襲とニセ情報の二面作戦**で敵を混乱させ、親貞を討ち取った。

大坂夏の陣

真田幸村

戦力を一点集中させる ↓P97

劣勢が続く戦況を挽回するには徳川家康を討ち取るしかないと見て、**戦力を徹底してそれに集中**。その馬《ば》印《いん》を倒すまで接近し、家康に自害の覚悟をさせるほど脅かした。

杭瀬川《くいせがわ》の戦い

島左近

偽りの敗走をしかける ↓P144

目の前で稲刈《いねかり》をする作戦で敵軍を挑発して、小競り合いをしかけ、**敗れたふりをして退却し**、追撃を誘った。追ってきた敵を伏兵で迎え撃ち、宇喜多勢と連携して、敵の将を多く討ち取った。

世界の将軍の策謀

**中国やベトナムには『孫子』が早くに浸透し利用された。
一方西洋でも、『孫子』と同じ発想で勝利する将軍たちがいた。**

ナポレオン・ボナパルト

ダメージが少ない方法で戦う ↓P66

ウルムの会戦

ナポレオンは、敵**オーストリア軍**がシュバルツバルト東面を主戦地と見なしていると知って、先回りした。進軍してきた敵に陽動部隊を送って注意を引く間に、**背後から包囲**し、同時に敵の撤退先ミュンヘンにも別働隊を配置した。

敵は、三万余の兵力、大砲六〇門とともに降伏した。対するナポレオン軍側の損失はほぼゼロで、**対ロシア戦**用に戦力を温存した。

ナポレオンは妻ジョセフィーヌに、「行軍するだけでオーストリア軍を打ち破った」と、自慢げに書き送っている。

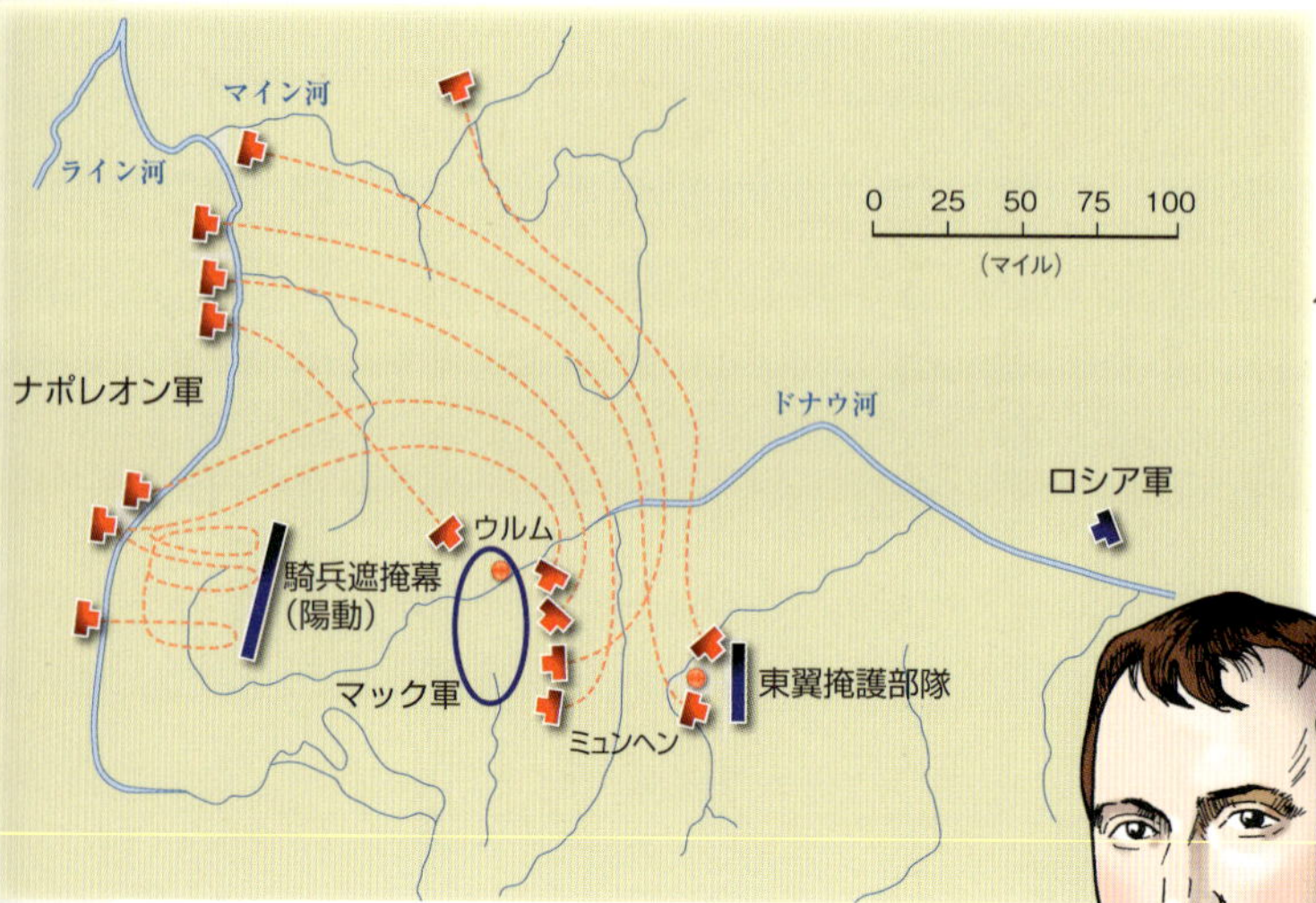

オーストリア軍を率いるマック将軍は、ナポレオン軍がシュバルツバルト（黒い森）から攻撃すると予測して進軍した。ナポレオンはこの裏をかき、マック軍を陽動部隊で混乱させ、敵の背後からウルム城塞を取り囲み、降伏を迫った。

「囲《い》剿《そう》」抵抗戦

毛沢東

都合の良い所に誘いこむ

⬇P100

共産党軍の指揮をまかされた毛は、**包囲せん滅作戦**（囲《い》剿《そう》）をとる国民政府軍に対し、小規模の抵抗と退却をくりかえして共産党の戦力圏深くに誘い込み、大軍で囲んで捕虜にした。敵兵が自軍に入るかどうかは意志に任せた。

インドシナ戦争

ボー・グエン・ザップ

組織を小さく分け、役割を与える

⬇P92

ベトナムの将軍ザップは、部隊を最小二人から構成し、ゲリラ戦に欠かせない機動性を持たせた。ベトナム軍の神出鬼没の動きに、フランス軍は終始翻弄された。

対ドイツ情報戦

チャーチル

味方にも情報を隠す

⬇P206

ドイツの暗号「**エニグマ**」を政府暗号学校が解読し、コヴェントリー空爆を事前に知ったが、解読の事実を敵に悟らせないために黙殺し、防衛体制をとらせなかったとされる。（史実かどうかは不明）

湾岸戦争

シュワルツコフ

危険が過ぎたら戦いを止める

⬇P218

多国籍軍総指揮官シュワルツコフは、イラク軍を制圧しながら敵地内部への侵攻を避けた。すでに反撃の余力がなく、また、国連の支持を得るには強攻策を回避すべきと判断したからだった。

企業、スポーツのリーダーたち

戦いの新たなかたちであるスポーツやビジネス。ここにも『孫子』は、勝利のアイディアを提供している。

MS-DOS

MS-DOS1.0が搭載されたIBMパソコン。

ビル・ゲイツと、マイクロソフトの共同創立者であるポール・アレン(左)。ゲイツは、ハーバード大学在学中にマイコン用プログラミング言語BASICを開発。マイクロソフト社を創立した。

ビル・ゲイツ

敵に不可欠なものを握っておく

↓P200

ゲイツ率いる**マイクロソフト**は、一九八〇年、個人用コンピュータの開発に着手したIBM社から、**オペレーション・システム（OS）**の制作を下請けした。

独自のOSであるMS-DOSを完成させたゲイツは、これを安価でIBMに渡したが、特許は自社で保持し、他のメーカーにも公開した。

パソコンには、OSが欠かせない。いわばパソコンの急所を握ることとなったマイクロソフトには、IBM以外のパソコン・メーカーがOS使用に支払う**膨大なライセンス料**がもたらされた。その資金をベースに、マイクロソフトは新たなOSやビジネス・ソフトを開発。巨大企業に成長した。

ID野球

野村克也

データを読み取る ↓P88

一九八九年、低迷していた**ヤクルトスワローズ**監督に就任した野村は、選手の成績をデータ化。長・弱所を洗い出して指導に用いた。

これは、経験や勘に頼っていた当時のプロ野球では画期的な方法で、「**ID野球**」と呼ばれた。なお、IDとは、Important Dataを意味する。

この効果は就任2年目から表れ、チームはAクラス（3位）に躍進。翌年にはリーグ優勝、さらに翌年には日本一となった。

野村は選手時代に捕手としての相手打者との駆け引きから**情報収集・分析の価値を見出し**、指揮官としても大いに活用した。また、古今の兵法の引用も多い。

企業買収

孫正義

戦わないで勝つのが最高の勝利 ↓P62

ソフトバンク社社長の孫正義は、**企業買収（M&A）**を多用する戦略を批判された際、「戦わずして勝つ」のが兵法の真骨頂であり、ビジネスではそれがM&Aにあたると、『孫子』を引用して反論した。

ソニーブランド

盛田昭夫

状況を積極的に変え、有利な立場に立つ ↓P148

井深大とともにソニーをゼロから作り上げた盛田は、製品開発に**独創性とスピード**を同時に求め、他社に先駆けた革新的製品を作り出すことで、ソニーブランドの人気を高め、企業イメージを確立した。

第4章 形篇「不敗の兵法」

負けないための足場作り

第5章 勢篇「統率の兵法」

チームを効果的に動かすには

第6章 虚実篇「必勝の兵法」

敵の弱点をつく

第7章 軍争篇「幻惑の兵法」

敵を出し抜く

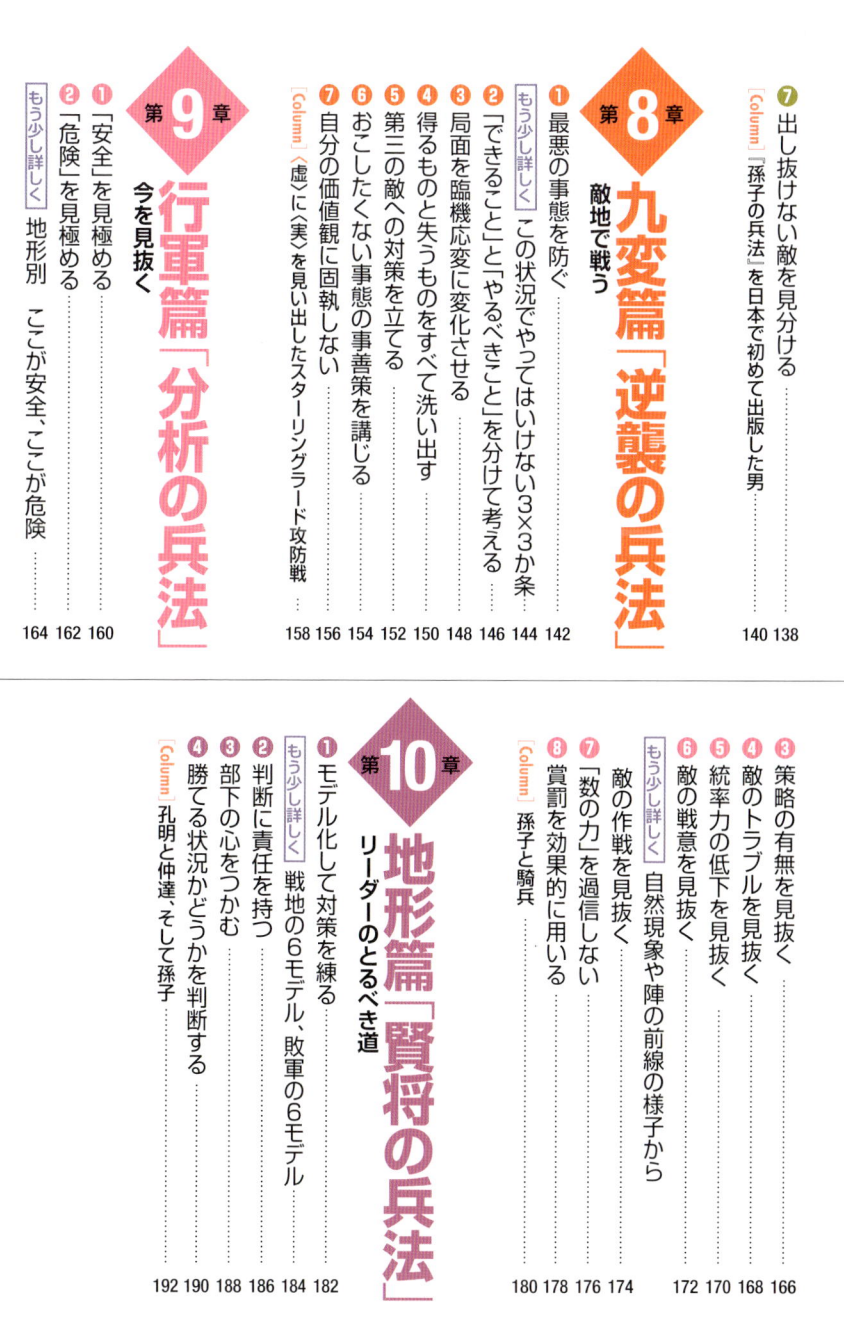

第11章 九地篇「逆転の兵法」

絶体絶命を覆す

第12章 火攻篇「詰めの兵法」

禁断の一手で戦いを収める

第13章 用間篇「忍びの兵法」

ひそかに情報を把握する

序章

「孫子の兵法」を知る

二五〇〇年の時の彼方に隠れる謎の原作者、孫武

司馬遷

司馬遷が『史記』に記した孫武像

- 孫武は斉の人である。
- 『孫子』十三篇を読んだ呉王闔廬《こうろ》に、兵法に優れているとして、国に招かれた。
- 闔廬の前で、宮廷の美女を使って、兵法の極意を見せた。(➡左ページ参照)
- 孫武の働きで、呉は西の隣国・楚の首都を攻略し、北の隣国・晋を威嚇し続けることができた。

以上は、『孫子・呉起列伝』より

- 闔廬が楚の首都への進軍を計画した際、一度目は孫武が「自国の国力回復を優先すべきだ」と中止を進言した。二度目は孫武とその同僚・伍子胥《ごししょ》が「楚の属国を味方に引き入れろ」と進言し、勝利を得た。
- 呉は、伍子胥と孫武の計略をもとに、西の楚を破り、北の斉と晋をおびやかし、南の越《えつ》を従えた。

以上は、『伍子胥列伝』より

◉「孫武《そんぶ》」と「孫臏《そんぴん》」

『孫子』の兵法の作者は、**春秋**《しゅんじゅう》**時代**(紀元前七二二~四七三)、**呉国**《ごこく》**王**に仕えた武将、**孫武**である。

——これは前漢時代(紀元前二〇二~後八)の歴史家、**司馬遷**《しばせん》が『**史記**』に記したことである。

ただし、これより古い史料には、孫武の功績も名前も、記録するものがまったくない。このため、「孫武は本当に『孫子』の作者なのか」、「いや、そもそも孫武は実在したのか」という議論がくりかえされてきた。

この議論をさらに複雑にしたのは、『史記』に登場するもう一人の孫子、**孫臏**《びん》の存在だった。

彼は、孫武より一五〇年ほど下る戦国時代、斉《せい》に仕えた武将だ。当時の文書にも有名な兵法家として記録が残っており、実は『孫子』の作者

宮廷美女に訓練を施す孫武
『孫子勒姫兵』安田靫彦画（霊友会妙一記念館蔵）

●寵《ちょう》姫《き》を斬刑にし軍規を示した孫武

①孫武は美女一八〇人を二隊に分け、王の寵姫二名をそれぞれの隊長に任命した。

②自分の号令があったら、その指示通りに前後左右を見るように、数回繰り返して丁寧に教えた。

③太鼓を打って号令したが、美女たちは笑って動かなかった。

④孫武は「申し渡しが行き届かなかったのは、自分の責任だ」と述べ、もう五回説明した。

⑤再び号令したが、美女たちは笑って動かなかった。

⑥孫武は、「申し渡しが行き届いたのに兵が動かないのは、隊長の罪だ」とし、王の助命を無視して寵姫二名を斬った。

⑦三度めの号令をかけると、美女たちは整然と動いた。

⑧王が不快を表すと、孫武は「王は兵法を論議するのは好きでも、実地で使うことはおできにならないようだ」と述べた。

はこちらの孫子なのでは…という説が有力となっていた。

しかし二〇世紀後半になって、この論争に新展開をもたらす新しい資料が発見された。

一九七二年、山東《さんとう》省の**前漢時代後期の墓**から、大量の**竹簡《ちくかん》**（細切りの竹を紐で連ね、文章を記したもの）が発見された。その中には、現在の『孫子』とほぼ内容が同じ孫子兵法書と、孫臏の作とする別の兵法書があった。これで、**孫臏が書いた兵法は『孫子』とは別**なことが、明らかになった。

それでも「孫武は『孫子』の作者か」「実在したか」という当初の問題は解決していない。「否定するだけの情報はないから、司馬遷の言うとおりでいいのでは？」というのが、現在主流となっている見解である。

『孫子』兵法とその時代

ライバルひしめく動乱の時代

蘇州にある闔閭《こうりょ》の墓・虎丘

◉実利が求められた時代の戦争

『孫子』の兵法が生まれたとされる春秋時代（紀元前七二一～四七三）は、小国家が乱立する動乱の時代だった。

かつての**王朝・周**は権力を失い、名目だけの宗主になっており、点在する**小都市国家**は、自分の領有権を拡げようと、小競り合いを続けていた。

この結果、戦争の形も、殷周《いんしゅう》時代から大きく変化した。殷周時代の戦争が、どちらが強いかを誇示し合う儀礼的なものだったが、春秋時代の戦争は、**勝てば拠点や権力を勝ち取れる**という功利的な目的をもったものになった。利益優先の戦略を説く『孫子』は、まさに、そういう時代が求めたものだった。

その『孫子』を早くに評価し、作者の**孫武《そんぶ》を招いた呉《ご》国**は、長江下流域にあらわれた新興勢力だった。

呉は漢民族国家でなく、地理的にも

「孫子の兵法」の影響・人と出来事

前771	西周が滅び、中原が小国分立状態になる。
前632	晋が中原の覇者となる。
前６世紀末	晋の覇者体制が崩壊し、中原の対立が激化。
	江南地域で呉・越が台頭。この頃、孫武が呉王闔廬に仕える。
前511	呉王闔廬が楚への進攻を開始。
前506	呉、楚の都城の郢を陥落させる。
	この遠征中に、越王允常が呉に進攻。以後、たびたび呉越が対戦。
前496	越王に允常の子の勾践が即位。呉への進攻を強化。
前487	呉、魯軍を撃破し、城下の盟を結ばせる。
前485-4	呉、斉を攻撃し、勝利を収める。
前496	呉と越が決戦し、呉が大敗。呉王闔廬が戦死。
	呉王に闔廬の子の不差が即位。越王勾践への復讐を誓う。
	『臥薪嘗胆』（復讐を忘れないように、不差が薪の上で起居し、勾践が苦い肝を嘗めた故事）
前494	呉王不差が越軍を破り、越王勾践が会稽で和睦を乞う。
前488	呉、魯を攻めて半属国とする。
前484	呉、斉軍を破る。斉は呉に和睦を乞う。
前482	呉王不差、黄地で会盟し、晋の定公を退けて中原の盟主となる。
前475	越王勾践、呉に進攻し、呉都を三年間にわたって包囲。
前473	呉王不差が自決し、呉が滅亡。越王勾践、会稽の汚名を晴らす。
前５世紀半～	韓・魏・趙・斉・楚・燕の六国が中原を争う。
前353	魏に進攻された趙が、斉に救援を求める（桂陵の役）。
	斉の軍師・孫臏、別の場所に魏軍を誘い出して、撃破。
前341	魏・趙連合軍に進攻された韓が、斉に救援を求める（馬陵の役）。
	孫臏、軍のかまどを減らしていく奇策で魏軍をおびき寄せ、撃破。
前312	北方より秦が台頭。前221年に中国全土を統一。

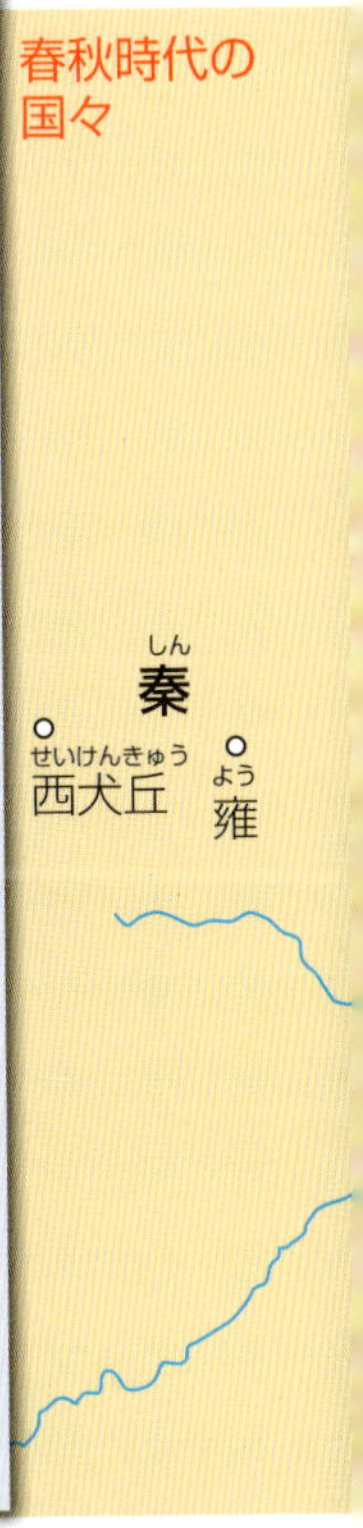

漢文化の中心から離れていたため、文化面では後進国だった。だがそれがかえって、『孫子』のような新しい考えを吸収する気風を育てたのである。

その呉の宿命のライバルは、同じ長江下流域を本拠地とする**越**《えつ》だった。両国は「中原《ちゅうげん》」長江以北への進出を図っており、まずはやっかいな隣国を倒そうとしていた。『孫子』は、この越を主要敵国とみなして構成されている。

孫武を招いた**呉王闔廬**《こうりょ》は、順調に覇権を拡げたかに見えた。しかし実弟の反乱を機に諸国の巻返しに合い、前四九六年、越に進軍したところを越王勾《こう》践《せん》に反撃され、死亡した。

彼の死後、呉王となって宿敵越との戦いを繰り広げるのが、息子の夫差《ふさ》である。呉王夫差と越王勾践、故事「**臥**《が》**薪嘗胆**《しんしょうたん》」の登場人物となる二人である。

『孫子』兵法の特徴

「戦わないこと」も選択肢 論理的に勝利を追求する

④〜⑥戦略の基本的な考え
①〜③戦いの準備
①計篇
戦いの前の態勢整備と情勢分析について
②作戦篇
戦うための資金の見積もりと予算の立て方
③謀攻篇
戦いでの手段の選択。将軍の登用と指揮権の委譲について
④形篇
攻守の選択をどうするか。守備固めと、分析用のデータの活用について
⑤勢篇
軍隊をうまく統率し、兵にノリをもたらす方法
⑥虚実篇
迎撃戦で敵の隙をつく戦略
ウ〜ム…

「孫子」13篇の構成

●戦う目的は利益

孫子は、戦う目的とは、単に勝利することではなく、その結果として**「何らかの利益」を得る**ことだ、という前提のもとにこの兵法を書いている。

利益と損失のソロバン勘定が、勝利の判断材料になる。利益追求型であることから、**できるだけ損失を出さない**ことが最良の戦略となり、また、利益が出ない戦いは避けるべきとする発想が生まれる。

「兵法なのに好戦的でない」と評されるのは、このためである。

●戦力のバランスを崩す

孫子の兵法では〈戦力〉というものについて、攻撃と守備だけでなく、**多くの要素が絡む総合的なもの**としてとらえている。

要素のどれかが弱ければ、全体のバ

⑬情報対策
⑦〜⑫さまざまな状況での戦略の立て方
⑬用間篇
情報探索者の活用と諜報活動のイロハ
⑩地形篇
各局面をモデル化し対処する戦略
⑦軍争篇
前哨戦での不利を挽回する戦略
⑪九地篇
リスクの高い戦いに臨む際に組織のリーダーが取るべき戦略
⑧九変篇
前線で局面を利用して勝利を得る戦略
※留守になった自国に、第三者が侵攻しないようにする戦略を含む
基本的に、戦いの準備から収束へと、時系列にテーマが進む。
後半の篇ほど、敵地深くに侵入し、戦いのリスクが高まる。
⑫火攻篇
戦いを収束させる戦略
⑨行軍篇
戦いの様々な局面に対処する具体例。小さな兆候から局面を読み取る方法

ランスも崩れ、戦力は弱体化する。このことから、味方には態勢の整備・充実が最優先され、敵の攻略については、敵の弱点を見出し戦力バランスを崩すことが戦略の基本となる。

また孫子は、**戦力を数値として計れる**ものと考え、「味方の数値が敵より大きい局面を作り出せば良い」という視点で戦略を説いている。

●応用するのは読者次第

『孫子』の兵法には、具体的な戦法はない。

「**この状況には、この発想で**」といった基本的な考え方を教え、「あとは**臨機応変に**」と説く。

しかしそのことが、読者の応用の幅を拡げ、『孫子』を戦争だけでなく、ビジネスをはじめさまざまな分野で活用できるものにしている。

活用された『孫子』

さまざまな解釈を経ながら現代人の戦略書に至る

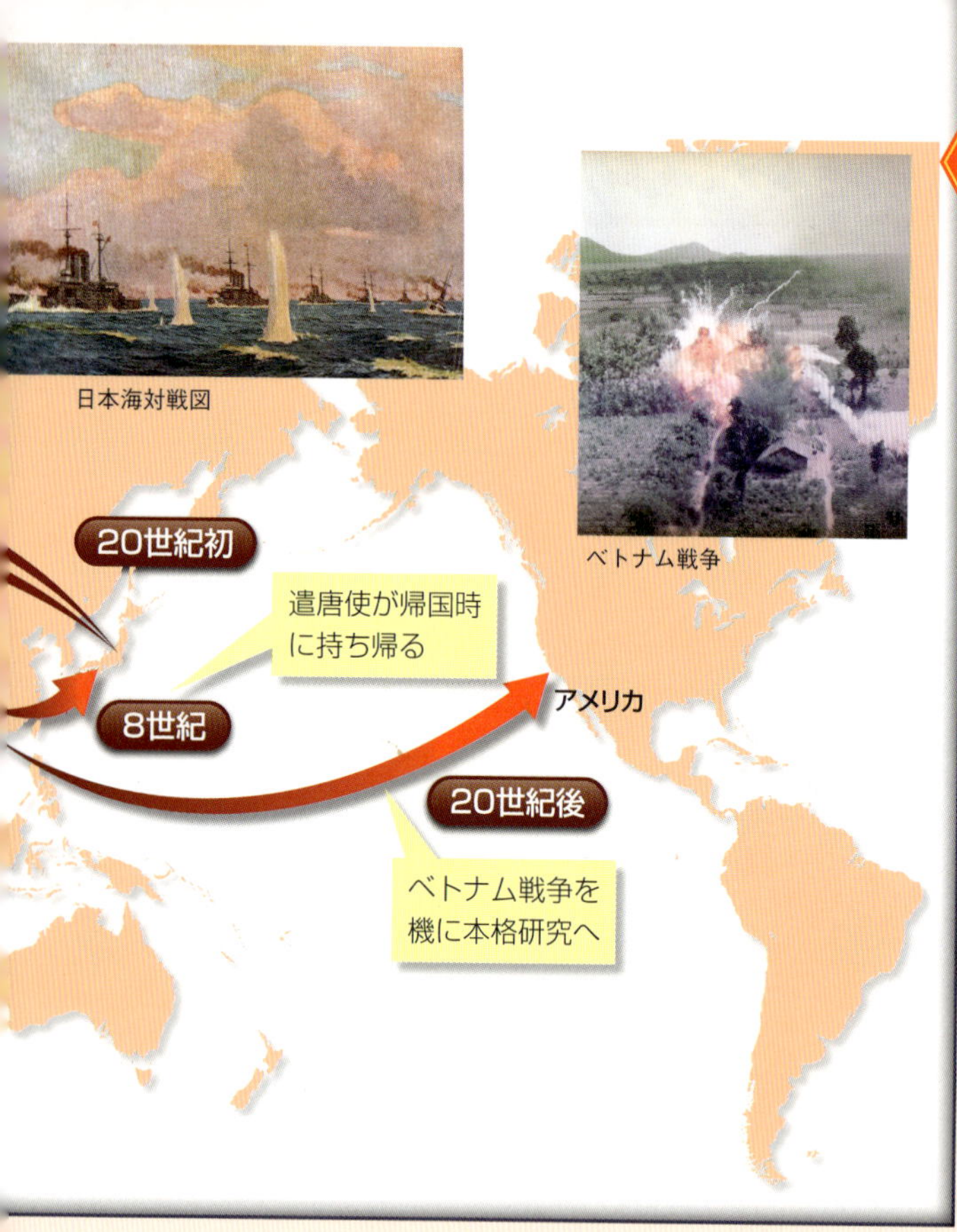
20世紀初
遣唐使が帰国時に持ち帰る
8世紀
アメリカ
20世紀後
ベトナム戦争を機に本格研究へ
日本海対戦図
ベトナム戦争

◉紀元前からのベストセラー

『孫子』は、早くも戦国時代（中国）には評価を得たらしく、『**尉繚子**《うつりょうし》』など、他の兵法書にしばしば引用されている。

また、戦国時代末期に書かれた『**韓**《かん》**非**《び》**子**《し》』に「今は国の誰もが兵法についてひと言語りたがっていて、どの家にも『孫子』と『**呉**《ご》**子**《し》』がある」と書かれ、前漢時代の『**史**《し》**記**《き》』に「世間で兵法書といえば、誰もが『孫子』ぐらいは基本として知っているだろうから、今さら説明しない」と書かれるなど、時代を超えた大ベストセラーだった。

◉時代を超えて残る兵法

ただし、『孫子』は簡潔な文体で書かれているため、意味がつかめないところが多い。当時の中国人もそう感じたらしく、**多くの注解書が作られた。**

そのうち現存している最古のものは、「三

曹操の『孫子』解釈の一例

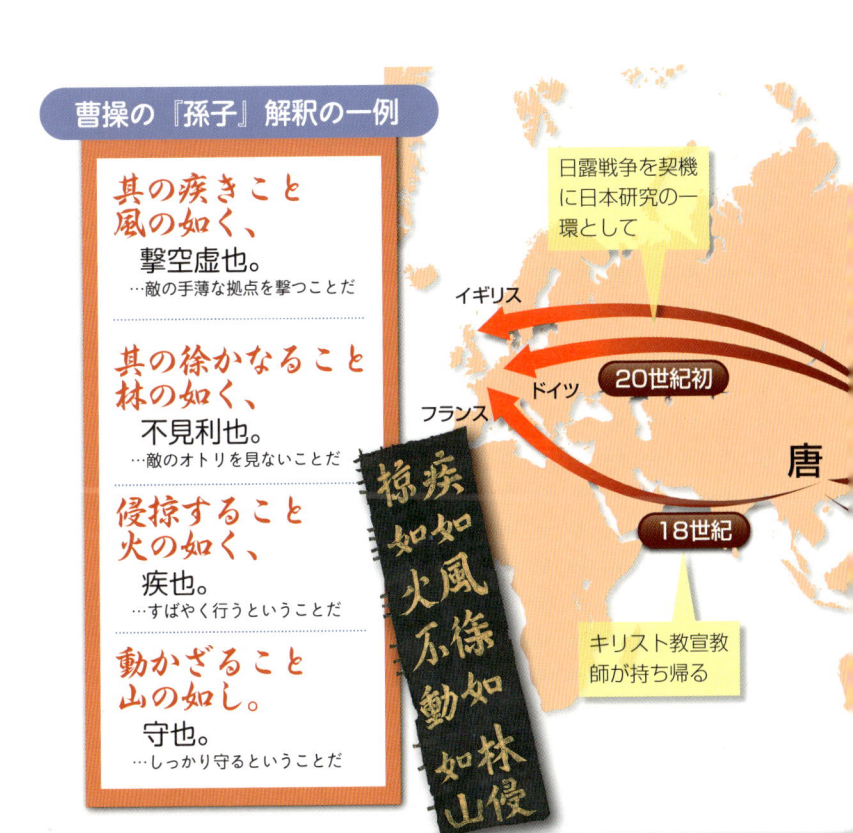

其の疾きこと風の如く、
撃空虚也。
…敵の手薄な拠点を撃つことだ

其の徐かなること林の如く、
不見利也。
…敵のオトリを見ないことだ

侵掠すること火の如く、
疾也。
…すばやく行うということだ

動かざること山の如し。
守也。
…しっかり守るということだ

疾如風徐如林侵
掠如火不動如山
日露戦争を契機に日本研究の一環として
イギリス
ドイツ
フランス
20世紀初
唐
18世紀
キリスト教宣教師が持ち帰る

国志」の三英雄のひとり、**曹操**《そうそう》のものだ。宋代になると、注解書から選りすぐりの十一冊をまとめて『**十一家注**《じゅういちかちゅう》』という集成本も作られた。

『孫子』は、日本や朝鮮半島など周辺諸国にも、唐時代頃から伝わり、それぞれ研究されている。**西洋への流布は一八世紀**まで時代が下り、布教に訪れたフランス人宣教師が、満州語版の抄《しょう》訳《やく》本を母国語に翻訳している。

ナポレオンが読んだのはこの版だとされているが、「ナポレオンが孫子を読んだ」ことを証明する資料はない。

本格的な伝播《でんぱ》は二〇世紀からで、英訳、ドイツ語訳があいついで出された。

西洋での『孫子』は、当初は「なぜ日本やベトナムが勝てたのか」などを研究する一環として学ばれたが、内容の普遍性から、次第に戦略書として読まれるようになり、現在に至っている。

日本での受容

古代の要人から平成のサラリーマンまでみんな『孫子』に学んだ

林羅山

新井白石

吉田松陰

江戸時代の主な孫子注釈者と書

『孫子諺《げん》解』 林羅山 (1583-1657)	徳川家康以降四代の将軍に仕え、幕府の文教行政に携わった。
『孫子諺《げん》義』 山鹿素行 (1622-1685)	儒学者と甲州流兵学を合わせた思想は、後に山鹿流兵学として継承される。
『孫子兵法択』 新井白石 (1657-1725)	儒学者。徳川家宣の推挙で幕政に参画。多くの漢書を政治に応用した。
『孫子国字解』 荻生徂徠 (1666-1728)	儒学者。徳川綱吉の学友を務める。新井白石とは思想上のライバル。
『孫子副註』 佐藤一斎 (1772-1859)	儒学者。門下から佐久間象山や渡辺崋山らを輩出。
『孫子評注』 吉田松陰 (1830-1859)	思想家・教育家。松下村塾を主宰し、高杉晋作、久坂玄瑞らを輩出。

◉武士の素養となった『孫子』

日本で『孫子』が用いられた記録は、奈良時代にさかのぼる。警護担当の舎人《とねり》六名が、**吉備真備《きびのまきび》**から孔明の八陣と『孫子』九地篇と結営向背《けつえいこうはい》（行軍篇）を習ったと『**続日本記《しょくにほんき》**』にある。真備は遣唐使のとき、兵法を学んだようだ。

平安時代には、貴族の素養として漢籍(中国伝来の書)が学ばれる中に、『孫子』もあった。**四書五経《ししょごきょう》**や漢詩ほど一般的でないのは、戦いが王朝貴族には縁遠かったためだろう。

戦いを職務とする武士がいつから『孫子』に触れていたかは不明だが、**戦国時代には一般的素養の一つ**となっていた。武将が直に読むというより、ブレインの僧が折にふれ講義したようだ。この時代は『孫子』が特別扱いされず、著名な兵法七書が同等に読まれた。『孫子』が高く評価されたのは江戸時

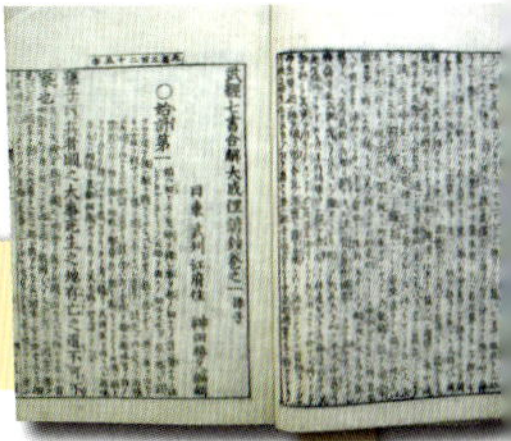

武経七書（野田市図書館所蔵資料）

戦国武将の必読書「武経七書」

「孫子」の他、以下の6つの書を合わあせて「武経七書」という

尉繚子《うつりょうし》

秦の軍政長官（国尉）、尉繚の軍事問答集。『孫子』や『呉子』の考え方をほぼ踏襲しつつ、一方で、農民が武器を取る挙国一致型の富国強兵国家を目指す。

呉子《ごし》

戦国時代初期の魏の将軍、呉起の著。「兵の体格に応じて、違う武器を与えよ」など、『孫子』より実践的な内容が多い。儒学の影響も強くなっている。

黄石公三略《こうせきこうさんりゃく》（三略）

漢の軍師、張良が、不思議な老人黄石公から授かったという設定の書。乱世をどう治めるべきかという視点で、やむを得ない方法として兵法を説く。

司馬法《しばほう》

春秋時代の斉の軍政長官（大司馬）、田穣苴の兵法を戦国時代に編纂。平時と戦時を表裏一体のものとしてとらえ、両者のバランスを保つことが大切と説く。

六韜《りくとう》

周の軍師、呂尚（太公望）が、周の文王・武王に一問一答式で兵法のレクチャーをするという体裁の書。国政、計略など、テーマ別に六部になっている。

唐太宗李衛公問対《とうたいそうりえいこうもんたい》

唐の将軍、李靖が太宗（李世民）と軍事について問答するという体裁の書。『孫子』の内容について、解釈しあう問答が多い。

代に入ってからで、日本初の『孫子』注釈書を出した林羅山《はやしらざん》が、序で「古今ノ兵書、孫子ニマサレルハナシ」と書いている。

その後、**山鹿素行《やまがそこう》、新井白石、荻生《おぎゅう》徂徠《そらい》、佐藤一斎など、儒学者**を中心に注釈書が編まれた。幕末には、**吉田松陰**が自ら評注をつけ、松下村塾《しょうかそんじゅく》で講義をしている。しかし明治以降、軍事教育が西洋兵学中心となると、『孫子』への関心は薄まり、研究書や儒学者全集の一部として出版されるに留まる。

現在のように**普遍的な戦略書**として読まれるようになったのは、一九六〇年代から。この頃、サラリーマンをターゲットに、**ビジネス戦略や世渡り術**と絡めた『孫子』関連書が一気に出始めた。この傾向は、現在も続いている。

西洋と『孫子』

国益のための『孫子』 政治のための『戦争論』

『孫子』の特徴		『戦争論』の特徴
呉国王に、対隣国の基本戦略として進呈。リクルート用	執筆の動機	ナポレオン軍に敗れた理由を、軍事教育者として追求
実戦・非戦に関係なく、国の利益を得ること	戦争の目的	戦うなかで、自国の政治（特に外交）に好機を提供すること
主要敵国（越）は想定しているが、基本的に周辺国全てが敵になり得る	想定している敵	宣戦布告をした一国
前線にあって、単独に臨機応変に戦略を展開する	司令官の立場	後方にあって、複数が論議の末、戦略を決定し、前線に指令を出す

孫武（孫子）

クラウゼヴィッツ

●敗戦から生まれた『戦争論』

二〇世紀、初めて完訳本《かんやくぼん》のかたちで西洋に入った『孫子』は、戦略を重視するその内容から、同じように戦略を解説する西洋の兵書、『**戦争論**』と比較して読まれるようになった。

『戦争論』は、プロイセンの軍人で教育者の**クラウゼヴィッツ**（一七八〇～一八三一）の著作で、彼の死後遺された草稿《そうこう》をもとに出版された。

対ナポレオン戦争（一八〇四～一五）に従軍したクラウゼヴィッツは、ナポレオン軍に長く敗北を喫した原因を分析するなかで、**「戦争とは、政治の継続である」**という確信のもと、それをどう活かして勝利を得るかという課題を、生涯にわたって追求し続けた。

『戦争論』はプロイセン兵学の核となり、明治以降、この兵学を取り入れた日本にも大きな影響を与えた。

第1章

計篇

「準備の兵法」

踏み出す前に
すべきこと

計篇 1

リスクを認識する

孫子《そんし》曰《いわ》く、兵《へい》は国《くに》の大事《だいじ》にして、死生《しせい》の地《ち》、存亡《そんぼう》の道《みち》なり。察《さっ》せざるべからず。故《ゆえ》に、之《これ》を経《いとな》むに五事《ごじ》を以《もっ》てし、之《これ》を校《はか》るに七計《しちけい》を以《もっ》てし、其《そ》の情《じょう》を策《もと》む。

文意

孫子は言う。戦争は国の一大プロジェクトで、生きるか死ぬか、残るか滅びるか、重大な結果に至るものだ。その点を熟慮して臨まなければならない。まずは、戦うに堪える態勢かどうか、五つの要素を基にチェックすること。そして、敵国との戦力差がどうなっているか、七つのデータを基に見極めること。

▼リスクを見ないリスク

戦いには、多くのリスクがある。戦いの最中には「戦況の変化」や「作戦の失敗」などのリスクがあり、結果として「敗北」というリスクがある。その先には「滅亡」や「死」のリスクが待っている。

対策をしなければ、リスクは現実になる。しかし実際には、対策が行われない事例が少なくない。

これには二つのパターンがある。

一つは、リスクに気づかないパターン。背景には情報不足がある。

もう一つは、リスクを甘く見るパターン。背景には現状への過信がある。「今まで対処できたから、今後も大丈夫」と見なし、対策に無関心になるというものだ。

この二つの**「リスクをリスクと**

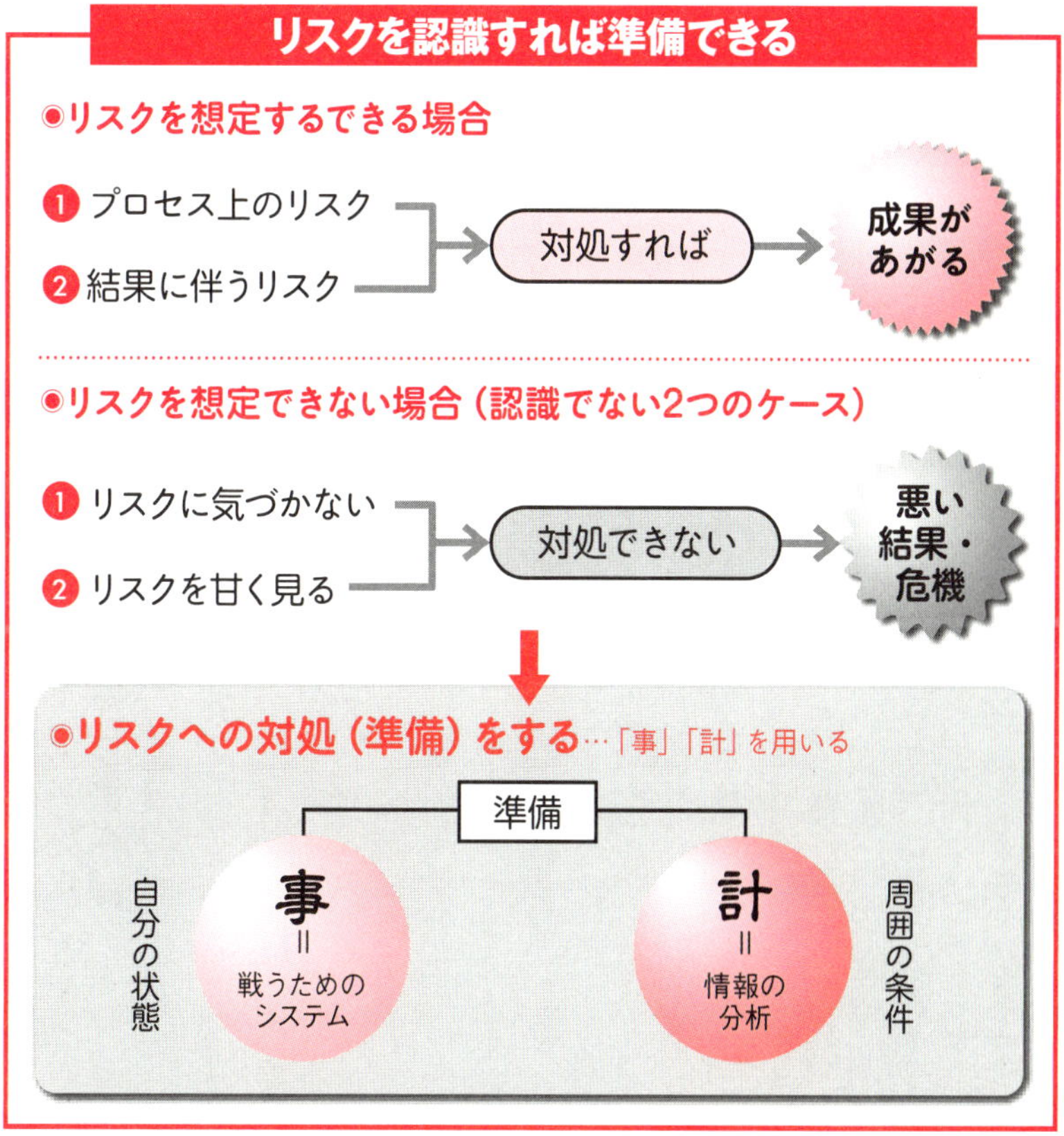
リスクを認識すれば準備できる
●リスクを想定するできる場合
1 プロセス上のリスク
2 結果に伴うリスク
対処すれば
成果があがる
●リスクを想定できない場合（認識でない2つのケース）
1 リスクに気づかない
2 リスクを甘く見る
対処できない
悪い結果・危機
●リスクへの対処（準備）をする…「事」「計」を用いる
準備
自分の状態
事
＝
戦うための
システム
計
＝
情報の
分析
周囲の条件

して認識しないこと」こそ、戦いにおける最大のリスクであり、孫子は強く注意をうながしている。

この最大のリスクを取り払えたら、自然に、他のリスクとその対策への関心が生まれるはずだ。

▼準備は重要な戦略

リスクは、放置すればそれだけ、起きる確率も危険性も高まる。早い時期、つまり**準備段階での対応が重要になる**。孫子は準備を戦いの重要戦略と見ており、『兵法』十三篇中四篇を割いている。

準備の最優先課題は、戦いに入れるかどうか、自分の状態を見極め、同時に、周囲の条件を見極めることだ。前者が〈事〉、後者が〈計〉であり、詳しくは以後のページで説明されることとなる。

計篇 2

勝つためのシステムを作る

道《みち》とは、民《たみ》をして、
上《うえ》と意《い》を同《おな》じくせしむるなり。
天《てん》とは、陰陽《いんよう》、寒暑《かんしょ》、時制《じせい》なり。
地《ち》とは遠近《えんきん》、険易《けんいき》、広狭《こうきょう》、死生《しせい》なり。
将《しょう》とは、智《ち》、信《しん》、仁《じん》、勇《ゆう》、厳《げん》なり。
法《ほう》とは、曲制《きょくせい》、官道《かんどう》、主用《しゅよう》なり。

文意

正しい統治を行い、民衆の支持を得ているか。日照や気温、季節変化への対策は打ってあるか。攻略地点を調査し、距離、地形、面積、決戦地になりそうなところを把握しているか。将軍は、論理性と信頼感、思いやり、決断力、厳格さを備えているか。組織をどう配置するか、各人にどんな権限を与えるか、指揮権をどう分け合うかを決めてあるか。

▼システムのツボは五つだけ

準備に入る際、何よりもまず確認すべきは、**戦って勝利できるかどうか**、自分の状態を見ることだ。孫子はそのポイントを、五つの〈事〉（五事）としてあげている。

〈道〉…統治方針
〈天〉…自然条件への対策
〈地〉…戦う環境の調査
〈将〉…組織を率いる人材
〈法〉…人事面のルール

孫子がこの五点を抜き出したのは、そこを集中して整備すれば、戦うためのシステムがしっかり築けるからだ。孫子の戦略は常に合理性と効率性を意識しており、これもその一つである。

▼システムでリスクを回避

〈道〉では、日頃から**組織の人び**

との支持を得ておくこと。そうすればいざ戦いとなった時も、方針を信用し行動を共にしてくれる。〈天〉と〈地〉では、**戦う条件を正しく把握する**こと。条件が変われば戦略が変わる。費用も変わるので、コスト管理にも関わる。〈将〉には戦いの巧みさと同時に、**現場の信頼を得る資質**がいる。〈法〉では**役割と責任の所在**を明らかに。役割分担の混乱は、戦いの現場の混乱につながりやすい。

システムがしっかりしていれば、戦いのリスクの多くを回避できる。システム整備は、効率化などの問題解決としてとらえられることが多いが、最終的にリスク対策になることを心にとめておきたい。

システムは整っているか

五事 五事は戦うための5つのチェックポイントだ

道（統治） →	人民の心をつかんでいるか？	YES / NO
天（気候・時節） →	戦うのに適した条件を選べるか？	YES / NO
地（地形） →	敵地の環境を調べてあるか？	YES / NO
将（将軍） →	実行役にふさわしい資質の人間か？	YES / NO
法（人事のルール） →	ルールどおり組織が動いているか？	YES / NO

NOの場合 → 原因を調べる → 対策を講じる

YESの場合 → 現状を見直す → 改善の余地を探す

計篇 3

相手との力関係を調べる

主《しゅ》、孰《いず》れか有道《ゆうどう》なる。
将《しょう》、孰《いず》れか有能《ゆうのう》なる。
天地《てんち》、孰《いず》れか得《え》たる。法《ほう》、孰《いず》れか行《おこな》わる。
兵衆《へいしゅう》、孰《いず》れか強《つよ》き。
士卒《しそつ》、孰《いず》れか練《ね》れたる。
賞罰《しょうばつ》、孰《いず》れか明《あき》らかなる。

文意

我が国と敵国では、統治が道理にかなって人心をつかんでいるのは、どちらか。どちらの将軍が軍の統率者として有能か。戦う環境はどちらに有利か。ルールや命令がしっかり守られているのはどちらか。どちらの軍隊が強大か。兵士がよく訓練されているのはどちらか。明快な基準で賞罰を出しているのはどちらか。

▼勝敗は総合力による

システムが整っても、周囲の条件が悪ければ、力を発揮できない。そこで、それを見極めるポイントとしてあげられているのが、七つの〈計〉（七計）だ。これを分析すれば、戦って勝てる情勢かどうか、正確に分析できる。

注目してほしいのは、情勢の要素として、条件が七つ、つまり複数あげられている点だ。**勝敗は一つの条件でなく、複数を足した総合力で決まる**ということだ。

小さな局面に限るなら、一つの条件で情勢が動くこともある。しかし**最終的には、総合力でまさる者が勝つ**。孫子は「勝敗は論理的に決まるもの」としており、以後の戦略もこの考えに基づいている。

情勢はどうなっているか

七計 戦いの情報を見極める7つのポイントが七計だ

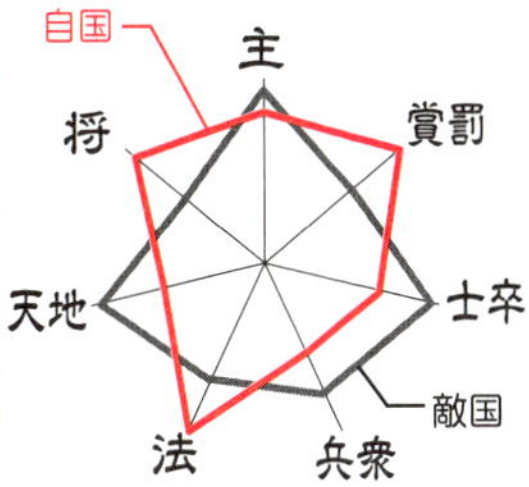

上の例のように、複数のポイントを比較することで自分と敵の特徴、攻略ポイントが見えてくる。

それぞれ数値で評価

七事	分析すべき内容	自	敵
主	統治に道理がかなっている	点	点
将	将軍（実行役）に能力がある	点	点
天地	環境・条件が戦いに有利	点	点
法	組織がルールに沿って運営	点	点
兵衆	軍隊（チーム）が強い	点	点
士卒	兵（メンバー）がよく訓練されている	点	点
賞罰	賞罰が適切に行われている	点	点

▼敵と比べて採点する

孫子は、〈七計〉を正しく行えば、「戦う前から勝敗がわかる」という。ただし、システム（〈五事〉⬇P36）が「できているかいないか」での評価に対し、情勢分析は、充実度や達成度といった度合いを評価しなければならない分難しい。

これに対する孫子のアイデアは、**敵と比べつつ、現状を採点する**というもの。そうすれば敵と自分それぞれの特徴がわかり、どう準備を進めたらいいかが見えてくる。ある条件が劣勢だとしても、別の優勢な条件を活かすなど、対策がさまざまに立てられる。

「勝敗が総合力で決まる」と知っていれば、行動の選択肢が増える。結果として勝つ確率が高まる。

計篇 4

分析内容を具体策に反映させる

将《しょう》、吾《わ》が計《けい》を聴《き》く。
之《これ》を用《もち》うれば必《かなら》ず勝《か》つ。之《これ》を留《とど》めん。
将《しょう》、吾《わ》が計《けい》を聴《き》かず。
之《これ》を用《もち》うれば、必《かなら》ず敗《やぶ》れる。之《これ》を去《さ》らん。
計《けい》、利《り》として、以《もっ》て聴《き》かば、
乃《すなわ》ち之《これ》を勢《せい》と為《な》して、以《もっ》て其《そ》の外《ほか》を佐《たす》く。

文意

私の情勢分析に耳を貸し、軍の運用に使う将軍なら、任せれば必ず勝つだろうから、その地位に留めなさい。反対に、聞く耳を持たぬ将軍は、任用しても必ず敗れるだろうから、辞めさせなさい。情勢分析が戦いの利得になると知った上で耳を傾けてくれる将軍には、能力以上の勢いがつくだろうから、勝利の強い手助けとなるだろう。

▼〈計〉は戦いの基礎データ

戦いを建築にたとえれば、〈事〉は**基礎工事、〈計〉は測量や様々な調査**に相当する。目的に見合った建物を建てるには、設計図を起こすにあたって〈計〉で分析したデータが欠かせない。

基礎データを無視した建物は、理にかなっていないから倒壊する。このため孫子は、**〈計〉を聴き流すような将軍は「必ず負けるから解任せよ」**と述べている。

なおこの文の解釈については、「私（孫子）の分析に耳を貸さないなら、私は国を去る」ととる説もあるが、「分析を無視した計画は破綻する（だから私がいても無意味）」という主張は同じである。

〈計〉は戦いの設計図をおこす際

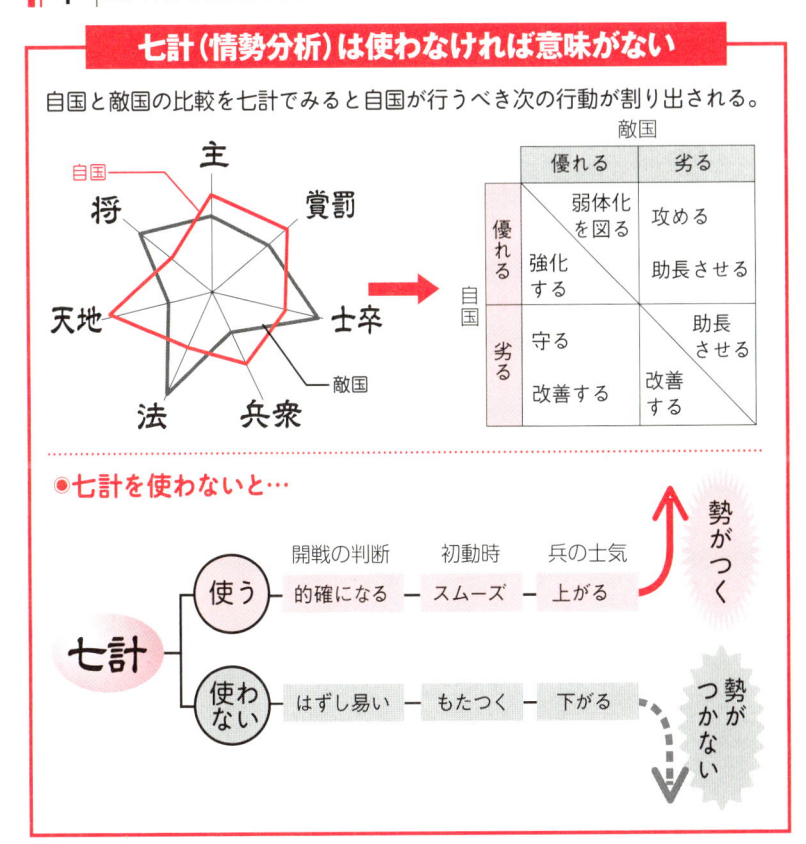

七計（情勢分析）は使わなければ意味がない

自国と敵国の比較を七計でみると自国が行うべき次の行動が割り出される。

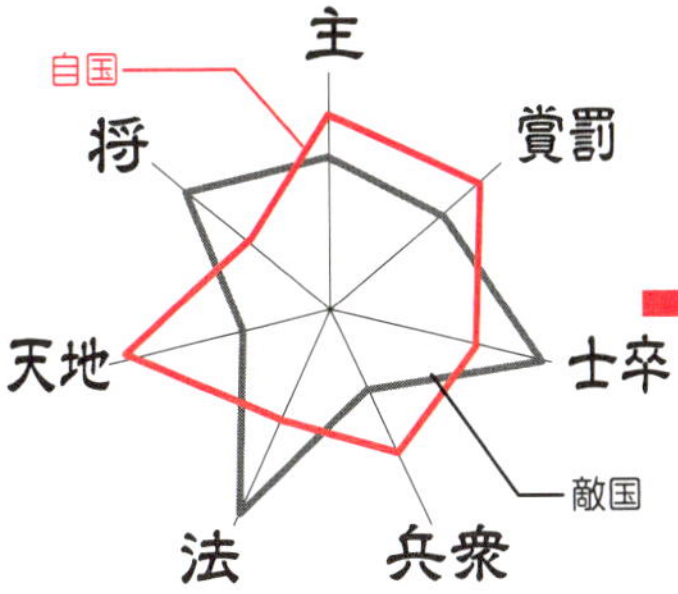

自国
主
賞罰
士卒
兵衆
法
天地
将
敵国

自国＼敵国	優れる	劣る
優れる	弱体化を図る／強化する	攻める／助長させる
劣る	守る／改善する	助長させる／改善する

●七計を使わないと…

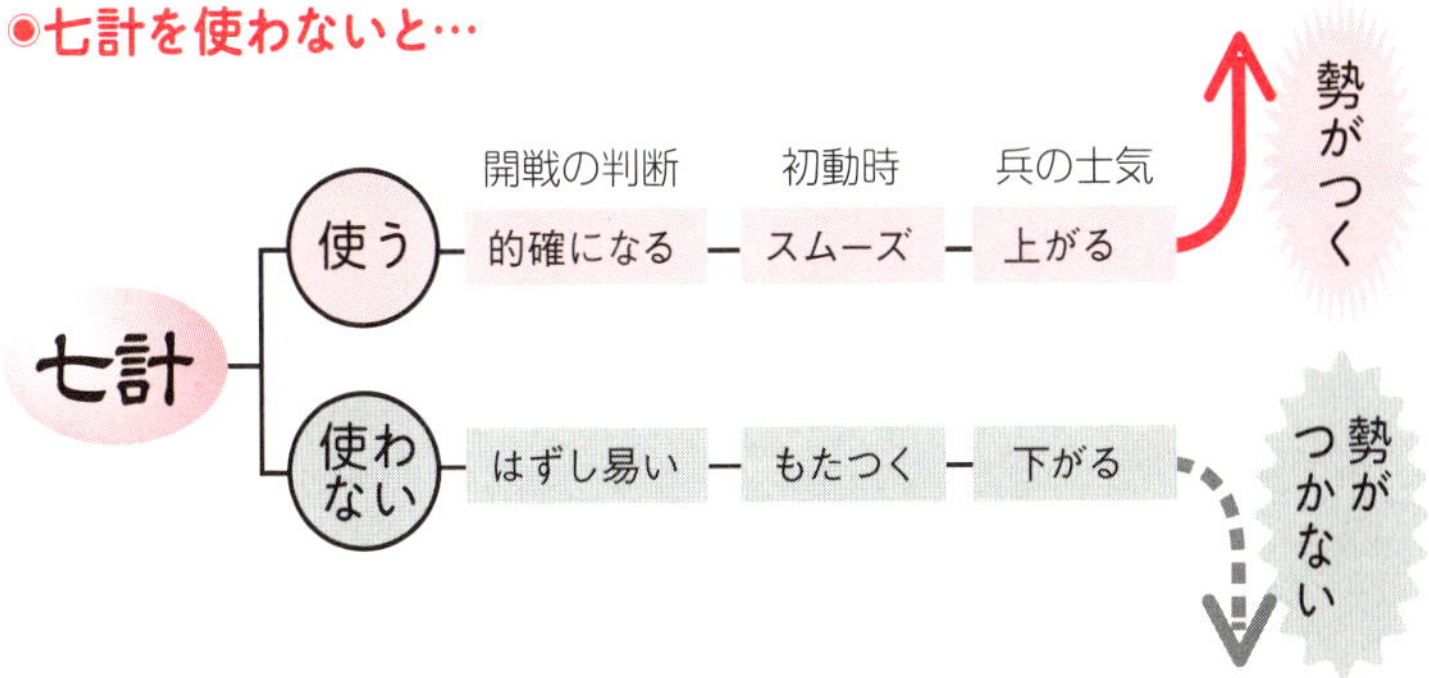

開戦の判断
初動時
兵の士気
七計
使う
的確になる
スムーズ
上がる
勢がつく
使わない
はずし易い
もたつく
下がる
勢がつかない

の、大切な基礎データなのだ。

▼データが組織を勢いづかせる

〈計〉が重要な理由について、孫子はもう一つ、**勝利に不可欠な要素を生み出す**からだと述べている。**その要素とは、〈勢〉**である。

〈勢〉とは、組織が勢いづいている状態、要は、いい調子にノっている状態をいう。この状態だと、メンバー一人ひとりの能力を足し合わせた以上の力が、組織に生まれる（➡P103）。だから**〈勢〉は、ここぞという局面で、勝利をつかむきっかけを作る**とされる。

計画が的確ならば、組織はスムーズに行動し、結果として〈勢〉がつく。その的確な計画は〈計〉を用いてこそ作れる。だから重要なのである。

計篇 5

相手の分析を混乱させる

兵《へい》は、詭道《きどう》なり。
能《のう》にして之《これ》を不能《ふのう》と示《しめ》し、
用《よう》にして之《これ》を不用《ふよう》と示《しめ》し、
近《ちか》くして之《これ》を遠《とお》しと示《しめ》す。

文意

準備段階の戦略では敵をあざむくことが基本となる。本当は能力があっても、ないように見せかけなさい。役立っていても、役立っていないように見せかけなさい。攻略地点に近づいていても、まだ遠くにいるように見せかけなさい。

▼ニセ情報を流す

孫子は、〈計〉（情報分析）を行えば「戦う前から勝敗がわかる」と述べている（⬇P38）。当然ながら、敵も同じように情報分析をして勝敗を読み、こちらの総合力を見極めどうすれば勝てるかを考えてくるだろう。そこで、**敵に間違った情報分析をさせる**〈詭道《きどう》〉が、戦略として重要になる。

孫子の言う〈詭（敵をあざむく）道〉とは、情報をさまざまな形で利用して、敵をかく乱するもの。戦いはすでに、情報戦という形で始まっているのだ。

孫子は、準備段階で行うべき情報戦略として、二つをあげている。

一つめが、ニセ情報を流してこちらの情勢を実際より悪く思わせること（もう一つは⬇P44）。孫子は戦いのリスクを認識する大切さを述べているが（⬇P34）、この作戦はそれを逆手にとっている。

▼虚勢をはるとリスクが増す

こちらの情勢を悪く見せかけれ

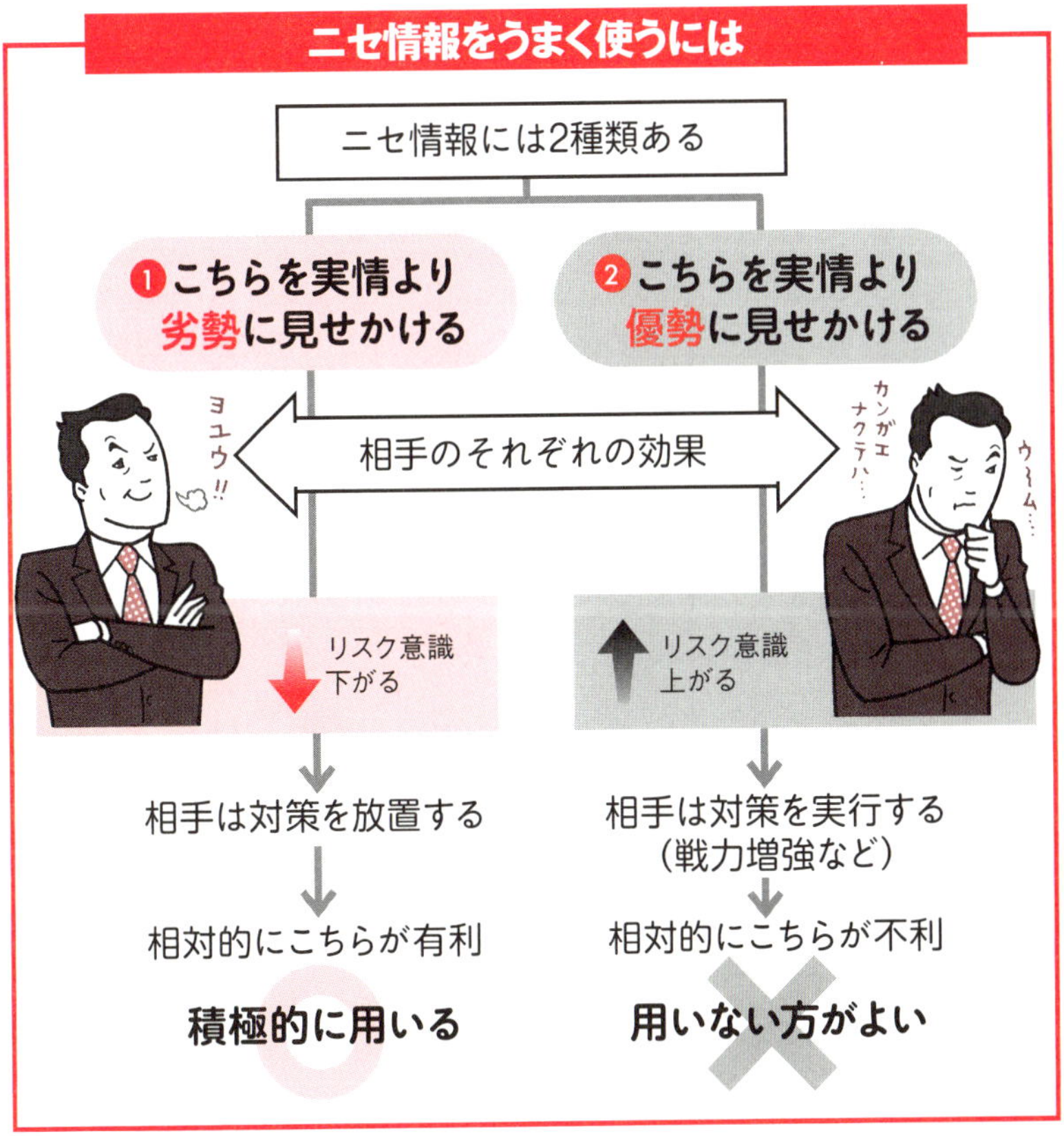
ニセ情報をうまく使うには
ニセ情報には2種類ある
❶こちらを実情より劣勢に見せかける
❷こちらを実情より優勢に見せかける
ヨユウ!!
カンガエナクテハ…
ウ〜ム…
相手のそれぞれの効果
リスク意識下がる
リスク意識上がる
相手は対策を放置する
相手は対策を実行する（戦力増強など）
相対的にこちらが有利
相対的にこちらが不利
積極的に用いる
用いない方がよい

ば、**敵はリスクをリスクとして認識できない**。もし弱点があっても改善策をとることはなく、戦うとしても、低い戦力でこちらにあたるだろう。こちらはその油断に乗じることができる。

なお、同じニセ情報を用いる作戦でも、こちらの情勢を実際以上に良く見せかける作戦については、孫子はまったく触れていない。

強大に見せかければ、いったんは敵の戦意を抑えこめるかもしれないが、危機意識をいたずらに高め、敵とこちらの増強合戦に陥りやすい。コストがかかるだけでなく、情勢が絶えず変化して分析は不正確になる。事前の**情勢分析には正確さが求められており、それを乱す状況は避けるべき**なのだ。

相手の弱点を研究する

利《り》にして之《これ》を誘《さそ》い、乱《らん》にして之《これ》を取《と》り、
実《じつ》にして之《これ》に備《そな》え、強《きょう》にして之《これ》を避《さ》ける。
怒《ど》にして之《これ》を撓《みだ》し、卑《ひ》にして之《これ》を驕《おご》らせ、
佚《いつ》にして之《これ》を労《ろう》し、親《しん》にして之《これ》を離《はな》す。
其《そ》の無備《むび》を攻《せ》め、其《そ》の不意《ふい》に出《い》づ。

文意

敵兵が物欲に弱いなら戦利品でおびき出し、統率が乱れていたらこちらに寝返らせなさい。敵軍の布陣に隙がなかったら防御に徹し、攻撃力が強かったら交戦を避けなさい。敵将が怒りっぽいタイプなら挑発し、へりくだるタイプならおだててあげなさい。武力温存に徹していたら小競り合いを仕掛けて疲れさせ、団結が強固なら仲違いさせなさい。敵が備えていない地点を攻め、思ってもみない時に出没しなさい。

▼情報の間接利用

準備段階で行うもう一つの情報戦略は、**敵の情報を集めて強みと弱みを見つけ、それを徹底的に利用する**方法を考え出すというもの。

前項（⬇P42）であげた戦略は、ニセ情報で敵のかく乱を図るもので、いわば情報を直接に作戦のコマとして用いる。

一方こちらは、敵の情報を分析することで攻略ポイントを見つけ出す。いわば情報の間接利用であり、今後の戦いで「どうすれば敵をかく乱できるか」と、作戦を立てるために、情報を利用し尽くす。

▼準備に完璧はない

この戦略の基本は、**敵の弱点を見つけ、徹底して突くこと**にある。

敵の弱点を助長し、こちらに都合

攻略ポイントは五事七計から見つかる

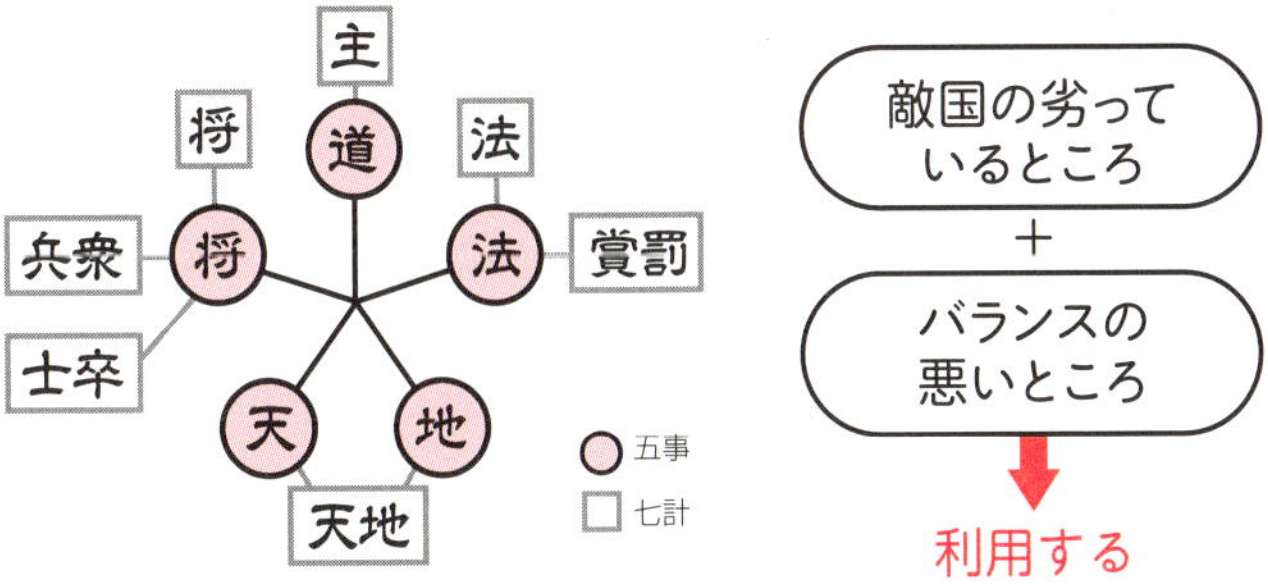
主
将
道
法
兵衆
将
法
賞罰
士卒
天
地
天地
五事
七計
敵国の劣っているところ
＋
バランスの悪いところ
利用する

●五事七計の弱点を戦いに利用するには

士卒の弱点	武力評価	将の弱点	兵衆の弱点	地形の弱点
規律が守られていないなら	●敵の守備が万全ならこちらも守備を固める	平常心を保てないなら	体力や団結に問題があるなら	備えのない所があるなら
↓ ●目先の利益を見せてまどわせる ●統率の乱れた組織をうまくつく	●攻撃力が強いなら始めから戦いを避ける	↓ ●怒りっぽかったら挑発する ●へりくだるタイプならおだてる	↓ ●無駄に動かして疲れさせる ●仲違いをしむける	↓ ●攻撃してくると思っていない所を攻撃する

良く利用し、できた隙に乗じる。**敵の強みに対しては、避けるか、力が発揮できないように図る。**敵に隙がなかったら攻撃せず、得意分野には手を出さない。強みとの対決を避けられないなら、疲れさせるなどして弱体化を図る。

ただし、このようにして立てた作戦は「情勢はこうであろう」という想定に基づいており、戦いに直面するまでは、有効かどうかはわからない。

戦いに入れば情勢はどんどん変わるので、準備段階で作戦を完璧に立てることは不可能だ。このため、**「準備に完璧はない」**ことを頭に入れつつ、さまざまな事態を想定して作戦の種類を増やしておくことも、ここでは重要である。

計篇 7

勝算を見極める

夫《そ》れ未《いま》だ戦《たたか》わずして廟算《びょうさん》するに「勝《か》つ」とは、算《さん》を得《え》るに多《おお》ければなり。未《いま》だ戦《たたか》わずして廟算《びょうさん》するに「勝《か》たざる」とは、算《さん》を得《え》るに少《すく》なければなり。算《さん》多《おお》きは勝《か》ち、算《さん》少《すく》なきは勝《か》たず。而《しか》るを況《いわ》んや、算《さん》の無《な》きにおいてをや。

文意

戦いに先立ち、廟でシミュレーションをして「勝利」という結果が出るのは、勝ち点となる有利な要素が自国に多いときであり、「勝利」と出ないのは、有利な要素が少ないときだ。シミュレーションでの勝ち点が多ければ実戦でも勝つだろうし、少なければ実戦でも勝てない。ましてや、勝ち点となる要素が全くないなら、戦いに持ちこむべきでない。

▼模擬戦と現実の一致

〈事〉〈計〉を用いた準備をまとめると、次のようになる。

①自分の状態と周囲の条件を確認

②〈五事〉に沿ってシステム整備

③〈七計〉を基に作戦を案出（併行して、敵の〈計〉をかく乱）

孫子はここでもう1ステップ、勝算を計るシミュレーションを行うように述べている。

古代中国では、開戦に先立ち勝算を計る「廟算《びょうさん》」が行われた。一種の宗教儀礼だが、ここにも**〈計〉を用いれば、正確なシミュレーションが可能になる**と、孫子は考えたようだ。

システムが万全か、情勢が有利か、作戦が実行可能か、実行した場合の成功確率、などを**それぞれ**

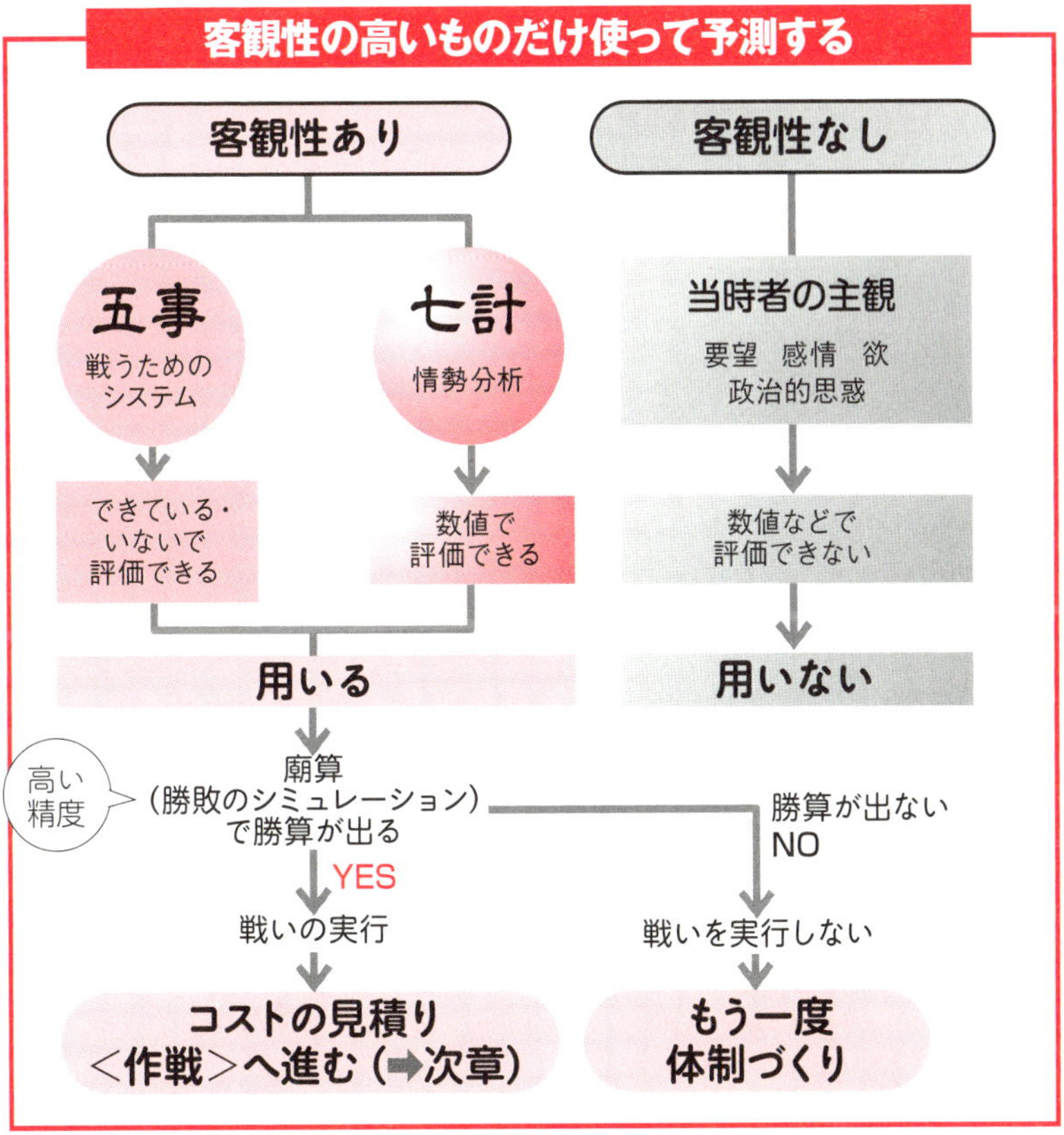
客観性の高いものだけ使って予測する
客観性あり
五事
戦うためのシステム
七計
情勢分析
できている・いないで評価できる
数値で評価できる
用いる
高い精度
廟算
（勝敗のシミュレーション）
で勝算が出る
YES
戦いの実行
コストの見積り
<作戦>へ進む（➡次章）
客観性なし
当時者の主観
要望　感情　欲
政治的思惑
数値などで評価できない
用いない
勝算が出ない
NO
戦いを実行しない
もう一度
体制づくり

採点し、合計の得点が多ければ勝ち、少なければ負ける。純粋に計算で評価しようとするところに、孫子の論理的な面が表れている。

▼客観性を重視する

個々の採点さえ正確なら、得点と実戦の結果は一致する。ここに、シミュレーションを廟(先祖の墓)で行う意味が出てくる。当時の中国の風習では、廟で何かを行うというのは主君の主観を廃する意味合いがあった。つまり、客観性を保てるのだ。

では、客観的なシミュレーションの結果、勝算なしと出たらどうするのか。

得点を増やすべく、ステップ②③に戻ることだ。**後戻りもまた、準備段階の重要な戦略**である。

コラム Column

情勢分析の対象はいくつ?

孫子は情勢分析を行うべきポイントは7つだとしているが、イギリスの歴史学者ハワードは社会、作戦、技術、兵站《へいたん》の4つを挙げている。彼によれば、ドイツが2つの世界大戦で負けたのは、このうち兵站を軽視したためだという。

同じくイギリスの政治学者グレイは、実に17ポイントを挙げている。グレイによれば、それぞれのポイントは互いに作用しあっており、あるポイントが劣っていても、他で埋め合わせが可能であり、総合評価が高ければ、敵の優位に立てるという。まさに、孫子と同じ発想である。

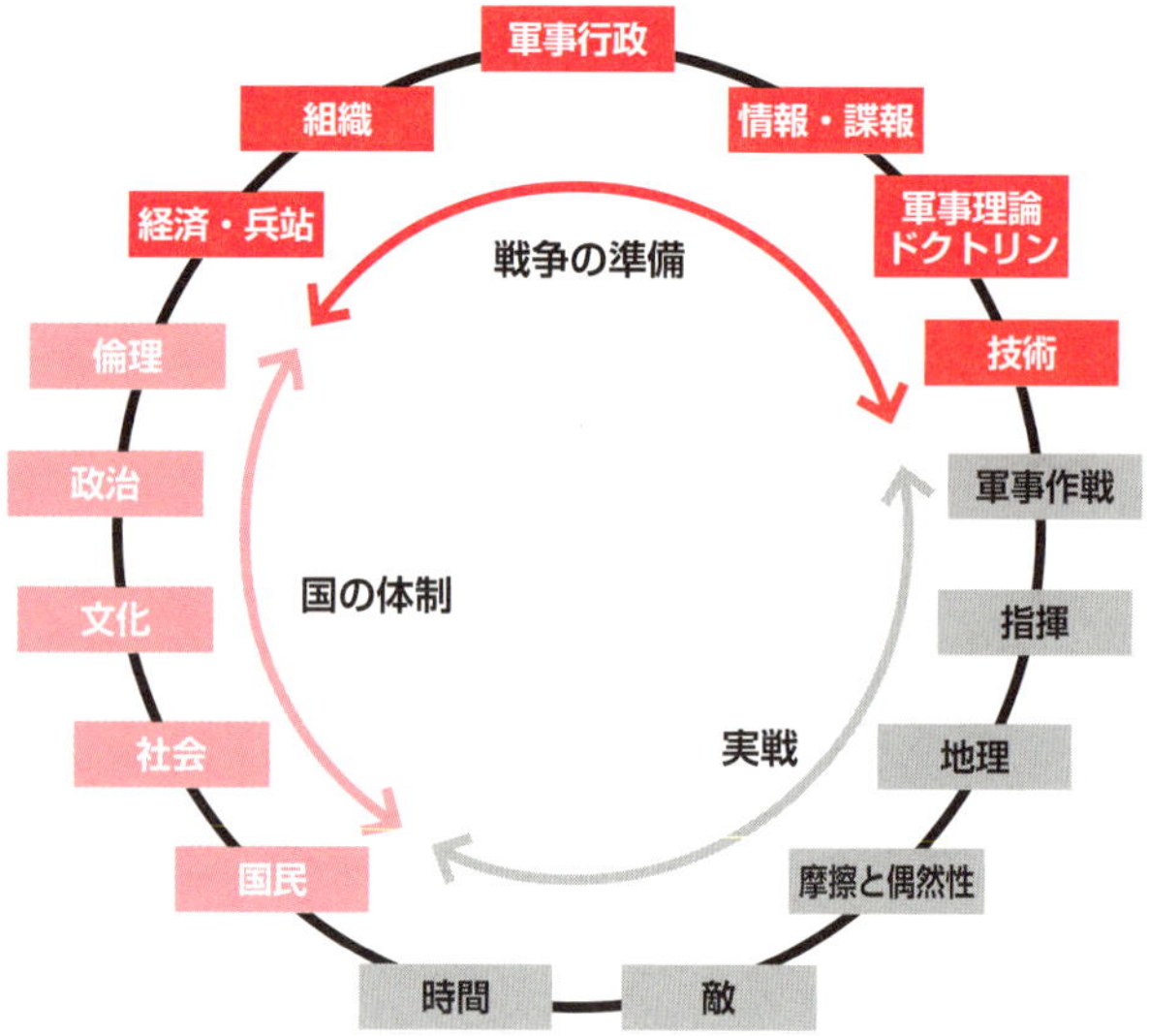

グレイの戦略ポイント

第2章

作戦篇

「お金の兵法」

◉

どう見積もるか、
どう集めるか

作戦篇 1

損益分岐点を見定める

兵《へい》は拙速《せっそく》を聞《き》くも、未《いま》だ巧久《こうきゅう》を睹《み》ざるなり。夫《そ》れ兵《へい》の久《ひさ》しくして国《くに》に利《り》なる者《もの》は、未《いま》だこれ有《あ》らざればなり。故《ゆえ》に、用兵《ようへい》の害《がい》を知《し》ることを尽《きわ》めざる者《もの》は、則《すなわ》ち、用兵《ようへい》の利《り》を知《し》ることをも、尽《きわ》むる能《あた》わざるなり。

文意

「やり方は下手だが、戦いを早く終わらせる戦上手」はいるが、「やり方は上手だが時間をかける戦上手」という話は聞いたことがない。長期戦はコストがかさむため、勝って利益が手に入るとしても、全体としては大損になるからだ。要は、戦いで失うものをじっくり考えない者は、戦いで得るものもたかが知れているということだ。

▼経済力低下のリスク

戦いは、多額のコストがかかる。機材や食糧を確保し、補給ラインを築く費用。協力者を募り、あるいは最低でも敵対しないでもらうようにする外交費。これらは現場を交戦可能な状態にしておくためだけのコストであり、実戦に突入すれば、さらにコストは増える。

それでもし戦いが長期化したら、どうなるだろうか。

長期化は現場の士気・戦力を疲弊させるが、それ以上に**孫子が注意を払うのは、コストがかさんで、経済に打撃を与えること**だ。

開戦前に整えたはずのシステムや情勢は、経済力に連動して悪化する。これは周囲のライバルには侵攻の好機。つまり、**コストが新**

日数がかかればコストもかかる理由

●戦いには3つのコストがかかる

❶導入コスト
- 兵糧の確保
- 機材の購入・製作
- 補給ラインの構築
- 対外費（外交など）

→ 多額だが固定的

❷ランニングコスト
- 消耗品の補充
- 機材のメンテナンス
- 補給ラインの維持

❸経済対策のコスト
- 収入減になる
- 物価が上がる

❷❸ → 少数だが日数が長びく程に加速度的に増える

●戦いの日数とコストの関係　…時間がかかればコストもかかる

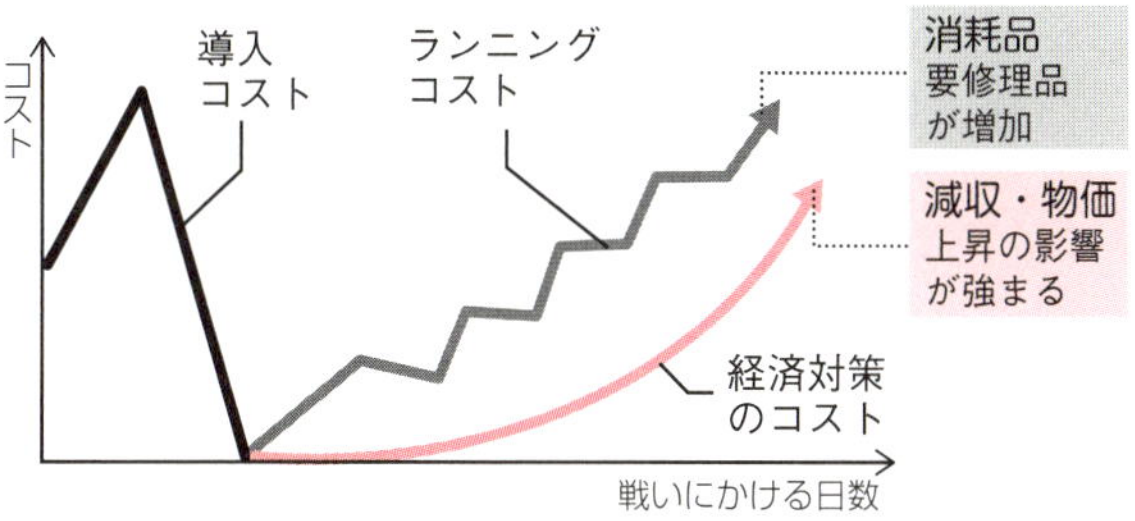

コスト
導入コスト
ランニングコスト
消耗品要修理品が増加
減収・物価上昇の影響が強まる
経済対策のコスト
戦いにかける日数

結論
成果が少なくとも手早く終わらせた方が良い
＝
拙速

たなリスクを生み出すことになる。

▼どの時点で損になるか

また、そのリスクを乗り越えて勝てたとしても、長期戦でコストがかかりすぎたら、損失を出してしまう。つまり、「**勝っても損をする**」のだ。これでは戦う意義を失ったも当然で、士気も下がってしまうだろう。

これらのリスクを防ぐには、経済に一定以上の負担をかけず、利益を出せる戦いを計画しなければならない。孫子が〈拙速〉を評価するのは、こういった意味からだ。

それにはコスト意識を持ち、**きちんと損益分岐点を見定めること**だ。それを超える長期戦を避ければ利益を得、戦う意義が生まれ、リスクも避けられることとなる。

作戦篇 2

今ある資金だけで予算を考える

善《よ》く兵《へい》を用《もち》うる者《もの》は、
役《やく》を再《ふた》び籍《せき》せず、糧《かて》を三《みたび》載《さい》せず。
用《よう》は国《くに》にて取《と》り、糧《かて》は敵《てき》に因《よ》る。
故《ゆえ》に、軍食《ぐんしょく》足《た》るべきなり。

文意

上手な戦略家は、軍役の徴収は開戦前の一度だけで、戦いの途中で二度目の徴収をかけたりしない。食糧を国元から運ぶのは出陣と凱旋時の二回だけで、途中で追加搬送したりしない。必需品はあらかじめ国元で準備し、兵糧は原則として敵国で調達するから、軍需物資が不足することはない。

▼資金調達の波

孫子は、戦いのコストを三つの時系列に分けて考えている。

一つは、戦いを始めるためのコスト（**導入コスト**）。二つめは、戦いを継続させるためのコスト。これはさらに、現場の戦力を維持するためのコスト（**ランニング・コスト**）と、経済の変化に対応するためのコスト（**経済対策のコスト**）に二分される（⬇P51図）。最後は、戦いが収束した後の事後処理のコストである。

これに対し**財源となる資金は、自分の蓄えと周囲の援助（投融資）となる**。問題は、調達できる額が、時期によって波があることだ。

開戦前は、自分に経済的余裕があり、周囲の援助意欲も高い。しかし戦いの継続中は、新たな蓄えはできず、援助者も様子見で追加出資はまずない。ただし収束段階になれば、また集められる。

▼資金集めに二度目はない

このような資金調達の特徴を知

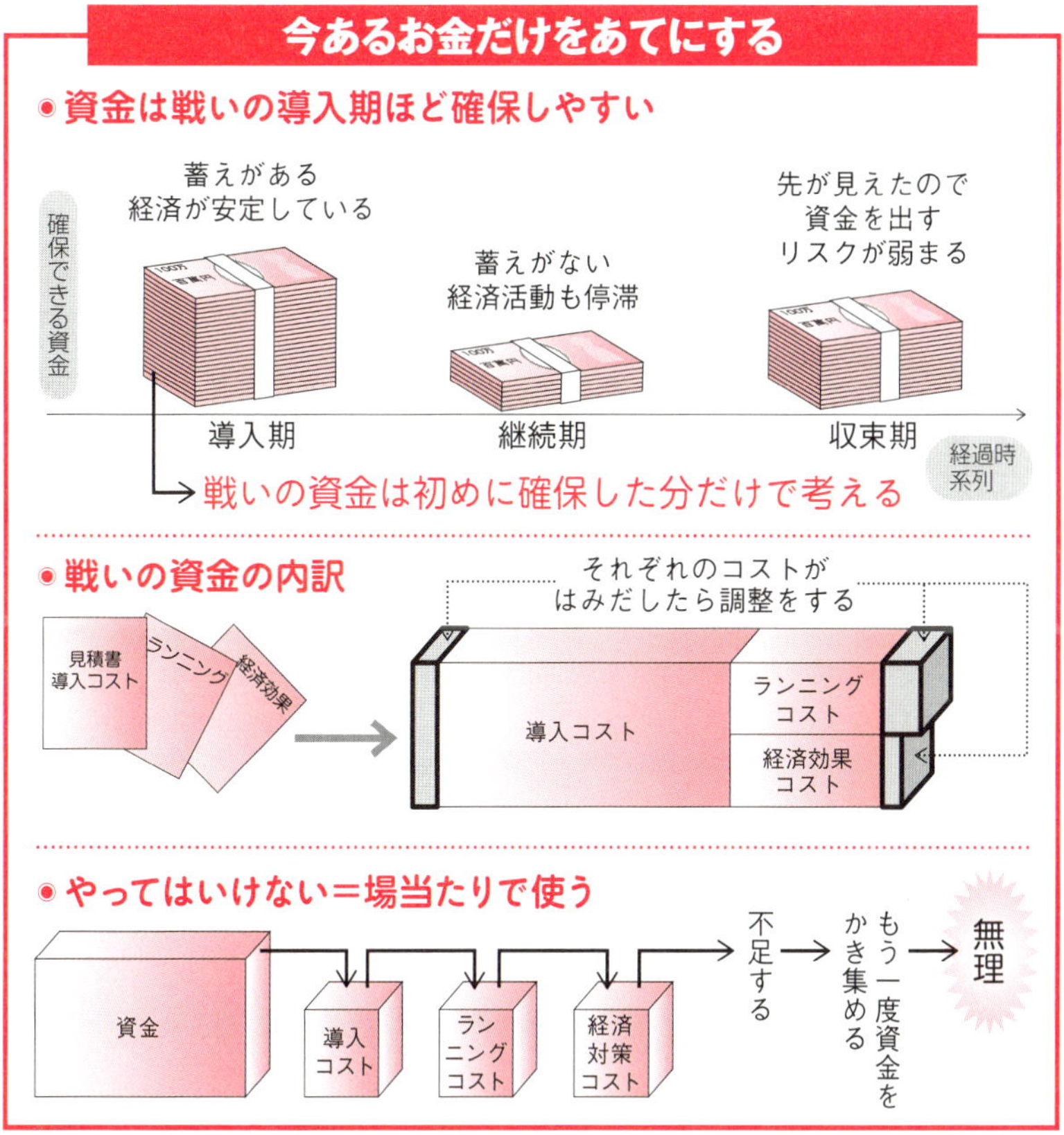
今あるお金だけをあてにする
資金は戦いの導入期ほど確保しやすい
確保できる資金
蓄えがある
経済が安定している
蓄えがない
経済活動も停滞
先が見えたので
資金を出す
リスクが弱まる
導入期
継続期
収束期
経過時系列
戦いの資金は初めに確保した分だけで考える
戦いの資金の内訳
見積書
導入コスト
ランニング
経済効果
それぞれのコストが
はみだしたら調整をする
導入コスト
ランニング
コスト
経済効果
コスト
やってはいけない＝場当たりで使う
資金
導入
コスト
ラン
ニング
コスト
経済
対策
コスト
不足する
もう一度資金を
かき集める
無理

れば、経済的に負担の少ない戦いをするには、**開戦前に集められる資金の枠内で、財源を考えるべき**だとわかる。つまり、当初予算に限るということだ。

孫子の〈再び籍《せき》せず〉とは、導入時と継続時のコストを最初の資金だけでまかなうよう計算することを意味し、〈三《みたび》載《さい》せず〉は事後処理用に現物支給を一回だけ追加することを意味する。「追加予算を認めない」と決めてしまった方が、やりくりは厳しくとも破綻のない運営ができるからだ。

なお、コストにルーズな人は「またかき集めれば何とかなる」と考えがちだが、それは幻だと肝に銘じた方がいい。**戦いのさ中に調達できる資金などない**のである。

作戦篇 3

見積もりミスを防ぐ

国《くに》の、師《し》にて貧《ひん》なるは、遠《とお》きに輸《おく》ればなり。遠《とお》きに輸《おく》れば、則《すなわ》ち百姓《ひゃくしょう》は貧《ひん》す。師《し》に近《ちか》ければ貴《き》売《ばい》す。貴《き》売《ばい》すれば則《すなわ》ち百姓《ひゃくしょう》は財《ざい》を竭《つく》す。財《ざい》を竭《つく》せば、則《すなわ》ち丘役《きゅうえき》は急《きゅう》し、力《ちから》は中原《ちゅうげん》に屈《つ》き、用《よう》は家《いえ》に虚《むな》しく、百姓《ひゃくしょう》の費《ついえ》は十《じゅう》に其《そ》の七《しち》を去《さ》る。

文意

「出兵したら国の経済が困窮してしまった」というケースは、遠征戦を行ったため。物資の補給線が長いと、その負担が民にのしかかるからだ。それなら近隣で戦えばいいかといえば、今度は物価が急騰し、家計を直撃する。どの場合も徴収できる軍費が減り、軍は前線で立往生。国内も品不足となり、民は生活費の七割を奪われたようなものだ。

▼ロスや消耗を見込む

開戦前の資金内で**予算を立てたのに、資金切れになる**。この多くは、**見積もりミスのため**であり、孫子は原因を三つ挙げている。

一つめは、**ロスを見込まないケース**。これは、補給ラインの経費で考えるとわかりやすい。

補給ラインの長さが二倍になった場合、距離に応じて**物資の破損が増える**ので、元の量を増やさないと必要量がまかなえない。量を増やせば、購入費だけでなく、運送の労力が増し、経費が増える。

ここで物資の破損というロスを見込まないと、「単純に運送費を二倍にすればいい」という見積もりミスが発生することになる。

二つめは、**消耗品の補充や機材**

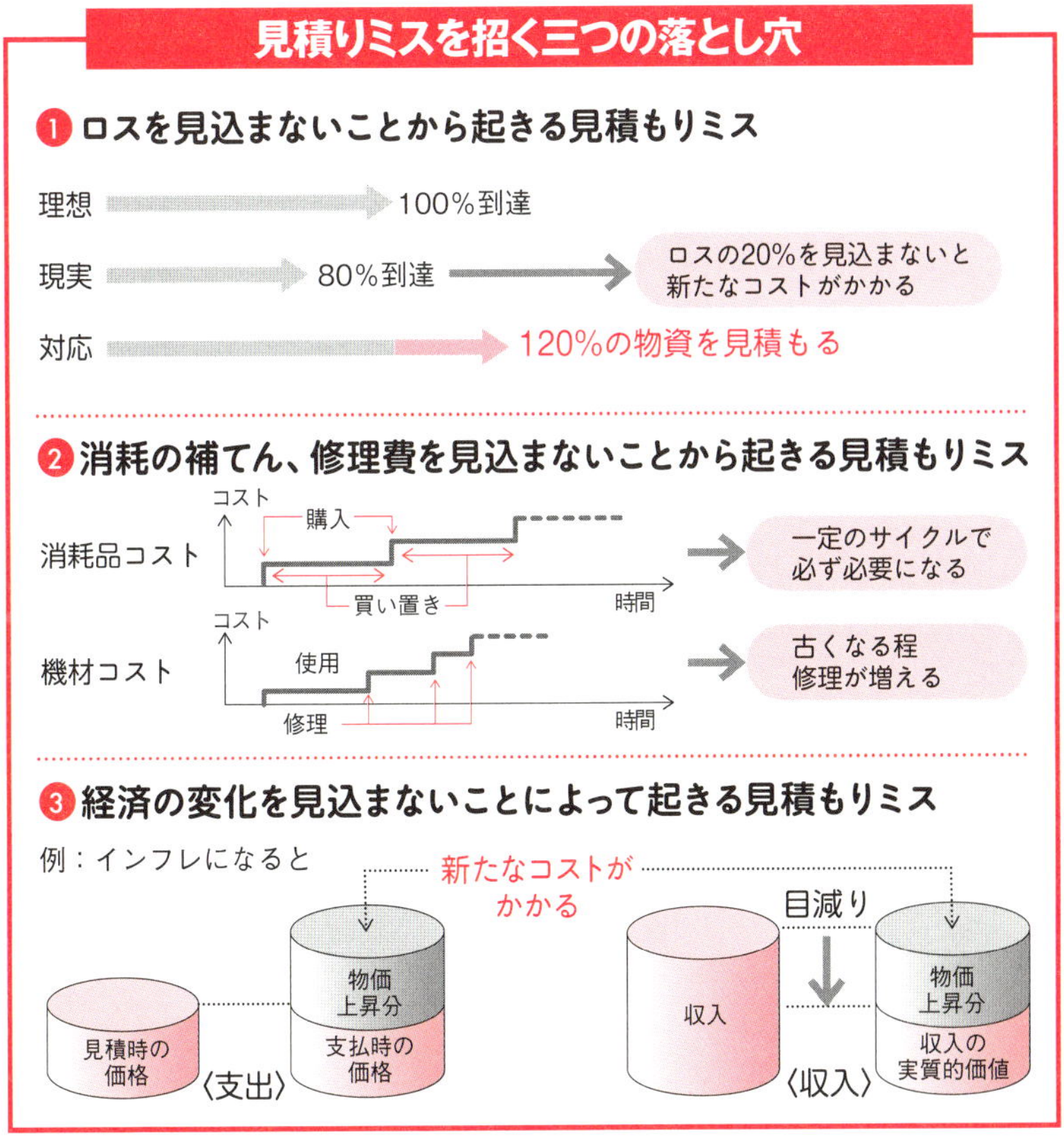
見積りミスを招く三つの落とし穴
1 ロスを見込まないことから起きる見積もりミス
理想
100％到達
現実
80％到達
ロスの20％を見込まないと
新たなコストがかかる
対応
120％の物資を見積もる
2 消耗の補てん、修理費を見込まないことから起きる見積もりミス
消耗品コスト
コスト
購入
買い置き
時間
一定のサイクルで
必ず必要になる
機材コスト
コスト
使用
修理
時間
古くなる程
修理が増える
3 経済の変化を見込まないことによって起きる見積もりミス
例：インフレになると
新たなコストが
かかる
見積時の
価格
物価
上昇分
支払時の
価格
〈支出〉
目減り
収入
物価
上昇分
収入の
実質的価値
〈収入〉

修理の費用を見込まないケース。孫子はこれを「予算の6割を占める」としており、見落とすと痛い見積もりミスになる。

▼経済の変化を見込む

三つめは、**経済の変化を見込まないケース。**孫子はその例として、インフレを挙げている。

開戦前は多くの物資が買われるためインフレが起きる。これは調達費用を増やすだけでない。生活費も上昇するため、軍資にあてられる資金が減ってしまう。つまり、支出・収入ともに打撃となる。

もちろん、個人の経済が物価を動かすことはまずない。しかし、戦いで労力を割かれることでの収入減、景気の変動など、個人が見込むべき経済変化は少なくはない。

作戦篇 4

コストの負担を戦略的に用いる

智将《ちしょう》は務《つと》めて敵《てき》を食《は》む。敵《てき》の一鍾《いっしょう》を食《は》むは、吾《わ》が二十鍾《にじっしょう》に当《あ》たる。𦮼秆《きかん》一石《いっこく》は、吾《わ》が二十石《にじっこく》に当《あ》たる。

文意

賢い将軍ほど、物資は敵のものを掠奪して、自国軍の消費を賄う。敵国の食糧や飼い葉を奪って使えば、自国のものを運んで使うのに比べて、二〇倍の価値がある。

▼戦略ツールとしてのコスト

これまで見てきたように、**コストは経済力を下げる**ものであり、原則として、戦いには不利な要素となる。その特徴は、次のようにまとめられる

①システムを乱し、情勢を悪化させる

②資金切れを招く

③思わぬ出費がリスクをもたらす

これは正しいコスト意識を持ち（⬇P50）、予算を資金内に収め（⬇P52）、経費を正しく見積もりさえできれば（⬇P54）避けられるが、それが難しいのも事実だ。

しかし、コストはただ不利で厄介な存在なのだろうか。孫子はここで、発想の転換を促す。

コストはこちらだけでなく、敵にも同じようにかかるものであり、**敵にとってもマイナス要素**となるものだ。つまり、コストをうまく利用すれば、敵の経済力を下げる道具として使え、①～③の状態に敵を追い込むことができる。

コストを、**敵を消耗させる道具として使う**という発想である。

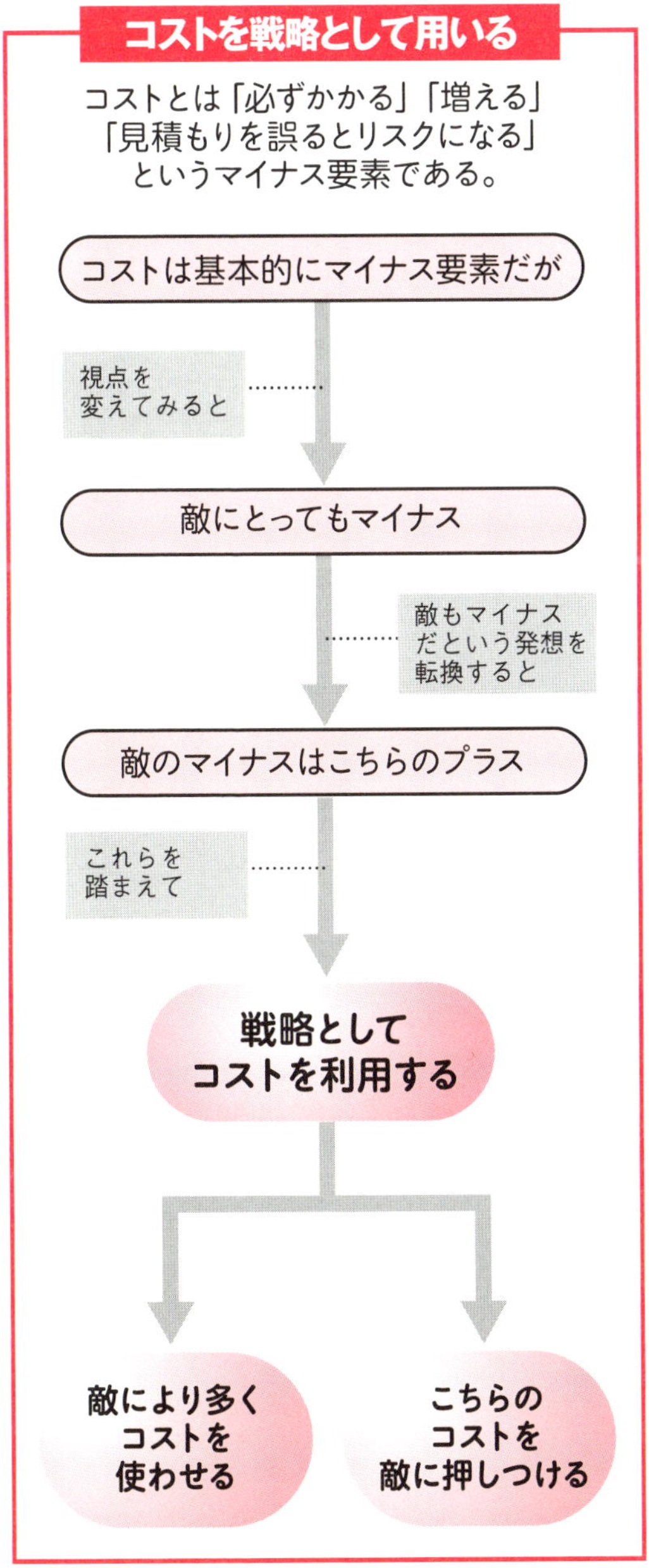
コストを戦略として用いる
コストとは「必ずかかる」「増える」
「見積もりを誤るとリスクになる」
というマイナス要素である。
コストは基本的にマイナス要素だが
視点を
変えてみると
敵にとってもマイナス
敵もマイナス
だという発想を
転換すると
敵のマイナスはこちらのプラス
これらを
踏まえて
戦略として
コストを利用する
敵により多く
コストを
使わせる
こちらの
コストを
敵に押しつける

▼敵に思わぬ出費をさせる

戦いの現場で日々消費される物資、たとえば食糧や消耗品、修理用の部材などを、あえて敵の拠点で入手するようにしたらどうなるだろうか。

孫子は、軍事物資の需要が増すと、商人が値段を上げてインフレになると述べているが、同じことが敵の拠点でも起きる。さらに、物資を供給しないで済むこちらは、インフレや物資不足を避けられ、二重に有利となる。

不利なことを不利なままにしない。これも孫子の考え方の基本であり、いかに有利に転じるか、頭を働かせるのが重要だとしている（➡P124）。

作戦篇 5

ほうびを与えて コスト意識を持たせる

敵《てき》を殺《ころ》すは怒《ど》なれど、敵《てき》の貨《か》を取《と》るは利《り》なり。故《ゆえ》に、車戦《しゃせん》に車十乗《くるまじゅうじょう》已《い》上《じょう》を得《え》れば、其《そ》の先《さき》んじて得《え》たる者《もの》を賞《しょう》せよ。而《しこう》して、其《そ》の旌《せい》旗《き》を更《あらた》め、車《くるま》は雑《まじ》えて之《これ》を乗《の》らしめ、卒《そつ》は善《よ》くして之《これ》に養《やしな》わしめよ。

文意

敵軍をせん滅したいだけなら、兵の怒気をあおればいいが、財貨も奪いたいなら、兵に褒美を与えることだ。奪った戦車の数を兵同士で競わせ、最初に十以上奪った兵に、その戦車を与えなさい。戦車の旗を味方のものに変えて隊列に加え、その兵を指揮官として乗せなさい。捕らえた敵兵は懐柔したうえで、その新しい指揮官に配下として与えなさい。

▼コストカッターにほうび

戦いの計画を立てる者が万全の予算を立てても、実際に用いるのは現場のメンバーだ。彼らにコスト意識がなければ、予算どおりのコスト管理は難しい。

一方で、コスト増を気にして節約ばかりさせていると、メンバーの士気が落ちる。それで戦いが長引いては、本末転倒になる。

そこで孫子が考えたのが、経費削減や収入増などの**コスト対策を成功させたメンバーに、出た利益の一部を還元する**システムだ。

孫子の案は、戦車を奪った兵にその戦車を与えるというもの。恩恵がなければ、コスト対策への関心は続かないという心理を見越したものだ。

▼〈五事〉〈七計〉の徹底

メンバーをコスト対策に向かわせる動機づけも工夫されている。

まずは、**競争意識を高める**。利益が還元されるのは、最も早く成果を上げた者だけなので、競い合いが生まれ、意欲が高まる。

次に、**可視化**。与えた戦車は味方の旗を立て、隊列に加えている。与えられた者は評価を実感し、他の者は次回への意欲があおられる。

最後は、**ほうびを保障し期待を高める**。確かにもらえると思わなければ、人は動かない。与える側が信用され、公正な賞罰が行われているかが問題となる。ここが〈五事〉〈七計〉（⬇P36〜39）のシステムと情報のチェックにつながる。

削減したコストは還元する

コスト削減を実行するのは → 常に現場メンバーである

1 メンバーがコストを削減する
2 一部をメンバーに還元する
3 現場の士気が上がる
4 さらにコスト削減に励む

まずは1の動機づけから行うが、その方法として以下の例がある。

メンバー間の競争心をあおる →	一番乗りにだけ与える
メンバーにメリットを実感させる →	目に見える形で還元する
メンバーの期待を高める →	日頃からきちんと働きを評価する

コラム Column

孫子の時代の戦争

孫子の時代である春秋時代後期、戦争の形態は、それまでと大きく変化した。それまでの戦争は、あらかじめ会戦の日時と場所をとり決めて行う、儀礼的なものだった。

主力兵器は戦車で、これを何百台と並べ、国力を誇示する。戦車に乗るのは身分ある戦士たちで、一騎打ちなどを含む貴族的なルールに則って戦う。片方の軍が敗走するか、指揮官が捕虜になれば、勝敗は決まり。負けた相手に追い打ちをかけないのも、ルールだ。

これに対し、孫子の時代になると、戦いに儀礼の要素がなくなり、歩兵の機動力が重視されるようになる。戦闘期間も長期化し、編成が巨大化する。こうなると、兵力は職業戦士だけではまかなえず、一般民を徴兵するかたちに変化する。

孫子の兵法が団体で戦う戦争を対象としているのはこういった変化が反映しており、その帰結として、準備の徹底や軍の統率が、重要な課題になっていくのである。

戦国時代には戦車と歩兵を組み合わせて戦う戦術が要求された。

第3章

謀攻篇

「計画の兵法」

方針を決め、
人材をそろえる

謀攻篇 1

利益が確保できる方針を優先する

国《くに》を全《まっと》うするを上《じょう》と為《な》し、
国《くに》を破《やぶ》るは之《これ》に次《つ》ぐ。
伍《ご》を全《まっと》うするを上《じょう》と為《な》し、
伍《ご》を破《やぶ》るは之《これ》に次《つ》ぐ。
百戦百勝《ひゃくせんひゃくしょう》は、善《ぜん》の善《ぜん》なる者《もの》に非《あら》ざるなり。
戦《たたか》わずして人《ひと》の兵《へい》を屈《くっ》するが、
善《ぜん》の善《ぜん》なる者《もの》なり。

文意

攻略対象が国であっても、軍の最小単位である五人部隊であっても、敵を傷つけずに降伏させるのが上策で、破壊を伴うのは次善の策だ。どんな相手にも実力行使でかかるやり方は、それで毎回勝つにしても得策でない。戦わずに敵を屈服させるのが、最善の策である。

▼その方針で利益が出るか

戦いでは、コストに見合う利益を確保できるように、しっかり方針を立てて動く必要がある。利益は敵のダメージ状態で上下するため、方針もまた敵のダメージをどうとるかで、二つに分かれる。

〈全〉は、利益をより多く得るために、**できるだけ敵にダメージを与えず戦う方針である**。一方〈破〉は、利益が目減りする点には目をつぶり、勝利を得ることに集中して、**敵にダメージを与えて戦う方針となる**。

利益の保全を考えて動く〈全〉が優れているが、〈破〉を全否定しないのは、勝ちをとることが優先されるケースもあるからだ。

〈全〉で最も優れているのは**〈戦**

戦わずして勝つことで利益を確保する

戦いには「全」と「破」の二つの方針がある。
目指すは「戦わずして屈服させること」＝「全」である。

❶方針を正しく選ぶ

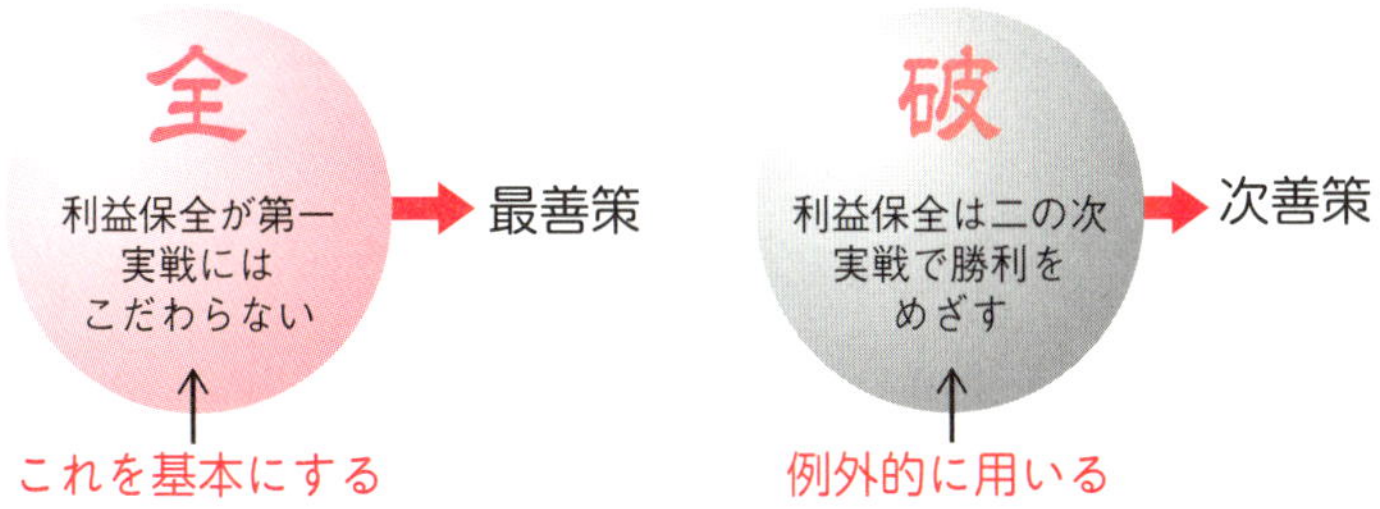
全
利益保全が第一
実戦には
こだわらない
最善策
これを基本にする
破
利益保全は二の次
実戦で勝利を
めざす
次善策
例外的に用いる

❷利益の大小で方針を変えない

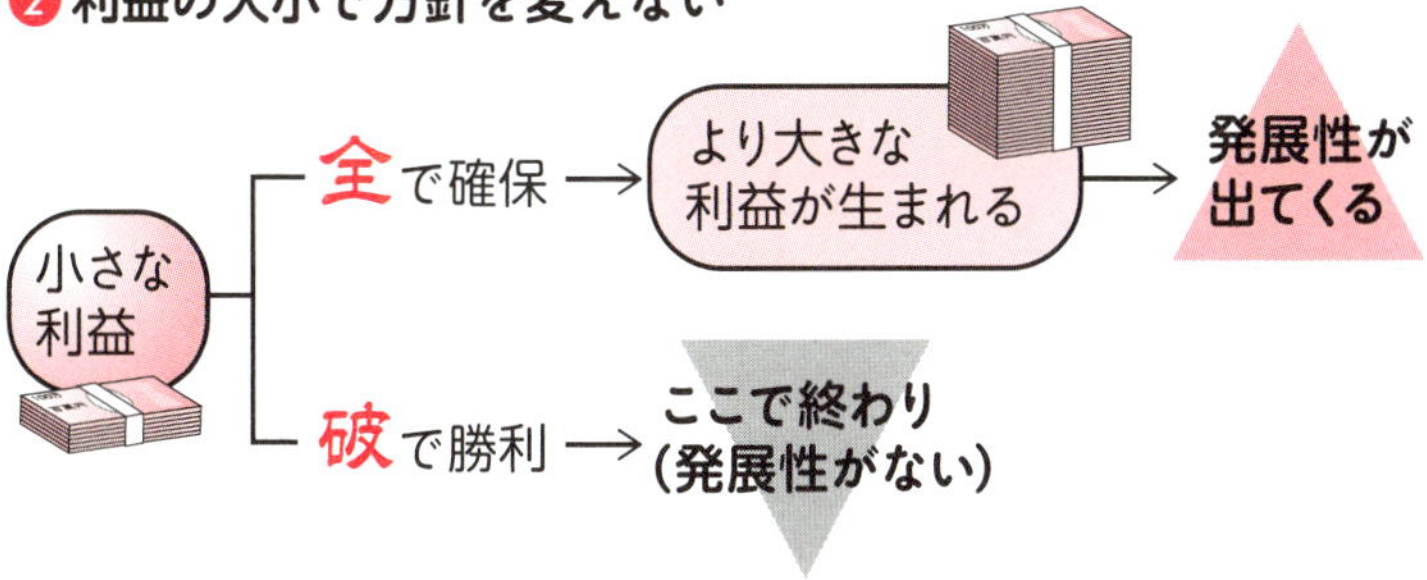
小さな
利益
全で確保
より大きな
利益が生まれる
発展性が
出てくる
破で勝利
ここで終わり
(発展性がない)

わずに人を屈する〉、つまりダメージをまったく与えない戦い方で、作戦では計略が主体となる。

▼小さな利益も無視しない

ここで注意しておきたいのは、攻める対象が変わっても、〈全〉を優れた策、〈破〉を次善策とする評価は変わらないということだ。

たとえば、五人小隊ぐらいなら利益は大したことないので、〈破〉で対応していいかといえば、国を攻めるのと同じように〈全〉をとるべきだと、孫子はいう。

小さい利益を無視して敵にダメージを与えると、大きな利益を得る機会を失いかねない。この点から、敵にダメージを与え続ける**〈百戦百勝〉は、その場は勝つとしても、良い方法とはいえない**のだ。

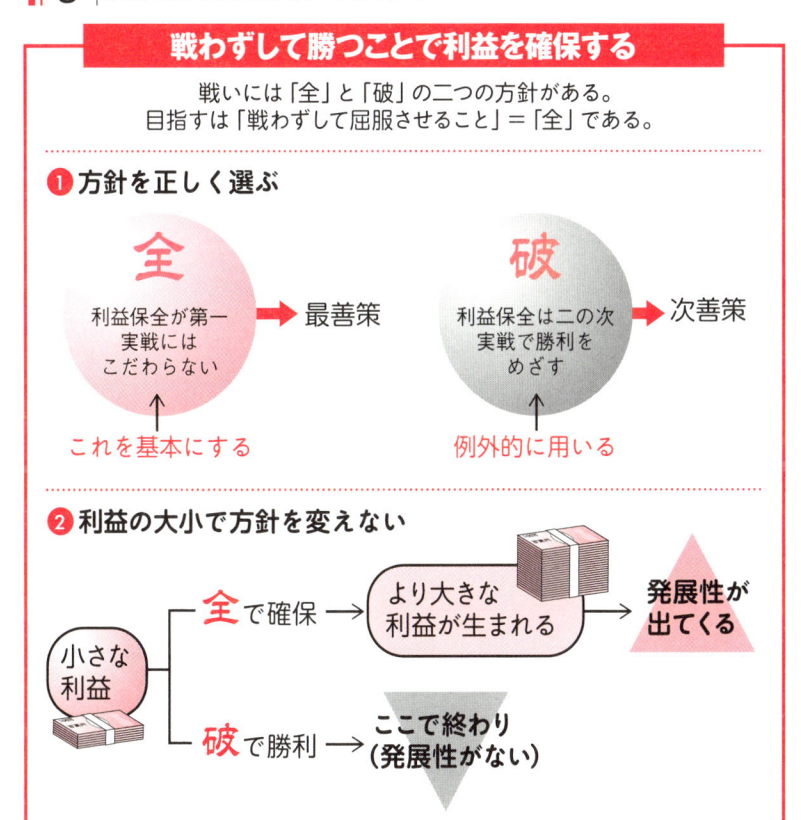

謀攻篇 2

リスクが少ない方を攻略対象に選ぶ

上兵《じょうへい》は謀《ぼう》を伐《う》つ。
其《そ》の次《つぎ》は交《こう》を伐《う》つ。
其《そ》の次《つぎ》は兵《へい》を伐《う》つ。
其《そ》の下《げ》は城《しろ》を攻《せ》む。
攻城《こうじょう》の法《ほう》は、已《や》むを得《え》ざるに為《な》す。

文意

最上の戦略は、敵の出兵を計画段階でつぶしてしまうことだ。その次は、敵と同盟国との関係を破綻させること。その次は、軍隊同士で戦うこと。敵の城に攻め入るのは最も劣る策であり、他に方法がない場合にだけ行うべきだ。

▼リスクをとると利益は縮む

方針と同時に考えなければならないのは、敵の何を攻めるかということだ。孫子はこれを、**利益の大小ではなく、リスクの大小で選ぶべき**だとしている。

失うものが大きいほど、敵は守りを固める。利益の大きさだけを見て攻める対象を決めると、作戦の難しさ、戦いの長期化など、多くのリスクに直面することとなる。**リスクが大きいほど勝利は難しくなり、利益を得る可能性は低くなる。**利益の大きい対象ほど戦いのコストがかかるという点とも考え合わせ、「確実に得られるかどうか」という点から見ると、期待できる利益はかえって小さくなる。

▼コストを使わず計略を使う

城攻めが優れていないのは、守りが最も堅いため、リスクが大きくコストもかかるという、最も劣る選択をすることになるからだ。

リスクの小ささで見た場合、**最も優れているのは、敵が戦いの計画を立て始めた段階でつぶしてしまうこと**だ。これは敵にニセ情報を流して戦いの準備に手をつけさせない作戦（⬇P42）に続く作戦となる。

たとえば、敵が予算を見積もる際に、計略をほどこしてコストが多くかかるようにし、こちらに勝っても大した利益にならないと見せかければ、敵は戦意を失う。

敵の協力者を背かせるのもいいが、作戦の難度が上がり外交費がかかる分が、次善策となる。

利益はリスク込みで見積る

●見かけの利益（＝リスクを見込まない場合）

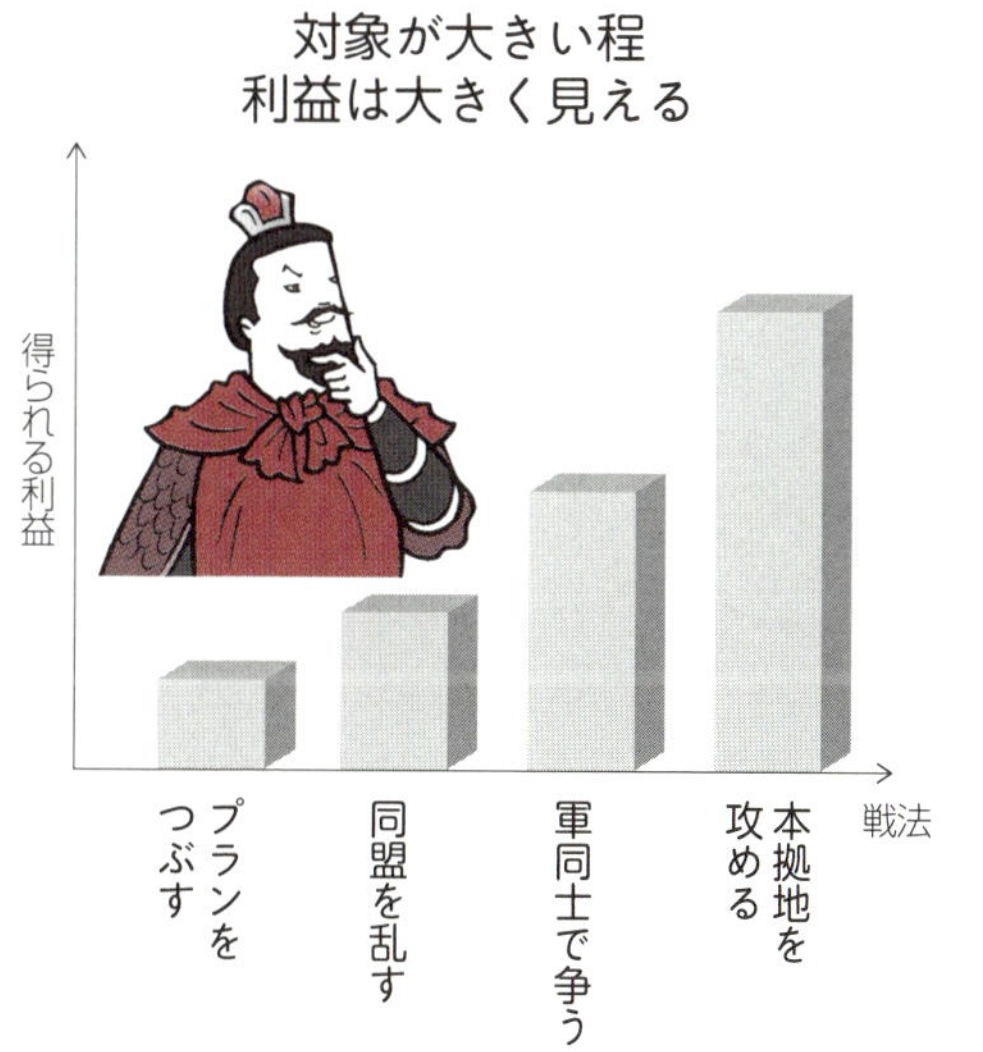
対象が大きい程
利益は大きく見える
得られる利益
戦法
プランをつぶす
同盟を乱す
軍同士で争う
本拠地を攻める

●費用対効果（＝リスクを見込む場合）

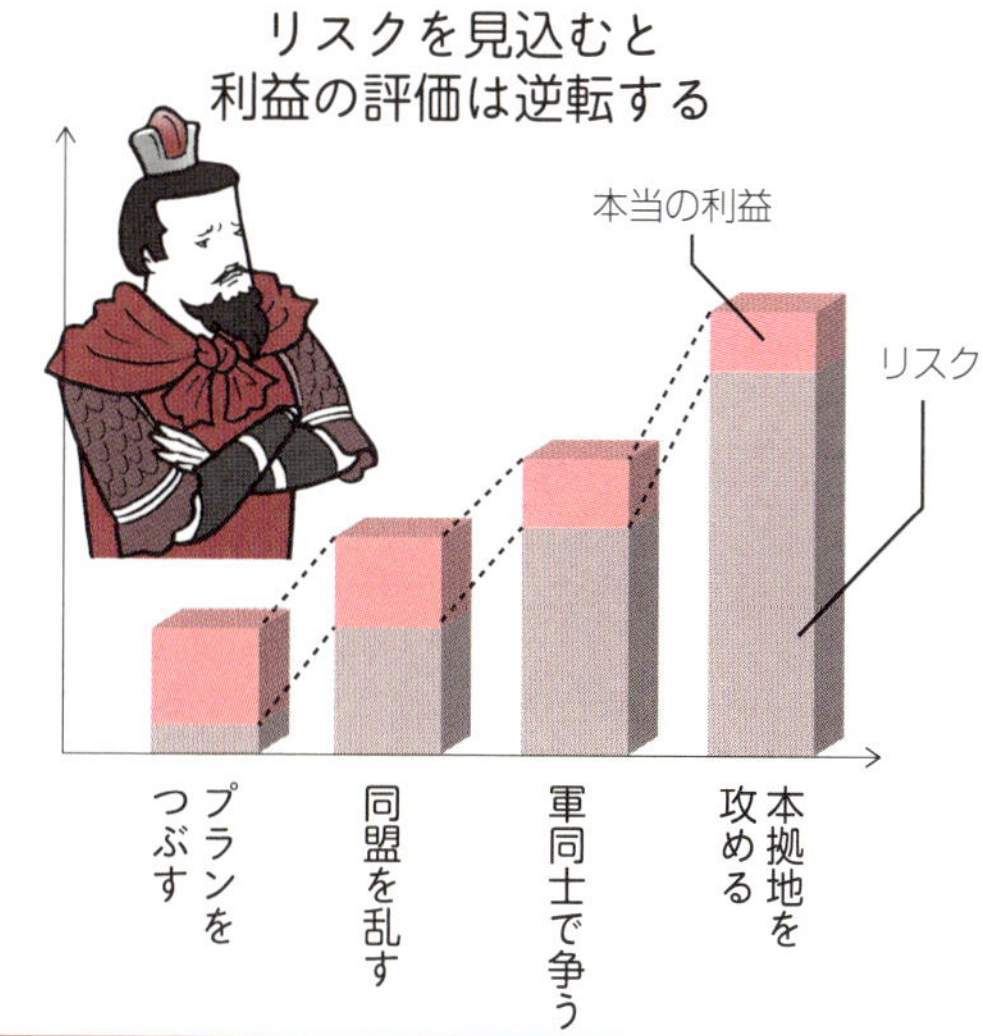
リスクを見込むと
利益の評価は逆転する
本当の利益
リスク
プランをつぶす
同盟を乱す
軍同士で争う
本拠地を攻める

謀攻篇 3

ダメージを受けない手段を考える

善《よ》く兵《へい》を用《もち》うる者《もの》は、
人《ひと》の兵《へい》を屈《くっ》するも、戦《たたか》うに非《あら》ざるなり。
人《ひと》の城《しろ》を抜《ぬ》くも、攻《せ》むるに非《あら》ざるなり。
人《ひと》の国《くに》を毀《やぶ》るも、久《ひさ》しきに非《あら》ざるなり。
必《かなら》ず全《まった》きを以《もっ》て天下《てんか》に争《あらそ》う。
故《ゆえ》に、兵《へい》は頓《たお》れずして、利《り》は全《まった》かるべし。

文意

優れた戦略家というものは、敵の部隊を降伏させるのに実力行使を用いず、城砦を占領するのに攻撃をせず、国を陥落するのに長期戦をとらない。自分がダメージを受けないように注意しながら、天下の覇権を争う。だから、自国の軍が損害を負うこともないし、想定した利益が一〇〇%手に入る。

▼もとを取る怖さ

敵にダメージを与えないことが大切だと述べたが（⬇p62）、同じように、こちらが**できるだけダメージを受けない手段を選ぶ**ことも、重要になる。

これは、リスクの高い戦いを選ばざるを得ないケースで、特に留意した方がいい。

「攻める対象はリスクが低い方がいい」（⬇P64）といっても、実際に戦いに入ったら、リスクの高い相手を攻める状況も出てくるだろう。その際問題となるのは、リスクの高い戦いは、金や現物だけでなく、時間や手間を含めて**コストがかさむ**ことだ。

これがムダになるのを恐れ、もとを取ろうとする心理が生まれる

利益が同じなら損失の少ない方法を採れ

●戦いは自分にもダメージを与える

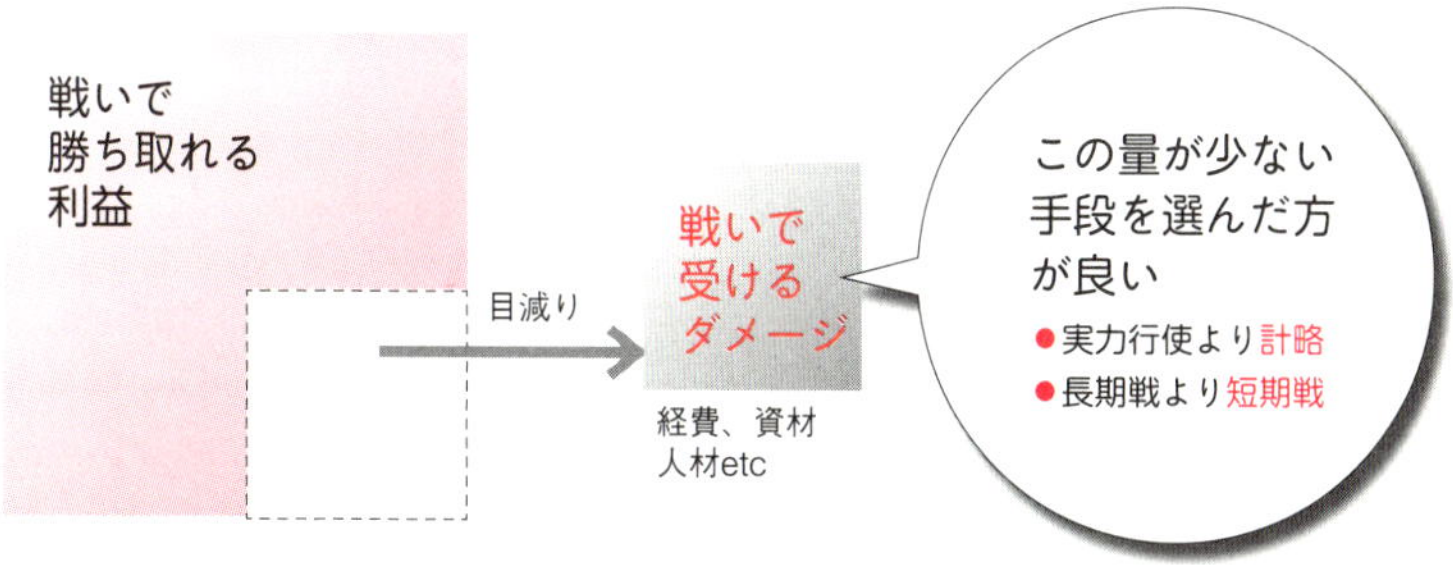

戦いで
勝ち取れる
利益
目減り
戦いで
受ける
ダメージ
経費、資材
人材etc
この量が少ない
手段を選んだ方
が良い
●実力行使より計略
●長期戦より短期戦

●利益を最大限にする3つのポイント

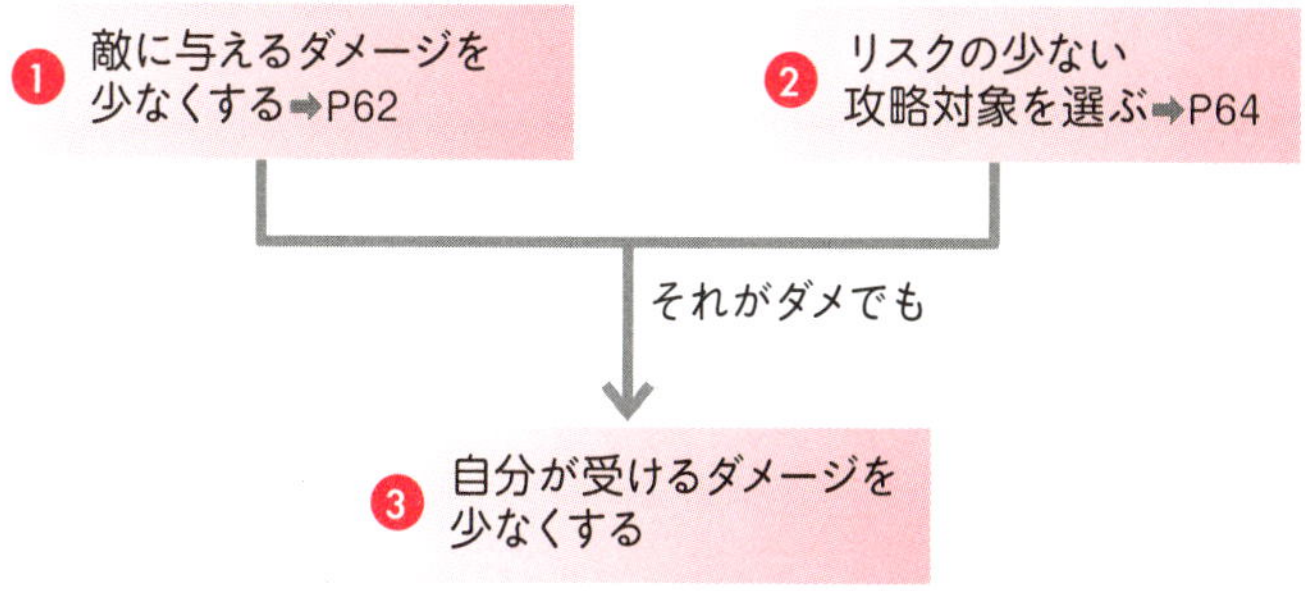

1 敵に与えるダメージを
少なくする➡P62
2 リスクの少ない
攻略対象を選ぶ➡P64
それがダメでも
3 自分が受けるダメージを
少なくする

と、強引でも手っ取り早く結果が出せる手段をとるケースが増える。

▼ぶれない態度で臨む

しかし、それではこちらにとって大きなダメージとなり、勝って大きな利益を得たとしても、**差し引きの成果は小さくなる。**

これを避けるには、戦いの目標は目先の利益でなく、**最後に多くの成果を得るのが目標**だと、忘れないことだ。

「目先の勝利より最終の成果」を戦いの基本設定とし、そこからぶれなければ、最もダメージが少なく最も利益が守れる手段が選べ、結果として良い成果が得られる。

孫子はこの後に〈此れ謀攻之法なり〉、つまり、戦いを計画する際の大原則だと説いている。

謀攻篇 4

確実に勝てる策を用意する

用兵《ようへい》の法《ほう》は、十《じゅう》なれば則《すなわ》ち之《これ》を囲《かこ》み、
五《ご》なれば則《すなわ》ち之《これ》を攻《せ》め、
倍《ばい》すれば則《すなわ》ち之《これ》を分《わ》かち、
敵《てき》すれば則《すなわ》ち能《よ》く之《これ》と戦い、
少《すく》なければ則《すなわ》ち能《よ》く之《これ》を逃《のが》れ、
若《し》かざれば則《すなわ》ち能《よ》く之《これ》を避《さ》けよ。

文意

敵軍の十倍の兵力があれば包囲し、五倍ならば正面攻撃し、二倍なら敵軍を分断させなさい。同等の兵力しか用意できないなら、死にものぐるいで応戦し、少なめならすぐ退却しなさい。数で太刀打ちできないなら、初めから交戦を避けるべきだ。

▼目先の勝利を確実に

方針、攻める対象、戦う手段を選ぶにあたって、どれも劣る策を採らざるを得ないとき、最後に考えるべきことは、**どうすれば勝利を確実にできるか**である。

そのような閉塞的な戦況に目をつぶって戦うからには、最優先課題は利益でなく**目先の勝利**だ。勝てば戦況が変わり、より良い方法、対象、手段を選べるようになる。

孫子は、確実に勝利する策として、**数で圧倒する作戦**をあげている。敵の十～五倍の戦力で、一気に制圧する。もし二倍しか用意できないなら、敵を分断し、戦力差を広げて叩く。利益は小さくなるが、勝利は確実に手に入る。

なお、数で圧倒するのはそれが

「必勝法」があれば安心して戦える

戦いでは「劣った選択」しかできないこともある

- 敵へのダメージを少なくする
- リスクの少ない攻略対象を選ぶ
- 自分が受けるダメージを少なくする

→ ✕ → 必勝法があれば安心

自分なりの必勝法を考える

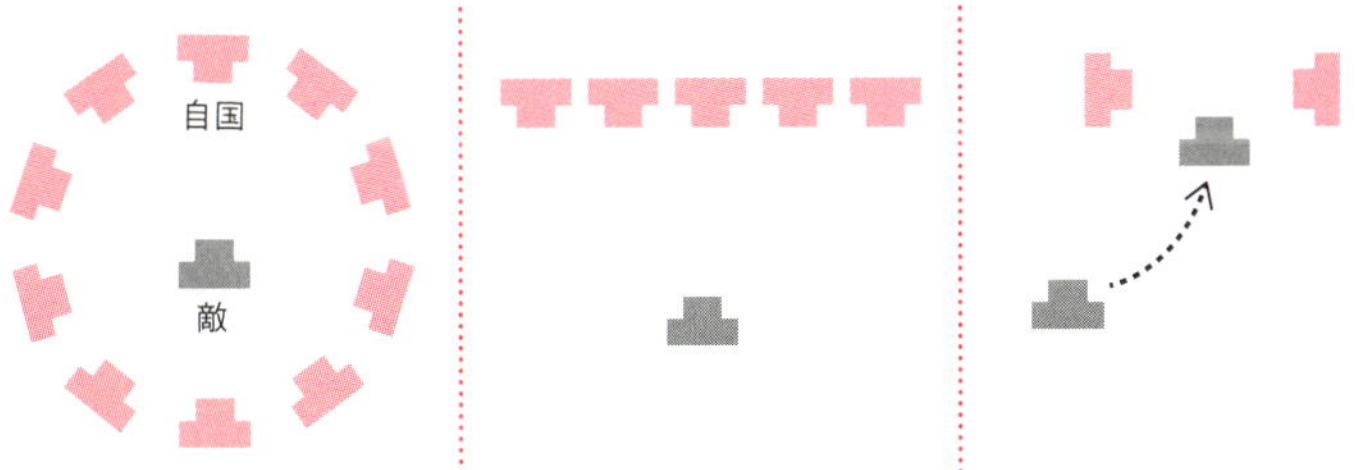

包囲戦　　正面攻撃　　分断攻撃

もし「必勝法」がないなら…戦わない。これも1つの必勝法

何より確実だからで、他に確実に勝てる作戦があれば、それでいい。

▼戦況が悪ければ計画中止

では、それだけの戦力を用意できない場合はどうしたらよいか。

同数なら、力の限り戦えば何とかなるかもしれない。しかし数で少しでも劣るなら、もはや勝利は確実でないから**退却した方がいい**。圧倒的に少ないなら、まったく勝算がないわけだから最初から交戦を避けるべきだ。下手なプライドから大敵に挑んでも、ダメージを拡げ、戦況を悪くするだけだ。

劣る策しか選べず、とりあえずの勝利を得る方法もないなら、**潔く戦いを中止し、戦況が好転するまで待つ**。戦う計画を立てる際は、そういうゆとりも必要である。

謀攻篇
5

トップと実行役の関係を密にする

夫《そ》れ将《しょう》は国《くに》の輔《たすけ》なり。
輔《たすけ》が周《ちか》ければ、則《すなわ》ち国《くに》は必《かなら》ず強《つよ》く、
輔《たすけ》に隙《すき》あらば、則《すなわ》ち国《くに》は必《かなら》ず弱《よわ》し。

文意

将軍は単なる軍の統率者でなく、国政を補佐する重要なブレインである。君主と将軍の意思疎通がきちんとできている国は、戦いでも強さを見せるが、両者のコミュニケーションがとれていない国は、必ずといって弱いものだ。

▼将軍は重要な情報源

これまでのことをまとめると、戦いの計画を立てるにあたって、トップ（君主）は、次のような選択を迫られることが分かる。

①方針は〈全〉でいくか〈破〉でいくか
②敵の何を攻めるか
③武力対決か計略を用いるか
④ダメージを避けて手堅く成果をとるか、ダメージを受けても手早い成果に挑むか
⑤勝ちをとりに行って閉塞的な戦況を変えるか、戦いを中止して戦況の変化を待つか

ここで留意したいのは、戦いが行われるのは現場であり、そこを**よく知るのは現場の実行役（将軍）**だということ。実行役の情勢分析と判断に耳を傾けた方が、トップは①～⑤の課題を的確に選び、より勝算のある計画が立てられる。

▼トップと現場の二人三脚

立てた計画を遂行するのは現場の実行役だという点でも、**両者のコミュニケーションは密にしておく**べきだ。

いったん戦いに入れば、計画は常に修正を余儀なくされる。トッ

プは冒頭①～⑤の選択を、繰り返しやり直すことになる。

その際に、**トップと実行役がコミュニケーションが密なら、情報と判断基準を共有でき、決定の精度が上がる。**

トップの決断には実行役も参加する

トップが決めなければならないことは多い。

❶ どんな方針でいくか

全 か 破

❷ 何を攻略対象にするか

- プランをつぶす
- 同盟を乱す
- 軍同士で争う
- 本拠地を攻める

❸ どんな手段を採るか

戦って勝つ か 戦わずに屈服させる

◉ 現場の実行役（将軍）の助け

経験　現場の情報　専門知識

↓

トップを支える

↓

正しい決断

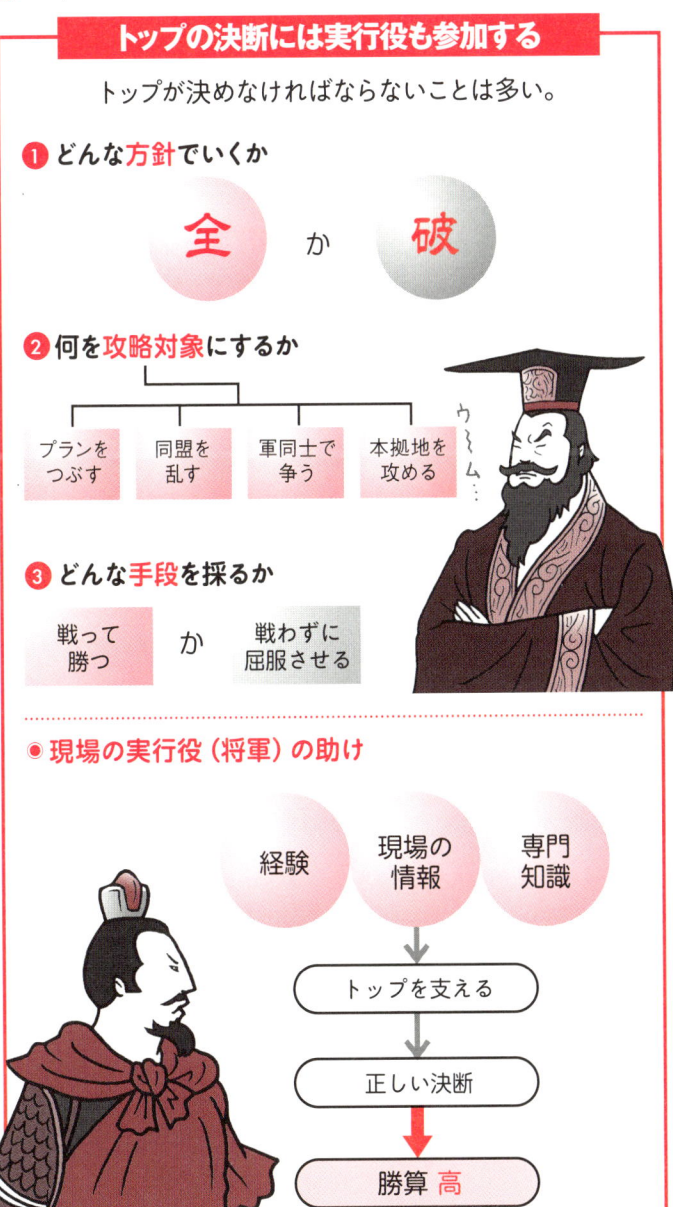

↓

勝算 高

謀攻篇
6

トップは現場に口を出さない

君《くん》の、軍《ぐん》にて患《わずら》いとなる所以《ゆえん》の者《もの》には、三《さん》あり。
軍《ぐん》の進《すす》むべからざるを知《し》らずして、
之《これ》に進《すす》めと謂《い》う。
三軍《さんぐん》の事《じ》を知《し》らずして、三軍《さんぐん》の政《せい》を同《おな》じうす。
三軍《さんぐん》の権《けん》を知《し》らずして、三軍《さんぐん》の任《にん》を同《おな》じうす。

文意

君主が軍にとってのトラブルメーカーになるケースは三つある。一つは、局面を把握していないのに、軍の進退に直接口出しすること。一つは、それぞれの軍には各々適したシステムがあるのに、画一的に支配しようとすること。一つは、それぞれの軍が持つ役割や重要性は、状況に応じて違いが出てくるものなのに、常に同じ責務を担わせること。

▼計画が動き出した後の指揮

戦いを計画する者（トップ、君主）と実行役（将軍）が分かれている場合、計画が実行に移された後、この両者の間で、指揮をどちらがとるかでもめるケースが少なくない。

計画者の意図を優先するか、現場の判断を優先するかは微妙な問題だが、孫子はトップが戦いの現場に介入する弊害をあげて、**戦いが始まった後は現場の判断を優先する**べきだとしている。

▼出たがりトップの災い

トップがおこす弊害の一つは、進軍か待機かなど、現場の行動の全体的な方針に口を出すこと。

リーダーに比べ、**トップは現場の戦況を把握しておらず、判断を**

誤る可能性が高い。

　二つめは、すべての現場を画一的に支配しようとすること。**実行役なら、それぞれの現場の個性を見て、適した統率法をとれる。**これに対し、トップが自分が管理しやすいという理由で画一的なシステムを押しつけると、システムにむりに合わせようとして、現場のメンバーの動きが混乱する。

　三つめは、現場にいつも同じ責務しか与えないこと。それぞれの**現場の役割は、状況に応じて、重要になったり補佐的な役割になったりする。**これに対し、トップが画一的な扱いしかしないと、現場のメンバーは、重要でない任務に手間をかけたり、反対に、重要なことを後回しにし始める。

　二、三とも、結果的にみると、現場の臨機応変な動きを妨げることになる。

　このような弊害を考えると、トップの介入は避けるべきとなる。

トップの禁止3ヵ条

方針に口を出す

問題点

現場の状況を把握していない

↓

結果

判断を誤る

画一的に支配する

問題点

現場の個性を無視する

↓

結果

システムが合わず現場が混乱

どの仕事も同等に扱う

問題点

役割の重要性を考えない

↓

結果

仕事の優先順位が分からなくなる

謀攻篇 7

現場を任せるに足る人物像とは

戦《たたか》うべきと、
戦《たたか》うべからざるを知《し》れば、勝《か》つ。
衆寡《しゅうか》の用《よう》を識《し》れば、勝《か》つ。
上下《じょうげ》が欲《よく》を同《おな》じうすれば、勝《か》つ。
虞《ぐ》を以《もっ》て、不虞《ふぐ》を待《ま》てば、勝《か》つ、
将能《しょうのう》にして、君御《くんぎょ》さざれば、勝《か》つ。

文意

戦っていいケースか、戦わない方がいいケースかを判断できれば勝つ。大軍での戦い方、小勢での戦い方、それぞれに精通していれば勝つ。上は君主から下は歩兵まで、同じ目標を目指せば勝つ。策を練った上で策のない敵を待てば勝つ。将軍が有能で、君主が介入しなければ勝つ。

▼勝つ条件は実行役の条件

計画を立てたトップ（君主）は、動き出した戦いには関与しない（➡P72）。そうなると、現場を任される実行役（将軍）の資質が、戦いを勝利に導けるかどうかの重要な要素になってくる。

孫子は、戦いで**勝利をつかむ条件として五つ**を挙げている。これはそのまま、優れた実行役が持つべき資質となっている。

①状況分析力
決行すべき時、自重すべき時が分かる

②運用力
大部隊でも小隊でも自由に戦力を使い分け、**どんな条件下でも、その力を最大限に引き出せる。**

③統率力
現場のメンバーを一体化し、同じ目標に向かわせることができる。

④企画力
武力だけに頼らず、**計略も堪能。**

⑤即断力
いちいちトップに判断を仰がず、トップの介入を退け、**自分の判断に自信**がある。

▼チーム制から独自判断へ

これらの条件のいくつかは、これまでの章で、孫子が述べてきたことだ。

ただし、これからは、即断が必要な戦いの場となる。

今まではトップ、リーダーを含め、組織がチームで決めてきたことも、**独りで判断・決定する能力が、現場を率いる実行役には求められる**こととなる。

現場統率者が持つべき資質

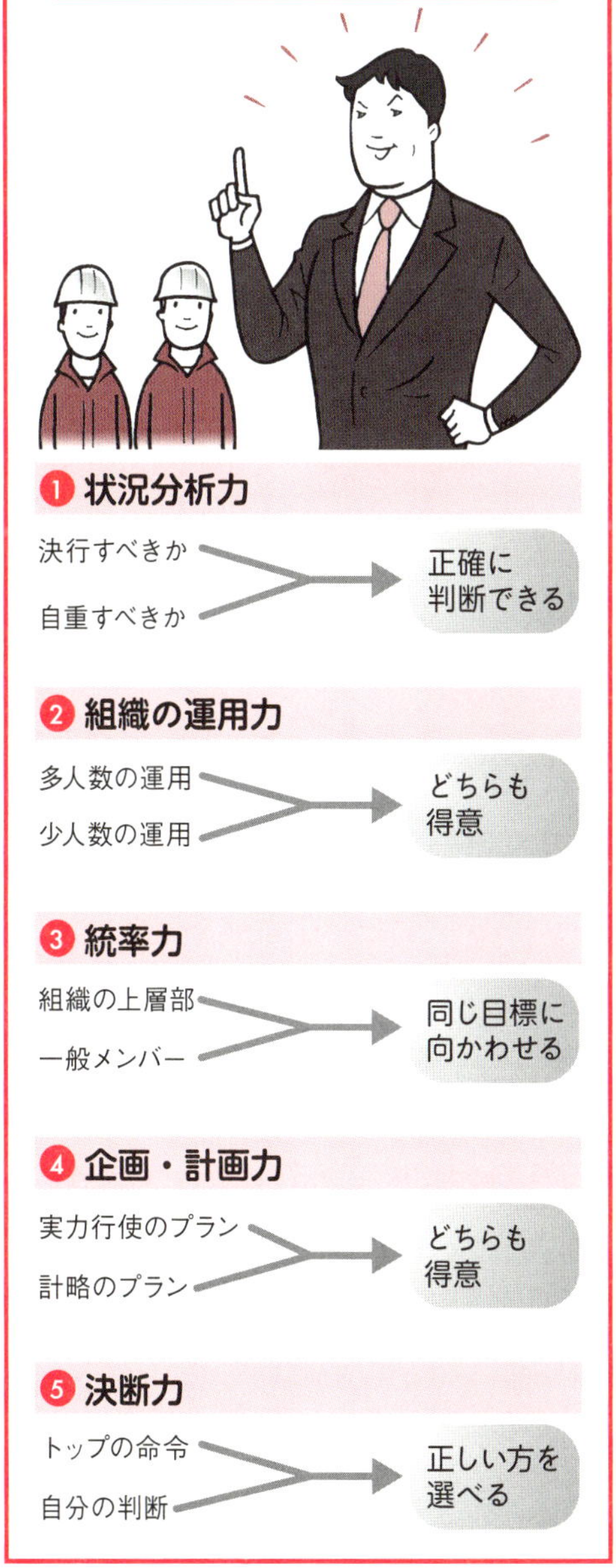

❶ 状況分析力
決行すべきか
自重すべきか
正確に判断できる
❷ 組織の運用力
多人数の運用
少人数の運用
どちらも得意
❸ 統率力
組織の上層部
一般メンバー
同じ目標に向かわせる
❹ 企画・計画力
実力行使のプラン
計略のプラン
どちらも得意
❺ 決断力
トップの命令
自分の判断
正しい方を選べる

謀攻篇 8

敵情と内情を把握する

彼《かれ》を知《し》りて、己《おのれ》を知《し》れば、
百戦《ひゃくせん》して殆《あやう》からず。
彼《かれ》を知《し》らずして、己《おのれ》を知《し》れば、
一勝《いっしょう》一負《いっぷ》す。
彼《かれ》を知《し》らず、己《おのれ》を知《し》らざれば、
戦《たたか》う毎《ごと》に必《かなら》ず殆《あやう》し。

文意

敵情を知るルートを確保し、同時に自軍の内情を知るルートも持っていれば、何回戦おうが危険な局面は生じない。敵情を探るルートがないなら、勝敗は時の運だ。敵情も内情もつかめないなら、戦ったら必ず危うい状況に陥る。

▼敵味方に情報網を張る

戦いを計画から実行にうつすにあたっては、トップの的確な選択と決断（↓P70）、現場の実行役の実務能力がカギとなる（↓P74）。**このどちらにも必要なのが、正確な情報だ。**

孫子は前にも情報の重要性を述べているが（↓P44）、そちらが準備段階で「情報をいかに利用するか」を述べているのに対し、戦いの決行が近づいたこの段階では、「どのような情報ルートを確保すべきか」に注意を向けており、**敵と味方のどちらにも、情報ルートを通じておく**ことが重要だとしている。

▼リスクの少ない負け方

戦いが実行に移されたら、現場

情報ルートは2方向に張りめぐらせる

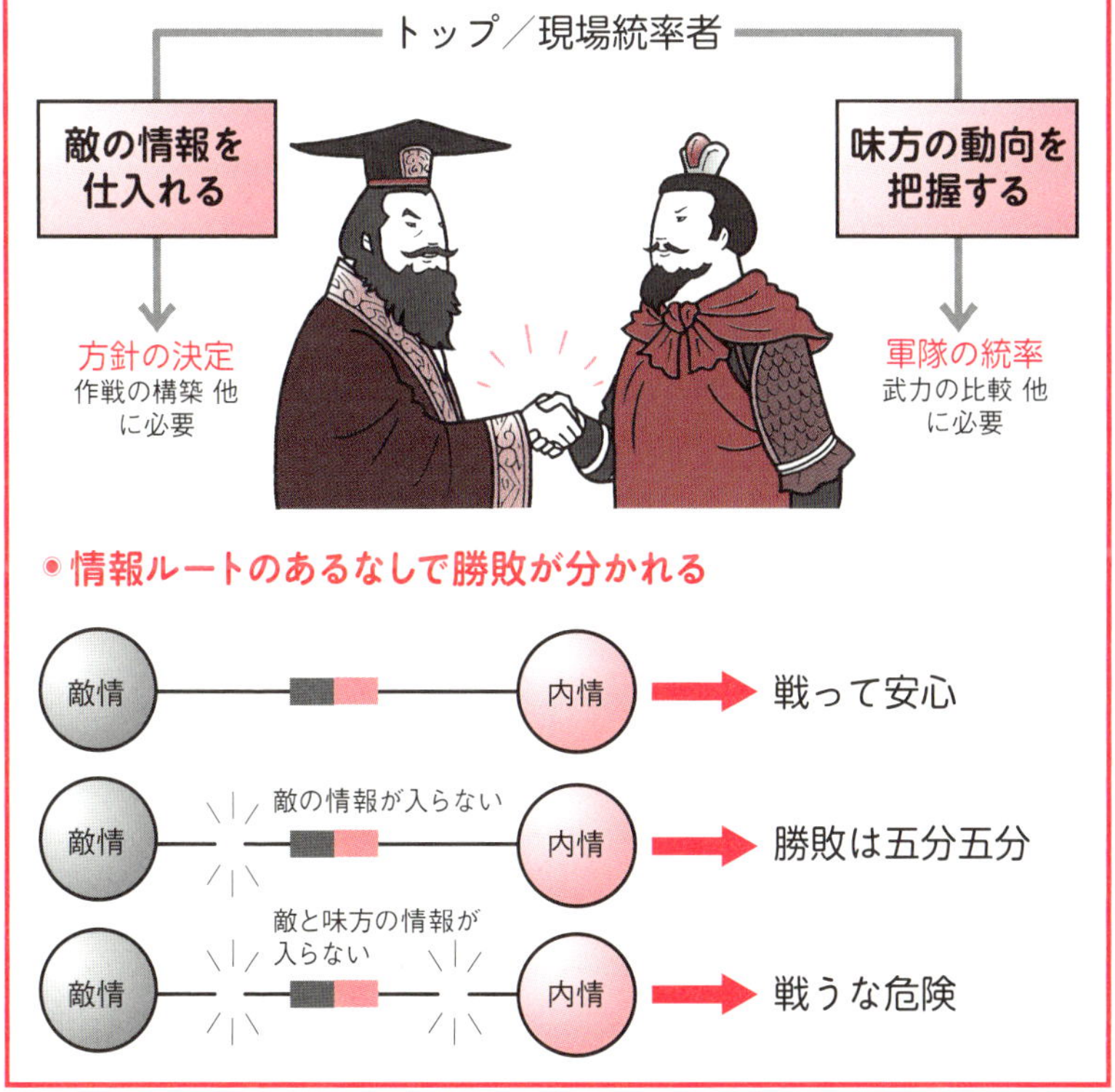
トップ／現場統率者
敵の情報を仕入れる
方針の決定
作戦の構築 他
に必要
味方の動向を把握する
軍隊の統率
武力の比較 他
に必要
情報ルートのあるなしで勝敗が分かれる
敵情
内情
戦って安心
敵の情報が入らない
勝敗は五分五分
敵と味方の情報が入らない
戦うな危険

は臨機応変な対応を迫られる。このとき、どちらか一方の情報が絶たれたら、情勢の変化を見極めての対応が難しくなる。現場が迅速に動けなければ、勝利は危うい。

情報は、情報提供者からの情報を得やすいトップ、現場の情報を得やすい実行役が、**それぞれ手持ちの情報をすりあわせる**ことで、さらに正確になる。

ちなみに孫子は「彼を知り、己を知れば、百戦殆からず」として両方の情報に通じれば必ず勝つとはしていない。**情勢によっては、勝算がないケースもある**からだ。

その場合でも、正しい情報をつかんでいれば、交渉や計略を駆使して、**より損失の少ない負け方ができる**のである。

コラム　Column

城攻めは軍備も大がかり

城攻めを下策とする理由の1つとして、孫子は、城門を壊す機械や土台作りに準備がかかるからだ（それぞれ3か月かかるとしている）と述べている。

下の図は、孫子が城攻めに必要として列記した軍備の数々だ。

これだけの用意に時間とお金を費やしながら、もし現場の将軍が短気で、準備が終わるのを待ちあぐねて攻撃をしかけでもしたら、兵力の3分の1を失ったうえに城も落とせないという最悪の状況になる。そういったリスクも城内を下策とする理由の1つである。

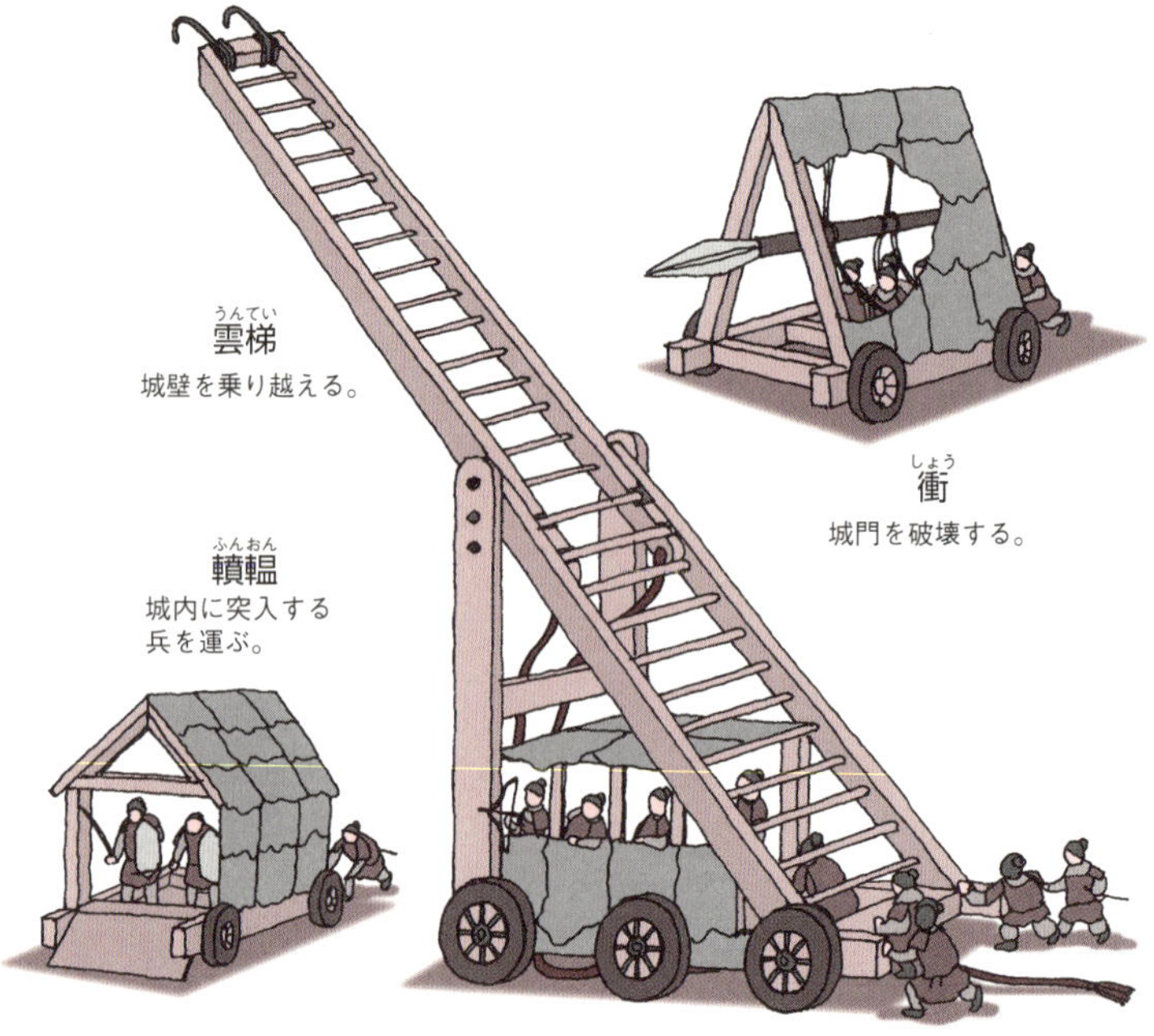
雲梯《うんてい》
城壁を乗り越える。
衝《しょう》
城門を破壊する。
轒轀《ふんおん》
城内に突入する兵を運ぶ。

第4章

形篇

「不敗の兵法」

◉

負けないための
足場作り

形篇 1

「負けない態勢」を作れるか

勝《か》つべからざるは己《おのれ》に在《あ》り、
勝《か》つべきは敵《てき》に在《あ》り。
善《よ》く戦《たたか》う者《もの》は、能《よ》く勝《か》つべからざるを為《な》すも、
敵《てき》をして勝《か》つべからしむること能《あた》わず。
故《ゆえ》に曰《いわ》く、
「勝《かち》は知《し》るべし、而《しか》れど為《な》すべからず」と。

文意

敵がこちらに勝てなかったとしたら、それはこちらの態勢が良かったからだ。こちらが敵に勝てたとしたら、それは敵の態勢が悪かったからだ。巧みな戦略家でも、敵に勝ちを持っていかれない態勢は作れても、味方を必ず勝たせる態勢は作れない。だから言うのだ、「勝つ方法がわかっても、実行となると話は別」と。

▼勝敗の本当の分け目

戦いには、勝敗がある。それは、どのようにして決まるのか。

孫子は言う。敵がこちらに勝てなかったとしたら、それはこちらの態勢が万全だったから。こちらが敵に勝てたとしたら、それは敵の態勢に隙があったから。

ここには、この『兵法』の中でも重要な、二つのポイントがある。

一つは、**勝敗は態勢〈形〉の優劣で決まる**ということ。もう一つは、勝敗が分かれるのは、**勝つ側に勝因があるからでなく、負ける側に敗因があるから**だということ。

勝敗は勝因ではなく、敗因の有る無しで決まる。――これはこの『兵法』を貫く孫子の基本理念であり、今後の戦略のほとんどが、

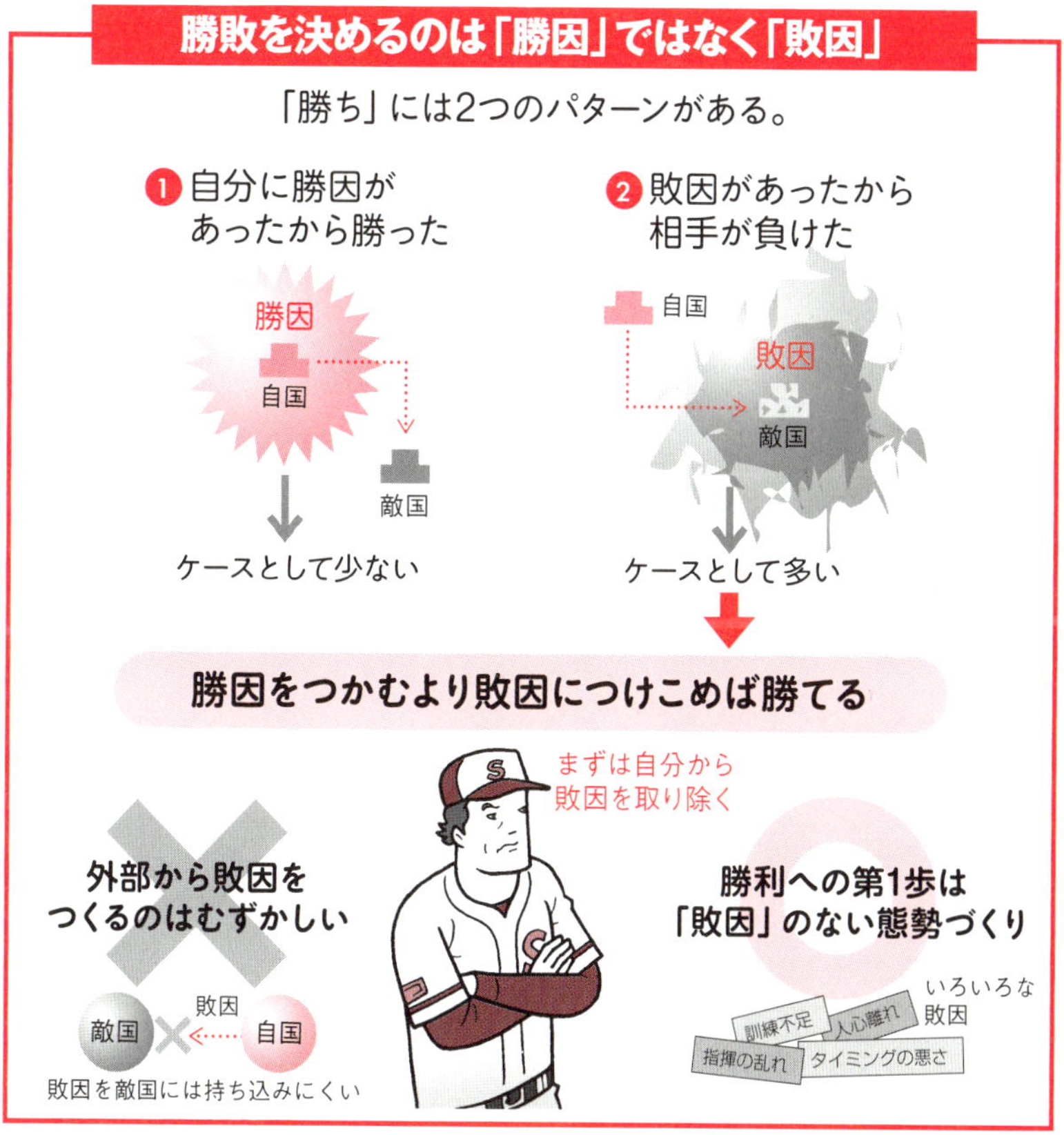
勝敗を決めるのは「勝因」ではなく「敗因」
「勝ち」には2つのパターンがある。
❶自分に勝因があったから勝った
勝因
自国
敵国
ケースとして少ない
❷敗因があったから相手が負けた
自国
敗因
敵国
ケースとして多い
勝因をつかむより敗因につけこめば勝てる
まずは自分から敗因を取り除く
外部から敗因をつくるのはむずかしい
敗因
敵国
自国
敗因を敵国には持ち込みにくい
勝利への第1歩は「敗因」のない態勢づくり
いろいろな敗因
訓練不足
人心離れ
指揮の乱れ
タイミングの悪さ

「いかにして敵の態勢を崩し、敗因を作らせるか」が中心となる。

▼負けない態勢のメリット

勝敗が敗因で決まるとしたら、戦う態勢作りに必要なのは、**自軍から敗因の芽をつみとる**こと。要は、負けない態勢作りである。

勝ちをとる態勢でなく、負けない態勢をめざすのは、孫子の考えでは、戦いの本質が、「敵と自軍のどちらに早く敗因が生まれるか」という、がまん比べであるからだ。

勝ちをとりに行くには、敵の態勢を外側から崩さなければならないが、これは優秀な戦略家でも難しい。

負けずにいて、**敵の態勢が内側から崩れるのを待つ**方が、簡単で、確実に勝てるのである。

形篇 2

守りを固める

勝《か》つべからざるとは、守《しゅ》なり。
勝《か》つべきとは、攻《こう》なり。
守《まも》るは則《すなわ》ち余《あま》りあり。
攻《せ》むるは則《すなわ》ち足《た》らず。

文意

敵に勝たせないように戦うには、守備の態勢をとるとよい。敵に勝つように戦うには、攻撃の態勢をとるとよい。守備を態勢の基本に置くと、戦力に余裕が生まれ、攻撃を基本に置くと、戦力は不足する。

▼攻守を切り替える

「どちらに敗因が生まれるか」というがまん比べに負けて、敵に勝ちを持っていかれる――。戦いに勝つには、最低限そんな状況を作ってはいけない。

そのためには、「負けない態勢」を作り上げた上で、その万全な状態を維持し続けなければならない。それが〈守〉の態勢である。

孫子は、戦いでの守り〈守〉について、単に「拠点や陣を守ること」としてとらえておらず、「**敵に勝たせない**（自軍が負けない）**態勢を守ること**」と考えている。

一方で、がまん比べの結果、敵の態勢に乱れが生まれたら、すばやくそれに乗じなければならない。それが〈攻〉の態勢である。

〈守〉でじっくり待ち、〈攻〉で一気に崩しにかかる。〈守〉〈攻〉、二つの態勢を巧みに切り替えていけば、敵に敗因が生まれ、こちらは勝利のきっかけをつかむことができる。

守るか攻めるか、どちらが有利か？

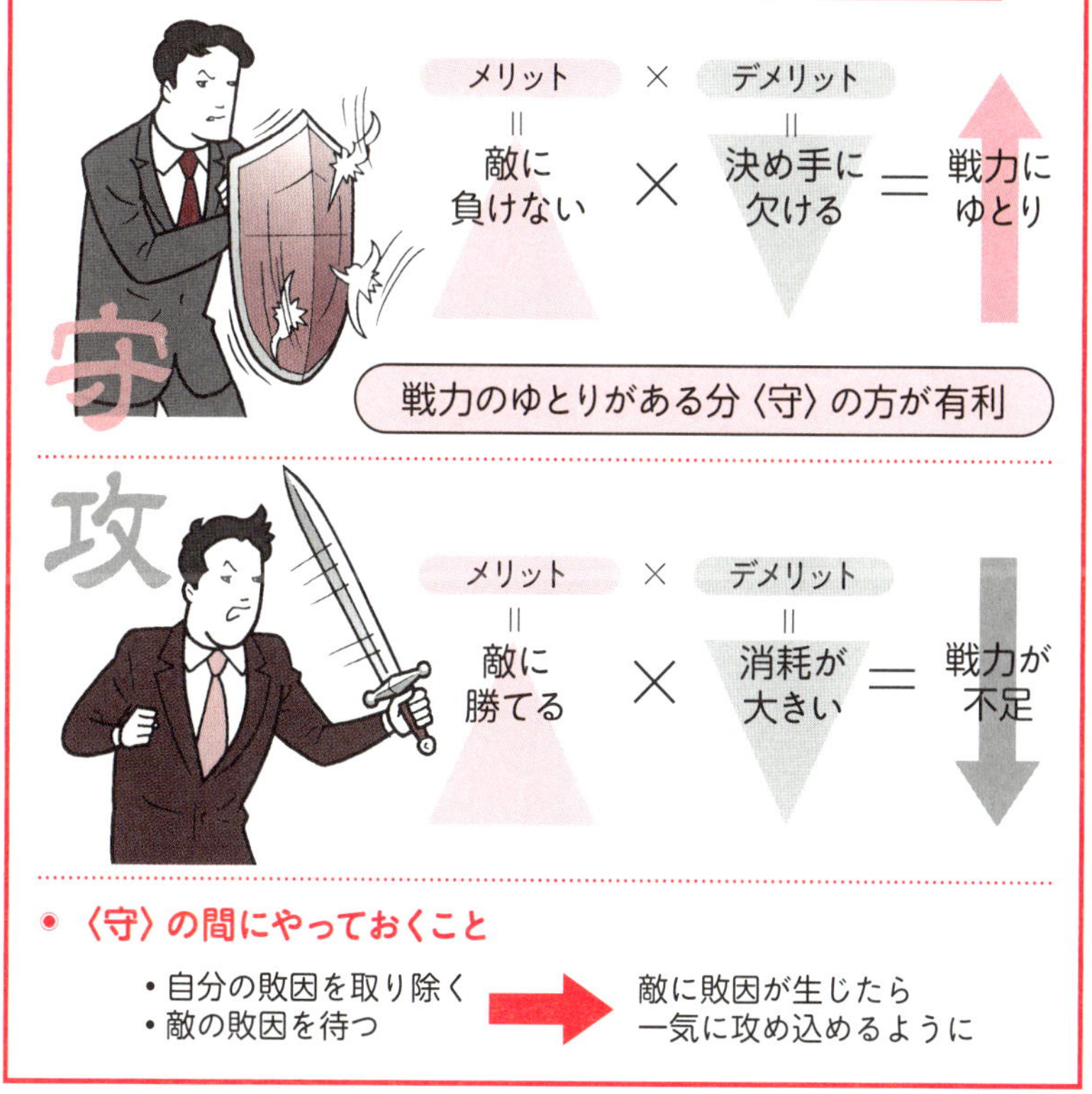

メリット
×
デメリット
敵に負けない
×
決め手に欠ける
＝
戦力にゆとり
守
戦力のゆとりがある分〈守〉の方が有利
攻
メリット
×
デメリット
敵に勝てる
×
消耗が大きい
＝
戦力が不足
〈守〉の間にやっておくこと
・自分の敗因を取り除く
・敵の敗因を待つ
敵に敗因が生じたら一気に攻め込めるように

▼守りを優先する

〈守〉〈攻〉の態勢には、それぞれ特徴がある。

行動をあえて起こさない〈守〉は、戦力にゆとりが生まれる。ただし、成果を得るという点では決め手に欠ける。一方、行動をともなう〈攻〉は、確実な成果が出せるが、戦力の消耗が激しい。

どちらの態勢が優れているということはなく、敵の態勢を見極め、バランスをとることが求められる。

ただし、**優先した方がいいのは、〈守〉の徹底**だ。

第一に、**戦力にゆとりがある**点で有利であり、第二に、敵の敗因に乗じるのが勝利の秘訣とするなら、その間の守備も含め、**万全な「待ち」の態勢が不可欠**だからだ。

形篇 3

悟られないように動く

> 善《よ》く守《まも》る者《もの》は、九地《きゅうち》の下《した》に蔵《かく》れ、
> 善《よ》く攻《せ》むる者《もの》は、九天《きゅうてん》の上《うえ》に動《うご》く。
> 故《ゆえ》に、能《よ》く自《みずか》ら保《たも》ちて、
> 勝《か》ちを全《まっと》うするなり。

文意

うまい守備態勢とは、まるで地の底に隠れているかのように、こちらの手の内をいっさい見せないことである。一方うまい攻撃態勢とは、まるで天の高みから見下ろすように、敵の手の内のすべてを見て取ることである。そうすれば、守って鉄壁、攻めれば完勝となる。

▼攻守切り替え戦略の条件

〈守〉〈攻〉、二つの態勢を巧みに切り替えるには、以下の二つの条件をクリアする必要がある。

〈守〉の態勢では、何があろうと、敵につけいらせないこと。

万全の状態を維持しろといっても、どこかにほころびが生まれるのは避けられない。もしそうなっても、敵に知られないようにするには、自軍の動きを徹底して隠す必要がある。

一方、〈攻〉へ態勢を切り替えるポイントは、敵が態勢を乱したときだ。これをつかむには、敵が今どんな態勢にあるか、動きを徹底して分析する必要がある。

自軍の動きは徹底して隠し、敵の動きについては徹底して洗い出すことで、〈守〉〈攻〉を切り替える戦略が成り立つ。

▼戦力を読ませない

また、〈守〉〈攻〉どちらの態勢をとるかで戦力のゆとりが変わることから（⬇P83）、態勢を知られたら、こちらの戦力の状況が敵に悟られてしまう危険がある。その意味でも、こちらの動きを隠すことが大切になる。

〈守〉で待つのは戦いの長期化になるのではないかと思われるかもしれない。しかし**〈守〉の態勢は消耗が少なく**、また、**〈攻〉に転じたら一気にかたが付く**ので、自軍がこうむるダメージはもちろん、敵へのダメージも少なく済み、勝って得る利益は大きくなる。

自分は隠れつつ敵を見透かす

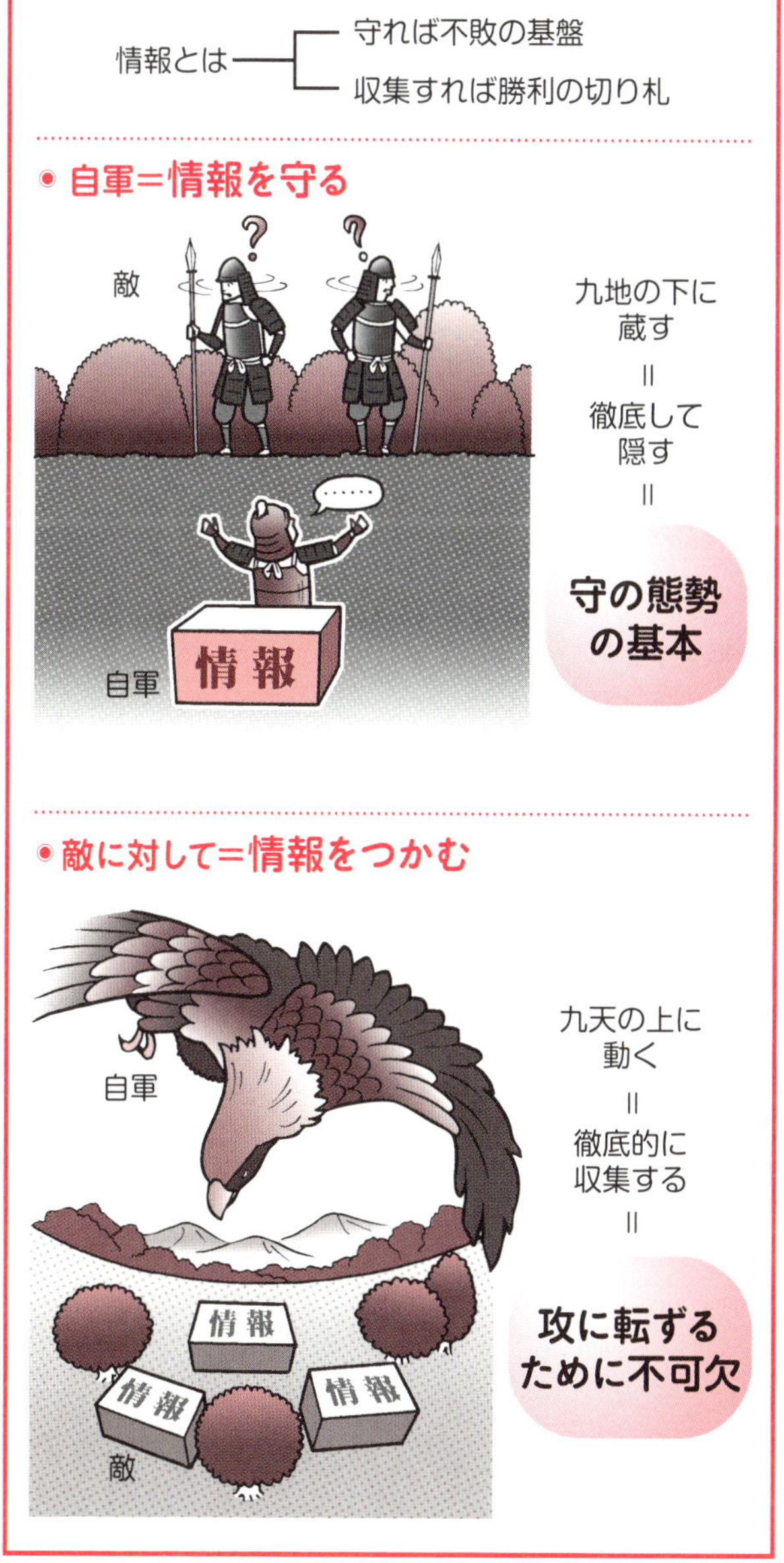
情報とは
守れば不敗の基盤
収集すれば勝利の切り札
自軍＝情報を守る
敵
自軍
情報
……
九地の下に蔵す
＝
徹底して隠す
＝
守の態勢の基本
敵に対して＝情報をつかむ
自軍
敵
情報
情報
情報
九天の上に動く
＝
徹底的に収集する
＝
攻に転ずるために不可欠

万全な状況でのみ戦う

善《よ》く戦《たたか》う者《もの》は、不敗《ふはい》の地《ち》に立《た》ちて、
敵《てき》の敗《はい》を失《うしな》わざるなり。
是《こ》の故《ゆえ》に、勝《か》つ兵《へい》は、先《ま》ず勝《か》ちて、
而《しか》る後《のち》に戦《たたか》いを求《もと》め、
敗《やぶ》るる兵《へい》は、先《ま》ず戦《たたか》いて、
而《しか》る後《のち》に勝《か》ちを求《もと》む。

文意

戦いが巧みな人は、「味方を絶対に負けさせない」という状況を作ったうえで、「敵が絶対に負ける」という勝機を見逃さない。勝ち戦になる戦いというものは、攻守ともに勝てる状況を作り出した後で、初めて戦いに入る。一方、負け戦となるケースでは、戦い始めた後で、勝てる状況を作り出そうとする。

▼確実な戦況を待つ

孫子によれば、上手な戦略家は、開戦前のシミュレーション（⬇P46）で「勝算あり」と出たなら、現実の戦いでも必ず勝ち、決して敗北という誤算が生じないという。

シミュレーションの基になる〈計〉（⬇P38）が正確だったとしても、戦いに入れば情勢はどんどん変わる。にも関わらず、なぜ誤算が生じないのか。

その理由は、**勝ちが確実となる戦況を狙い定めたうえで、行動を起こす**からだ。

敵の状況が乱れ、「もはや負けたも同然」となった戦況を見極めてから戦う。誤算が生じないというより、勝利の確実性を最大限に高め、**誤算が起きないようにして**

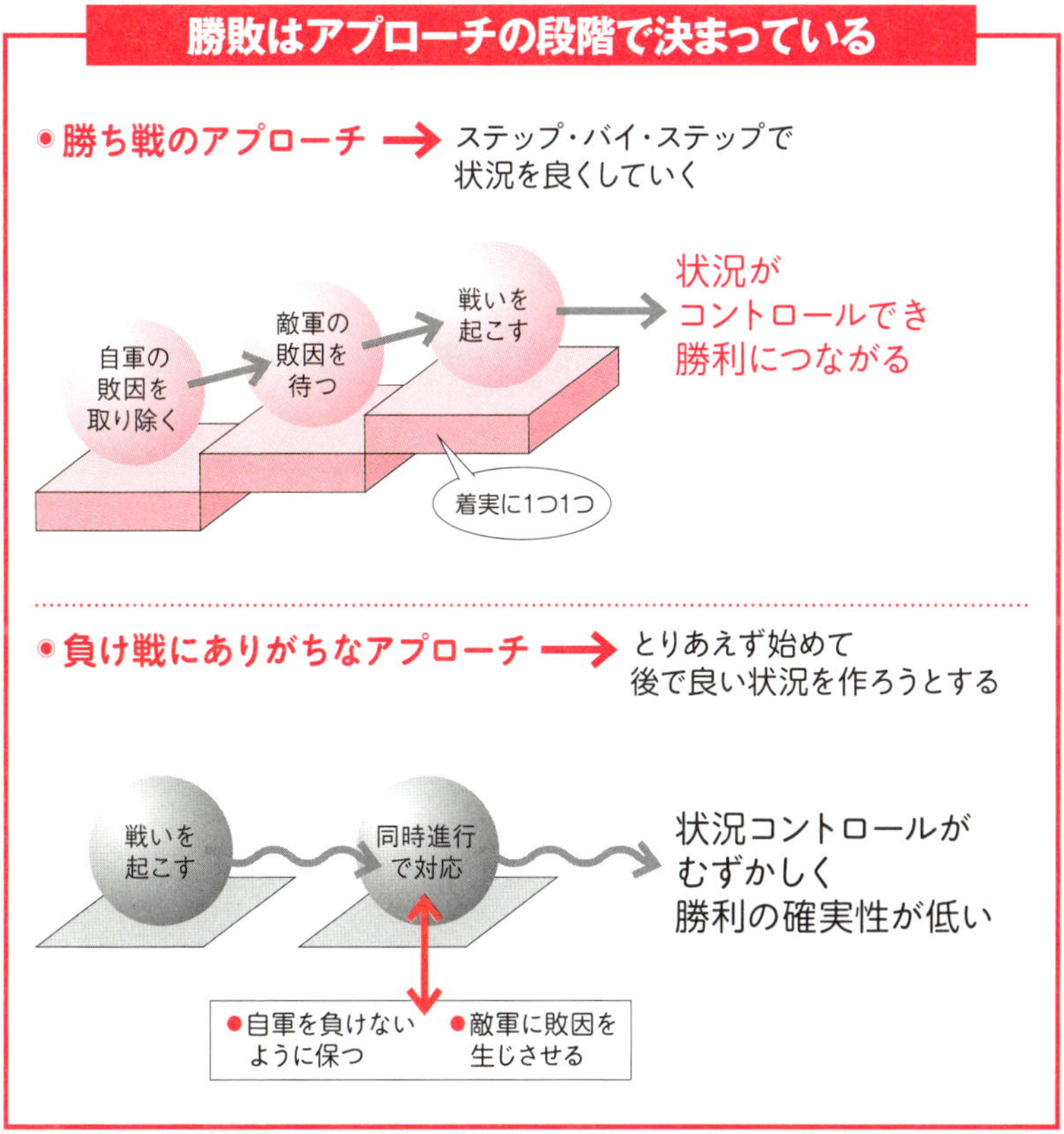

勝敗はアプローチの段階で決まっている
勝ち戦のアプローチ
ステップ・バイ・ステップで
状況を良くしていく
自軍の
敗因を
取り除く
敵軍の
敗因を
待つ
戦いを
起こす
状況が
コントロールでき
勝利につながる
着実に1つ1つ
負け戦にありがちなアプローチ
とりあえず始めて
後で良い状況を作ろうとする
戦いを
起こす
同時進行
で対応
状況コントロールが
むずかしく
勝利の確実性が低い
自軍を負けない
ように保つ
敵軍に敗因を
生じさせる

から、初めて戦いに持ち込む。

だから、必ず勝つ。

▼「とりあえず」は厳禁

これに対し負け戦に多いのが、**とりあえず戦いを始め、その中で勝てる戦況を作ろうとするパターン**だ。敵がそれで態勢を乱すかどうかは不確実なため、消耗戦が中心となる。自軍の消耗も避けられず、そこを敵に突かれ負けに至る。

孫子は、巧みな戦いとは、〈奇勝〉、つまり危うい戦況下で逆転するような、不確実な戦い方ではないという。

確実性を追求し、万全の戦況で戦い、周囲から「勝ってあたりまえ」と思われてしまうような**地味な勝利こそが、本当の意味での巧みな戦い方**となる。

形篇 5

データの読み方を身につける

地《ち》は度《たく》を生《しょう》じ、度《たく》は量《りょう》を生《しょう》じ、
量《りょう》は数《かず》を生《しょう》じ、数《かず》は称《しょう》を生《しょう》じ、
称《しょう》は勝《しょう》を生《しょう》ず。
故《ゆえ》に、勝《か》つ兵《へい》は鎰《いつ》を以《もっ》て銖《しゅ》を称《はか》るが若《ごと》く、
敗《やぶ》るる兵《へい》は、銖《しゅ》をもって鎰《いつ》を称《はか》るが若《ごと》し。

文意

敵国の面積は、長さの尺度を使えばわかる。面積がわかれば、敵が用意できる兵糧と飼い葉の量がわかる。量がわかれば投入できる兵と軍馬の数がわかる。数がわかれば戦力比較ができる。戦力差がわかれば、勝ち目がわかる。このようにデータを読めば、戦力で大差をつける状況が作れるので、勝てる。データが読めないと、小勢で大軍にあたる事態を引き起こすので、負ける。

▼ありふれたデータに潜む情報

敵の態勢を知るだけでなく、戦力がどれくらいかなどの**情報をそろえれば、正確な戦況がわかり、勝利をより確実に**できる。

それには、あるデータを手にしたら、それが別の意味合いの情報として読み解けないか、考える視点を持つと良い。**ありふれたデータから、隠れた情報が見えてくる。**

たとえば、敵の生産力のデータを、戦いにどれだけ資金をかけられるかという視点で見れば、そこから戦力が割り出せる。基になる生産力のデータは、孫子の時代なら耕地面積、現代なら予算といったありふれた情報で読み解ける。

▼有利さで圧倒する

敵の戦力が大枠で分かれば、自

軍との戦力差が割り出せ、そこから、「勝ち目」を具体的な数として見ることができる。

勝ち目を割り出せば、**データ的に有利な戦況を選ぶこと**ができる。敵の乱れに乗じるという態勢面の有利さに、データ面での有利さという裏づけを重ねれば、敵をさらに圧倒できる。データを読み解けなければ、敵の態勢が乱れたとしても、戦力でそれを挽回されるケースもあり得、危険が大きい。

圧倒的に有利な条件を作ってから、**ベストのタイミングで一気に攻勢をかければ、敵はひとたまりもない**。そのような状態に自軍を持っていくことが、戦うための態勢作りの目標である。

データが秘める大きな情報

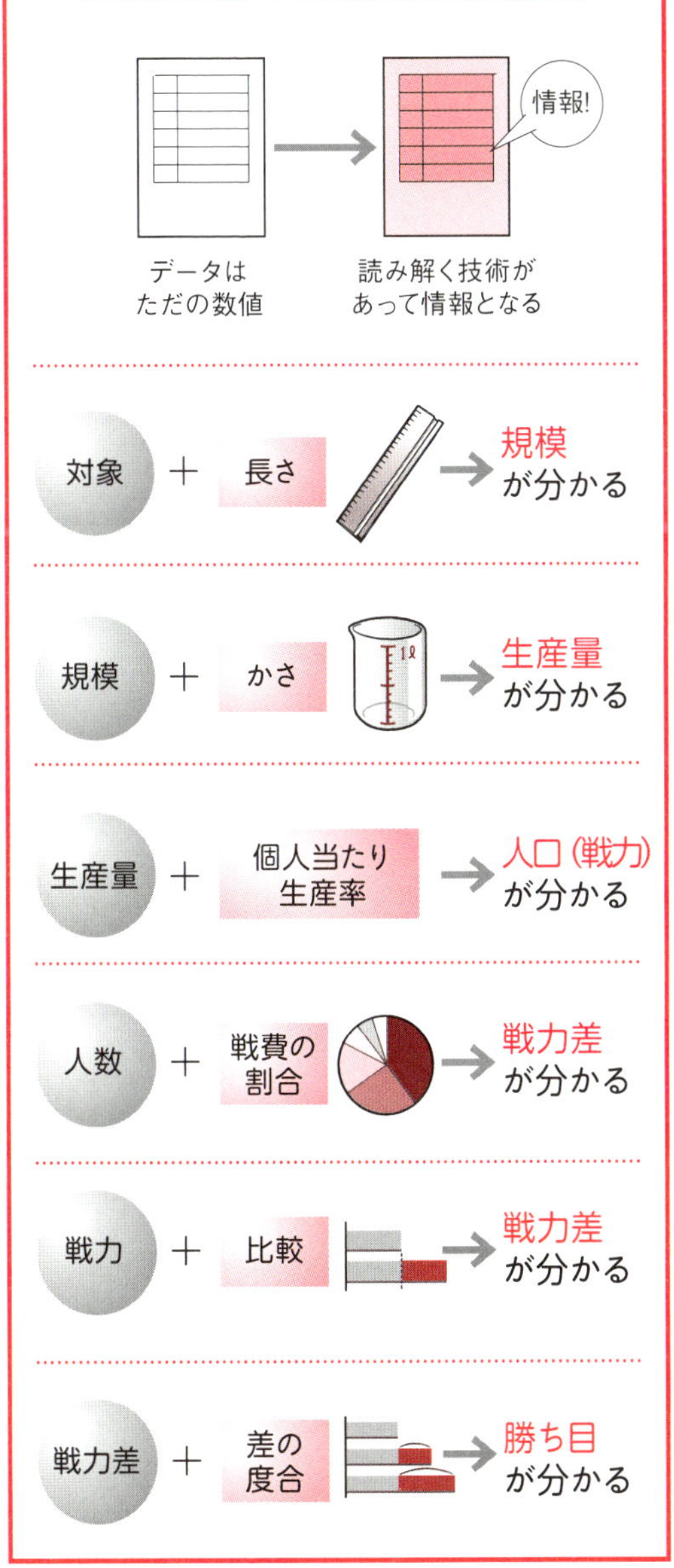

情報!
データはただの数値
読み解く技術があって情報となる
対象 ＋ 長さ → 規模が分かる
規模 ＋ かさ → 生産量が分かる
1ℓ
生産量 ＋ 個人当たり生産率 → 人口（戦力）が分かる
人数 ＋ 戦費の割合 → 戦力差が分かる
戦力 ＋ 比較 → 戦力差が分かる
戦力差 ＋ 差の度合 → 勝ち目が分かる

コラム Column

中国のデータ単位

前ページで「鎰《いつ》」と「銖《しゅ》」という語句が出たが、これはどちらも天秤の重りを指す。
１鎰は24両で、１両は24銖。つまり、１鎰は576銖になる。「データを駆使できれば、576倍の戦力を持ったも同然」という意味となる。

古代中国では地方ごとに「はかり」の単位が違っていたとされるが、現在の国独自の単位、ヤードや尺などがメートルに変換できるように、ある程度換算できるよう互いに融通されていた。

たとえば、秦の重さの単位である１鈞《きん》は、布銭《ふせん》が通用していた他の地域では20鎰として扱われ、刀銭《とうせん》の地域では72環《かん》として扱われた。

換算される数値が、24や72といった、10進法からすると半端な数になっているのは、そのほうが約数が多いからだ。割って端数が出ないように、調整がなされていたのである。

布銭（左）と刀銭（右）

第5章

勢篇

「統率の兵法」

◉

チームを効果的に
動かすには

勢 篇 1

統率の基本を身につける

衆《しゅう》を治《おさ》むるに寡《か》を治《おさ》むるが如《ごと》きは、分数《ぶんすう》是《これ》なり。
衆《しゅう》を闘《たたか》わすに寡《か》を闘《たたか》わすが如《ごと》きは、形名《けいめい》是《これ》なり。
三軍《さんぐん》の衆《しゅう》、畢《ことごと》く敵《てき》を受《う》けて敗《はい》無《な》からしむべきは、
奇正《きせい》是《これ》なり。
兵《へい》の加《くわ》うる所《ところ》、碫《たん》を以《もっ》て卵《たまご》に投《とう》ずるが如《ごと》きは、
虚実《きょじつ》是《これ》なり。

文意

多人数を少人数同様に管理するには、編成の技術が必要だ。多人数を少人数同様に臨機応変に戦わすには、指令伝達の技術が必要だ。敵襲を受けながら全軍とも不敗を保つには、ある部隊には正攻法で向かわせ、ある部隊には思いがけない動きをさせて、敵を混乱させる技術が必要だ。敵を攻めて圧勝するには、敵の態勢の不備を見抜く技術が必要だ。

▼現場リーダーの必須任務

戦いの最前線では、〈守〉から〈攻〉、〈攻〉から〈守〉へと、態勢を臨機応変に切り替える状況が続く（➡P82）。その**切り替えを的確に行わせるのが、将軍（現場のリーダー）の役目**だ。

〈守〉〈攻〉の切り替えから勝利をつかむには、リーダーは四つの課題をこなさなければならない。

一つめは、**自軍をリーダーの下に集約**させること。二つめは、リーダーの指示に**自軍をすばやく正確に反応させる**こと。三つめは、〈守〉の態勢にあるときに、絶対に**敵に勝ちを与えない**こと。最後は、〈攻〉の態勢に転じたときに、**確実に敵を制圧する**ことだ。

孫子は、これらの任務を達成す

素人が戦力でも統率力があればカバーできる

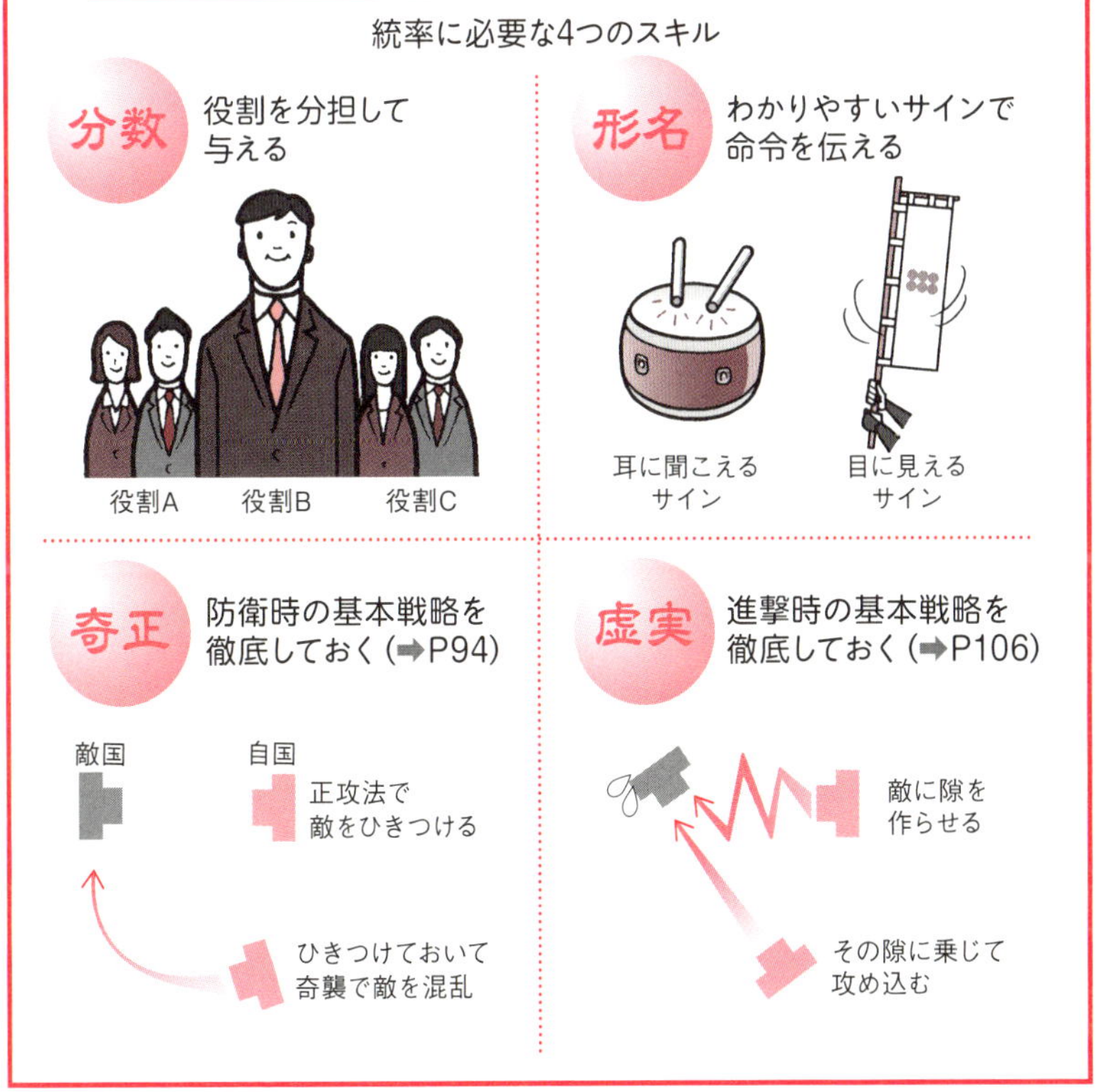
統率に必要な4つのスキル
分数
役割を分担して与える
役割A
役割B
役割C
形名
わかりやすいサインで命令を伝える
耳に聞こえるサイン
目に見えるサイン
奇正
防衛時の基本戦略を徹底しておく（➡P94）
敵国
自国
正攻法で敵をひきつける
ひきつけておいて奇襲で敵を混乱
虚実
進撃時の基本戦略を徹底しておく（➡P106）
敵に隙を作らせる
その隙に乗じて攻め込む

る戦術として、それぞれ〈分数〉、〈形名〉、〈奇正〉、〈虚実〉をあげている。

▼現場を思いのままに動かす

〈分数〉とは、軍を小隊に分けて役割を与え、実行責任も持たせること。**各隊が役割を果たすことで、全体で目的が達成される。**

〈形名〉とは、指示伝達にわかりやすいサインを用いること。これで**小隊の動きを制御し、意図どおりに動かす。**もちろん、サインの意味の周知徹底が前提だ。

こうすれば、リーダーの意図通りの複雑な動きが可能になる。その動きを武器とする戦術が、〈奇正〉と〈虚実〉だ。〈奇正〉については次のP94で、〈虚実〉は第6章（⬇P106）で詳しく説明する。

勢篇 2

リズムに乗せておいて そのリズムを崩す

戦《たたか》いは、正《せい》を以《もっ》て合《あ》い、奇《き》を以《もっ》て勝《か》つ。
戦勢《せんせい》は奇正《きせい》に過《す》ぎざるも、
奇正《きせい》の変《へん》は、
勝《あ》げて窮《きわ》むべからざるなり。
奇正《きせい》の循《めぐ》りて相生《あいしょう》ずること、
環《かん》の端《はし》の無《な》きが如《ごと》し。

文意

敵軍が攻めてきたら、まずは敵が想定しているであろう動きで応戦し、そこに想定外の動きをしかけて勝つ。想定内と想定外、動きの基本は二つだけだが、生み出せる作戦は無限にある。敵の想定どおり動いて油断させたかと思えば、想定外の動きで混乱させるなど、奇正の切り換えを環のように切れ目なく繰り出しなさい。

▼想定外の動きで翻弄

〈奇正《きせい》〉の戦術は、自軍が〈守〉の態勢にあるなかで、敵に攻め込まれた場合に用いる。

敵が攻めてきたら、まずはその動きに逆らわずに応戦する。そのなかで、自軍の動きのリズムを次第にパターン化し、**敵がそれに同調するのを待つ**。これが〈正〉の動きだ。

この間に敵の目を避けていた別動隊は、敵がこちらのリズムに乗ったのを見定めたら、突然姿を現して、敵にとっては**想定外の動きで、パターン化されたリズムを一気に崩す**。これが〈奇〉の動きだ。

あとは、それまでのリズムを崩された敵の動揺を突き、戦いの主導権を奪って、決着をつける。

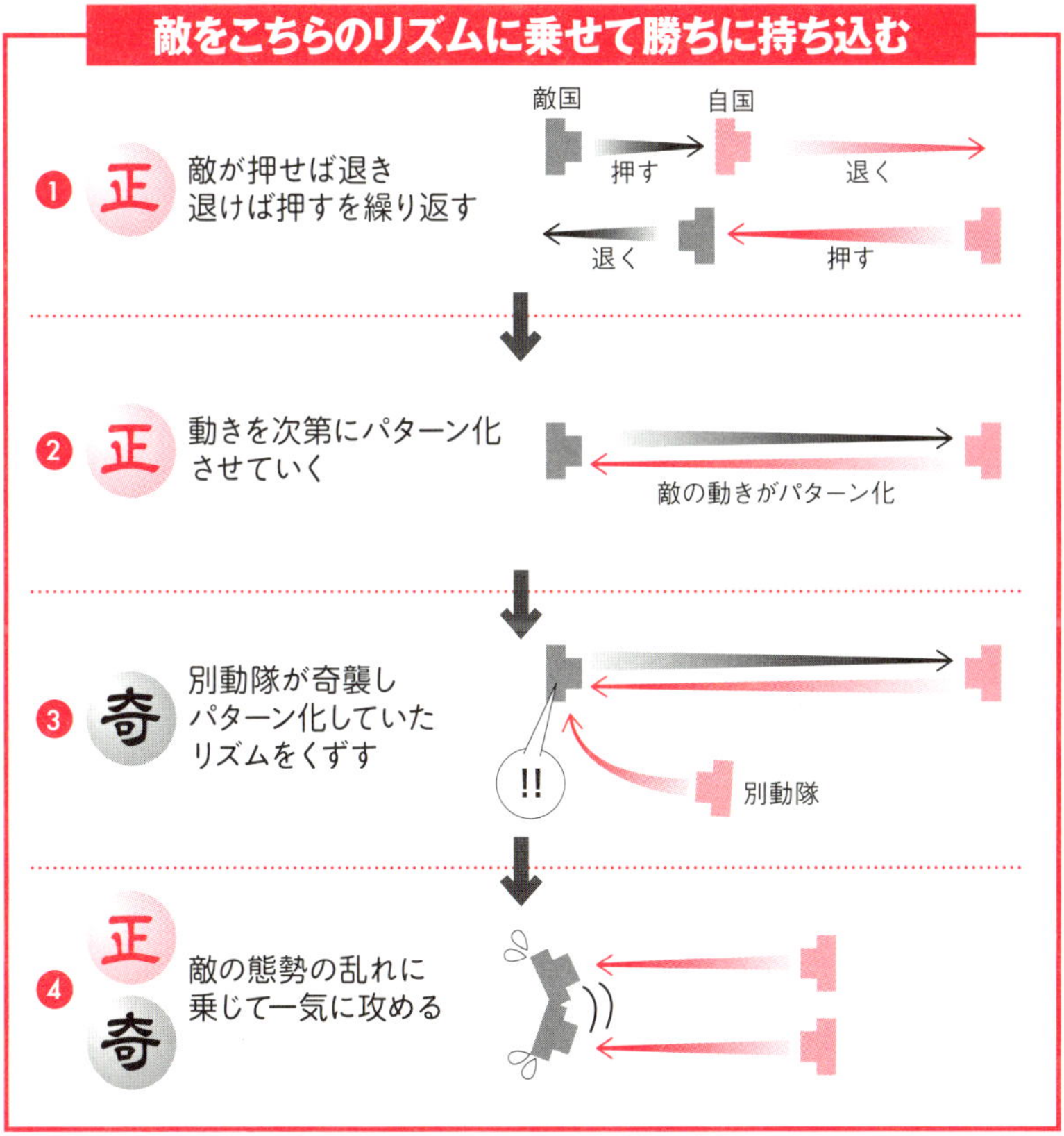
敵をこちらのリズムに乗せて勝ちに持ち込む
❶ 正
敵が押せば退き
退けば押すを繰り返す
敵国
自国
押す
退く
退く
押す
❷ 正
動きを次第にパターン化
させていく
敵の動きがパターン化
❸ 奇
別動隊が奇襲し
パターン化していた
リズムをくずす
!!
別動隊
❹ 正 奇
敵の態勢の乱れに
乗じて一気に攻める

▼様々な動きを即興で

戦いが決着に至らなくても、〈正〉と〈奇〉の切り替えで動きを複雑にすれば、敵は翻弄され統率を乱し、反転攻勢の好機が生まれる。

この戦略で決め手になるのは、**〈正〉のパターン化したリズム**に、**〈奇〉の変則リズム**が割り込む、その意外性だ。敵に予測されないよう、また、予測しても状況の突然の変化に対応できないよう、**多彩に〈正〉〈奇〉を切り替えていくこと**がポイントとなる。

〈正〉と〈奇〉の動きは、単体で見れば単純だが、組み合わせて多彩に切り替えるところに、戦略の妙がある。〈分数〉や〈形名〉(➡P92)で組織を整然と統率するのは、その妙を作り出すためだ。

勢篇 3

投入のタイミングを計る

激水《げきすい》の疾《はや》くして、
石《いし》を漂《ただよわ》すに至《いた》る者《もの》は、勢《せい》なり。
鷙鳥《しちょう》の撃《う》ちて、毀折《きせつ》に至《いた》る者《もの》は、節《せつ》なり。
是《これ》の故《ゆえ》に、善《よ》く戦《たたか》う者《もの》は、
其《そ》の勢《せい》は険《けん》にして、其《そ》の節《せつ》は短《たん》なり。
勢《せい》は弩《ど》を引《ひ》くが如《ごと》く、節《せつ》は機《き》を発《はつ》するが如《ごと》し。

文意

石をも浮かす力の蓄積があってこそ、勝利に向かう力になる。獲物を瞬殺する瞬発力があってこそ、勝利を決する瞬間となる。勝利に向かう力はそのピークが険しいほど良く、勝利を決する瞬間は短いほど良い。力を蓄積するには、弩を引きしぼるように力を一点に集中し、瞬発力を得るには、引き金をはずすように力を一気に解き放ちなさい。

▼「勢い」をコントロールする

〈守〉の態勢を〈攻〉に転じて一気に敵を攻めるとき、あるいは、〈守〉の態勢下で〈正〉の部隊に隠れていた〈奇〉の部隊が突然敵の前に現れるとき、成功に欠かせない要素とされるのが、〈勢〉だ。**〈勢〉とは、組織がいい意味で勢いづいた状態**をいう。この状態にあるとき、組織には個々人の能力を足し合わせた以上の力が生まれ、それが**勝利を引き寄せる力になる。**

〈勢〉が必要とされるのは、戦況を一気に変化させたい局面であり、その瞬間に〈勢〉が最も効力を発揮するようにコントロールするのも、リーダーの役目となる。

メンバーが勢いづいた瞬間と戦

術の切り替えの瞬間をうまくあわせると、大きな破壊力が生まれ、**戦況を一気に変える**ことができる。

▼計り知れない〈勢〉の力

〈勢〉は、「勢い」という人間の心理的なものに依っているが、物理的な力と同様、**短時間で集中・放出するほど威力を発揮する。**孫子は、これを弩《ど》（古代中国の弓）のしくみにたとえている。

弩は、弦を引き絞った状態で固定でき、矢を放つときは、引き金を引いて弦を解放して飛ばす。

弦を大きく引き絞らないと、力はたまらない。また、引き金をゆっくり外すと、せっかくの力が矢に伝わらない。連射ができないところも、〈勢〉と同じである。

力をためこんで一気に放出する

「勢」とは集団が発揮する力のこと
運動の法則があてはまる。

力をためる時間と放出する時間が
長いと威力は小さい

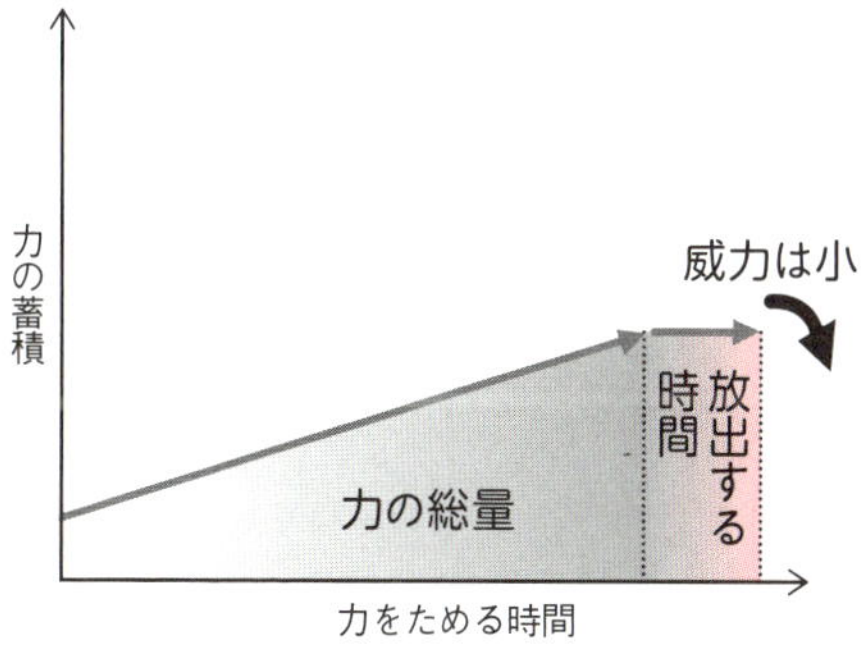
威力は小
力の蓄積
放出する時間
力の総量
力をためる時間

力をためる時間と放出する時間が
短いと威力は大きい

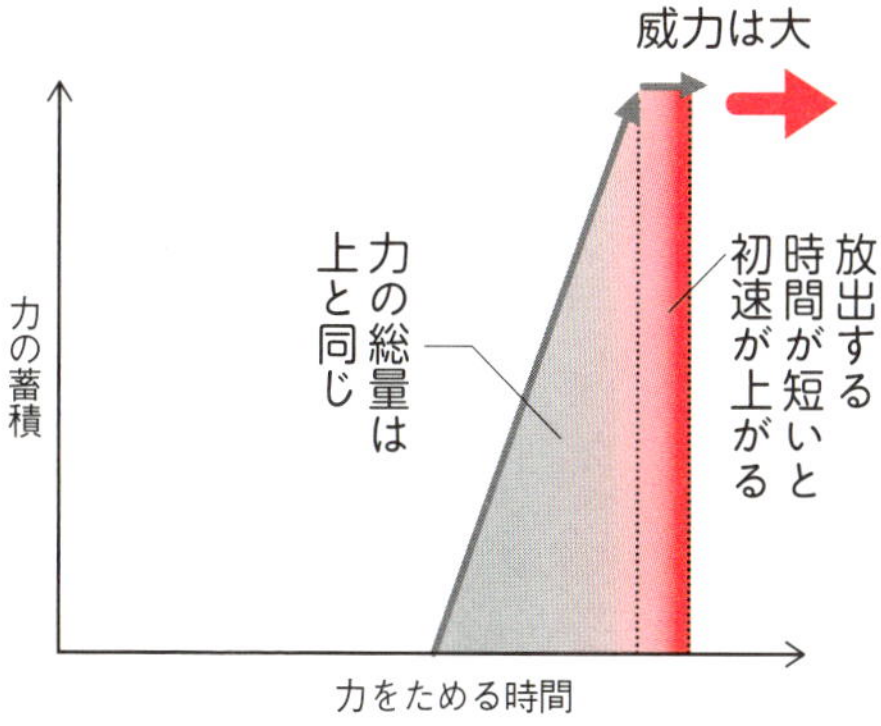
威力は大
力の蓄積
放出する時間が短いと初速が上がる
力の総量は上と同じ
力をためる時間

力の積算量（総量）が同じでも
出し方次第で威力の違いが出る

勢篇 4

いかに味方の統率を維持するか

乱《らん》は治《ち》に生《しょう》じ、怯《きょう》は勇《ゆう》に生《しょう》じ、弱《じゃく》は彊《きょう》に生《しょう》ず。治《ち》乱《らん》は数《すう》なり。勇怯《ゆうきょう》は勢《せい》なり。彊弱《きょうじゃく》は形《けい》なり。

文意

どんなに管理されている組織も、混乱するものだ。勇気ある兵も、恐怖心を持つものだ。強い戦力にも、ほころびが出てくるものだ。組織を整然とさせておけるか混乱するかは、編成次第だ。兵が勇気をもつか恐れをもつかは、その時の勢い力次第だ。強みを保ち続けられるか弱みが出てくるかは、態勢次第だ。

▼理想は長続きしないもの

指示に的確に反応する部隊、勢いづいているメンバー。そういった現場を率いられたら、どんな戦況でも的確に戦術が実行できる。

しかし孫子は現実的であり、**現場はなかなか理想的な状態にはならない**ものであり、なっても長続きしないものとしてとらえている。

軍を理想的な状態に置き、保ち続けるには、リーダーが積極的に、かつ絶えることなく、予防策を講じなければならない。リーダーの統率力は、戦いの重要局面だけでなく、**日常的に発揮してこそ、意味がある。**

▼基本的なルールを守る

軍を理想的な状態を保つには、統率の基本となる三ポイントを、日常的にチェックし続けることだ。

〈数〉では、**部隊の編成と役割分担が適切かどうか**見直すこと。部隊が適切な位置におさまり、各自の役割を果たせば、全体として、組織の乱れを防げる。

〈勢〉では、集団としての力を見せつけ、**自分には思った以上の力があると、メンバーに実感させる**こと。心理面でポジティブになれば、行動も積極的になる。

〈形〉では、**攻守態勢の選択にブレを見せない**こと。効率的に戦力が運用され、本来の力を発揮し続けることができる。

組織を理想的な状態に保つには

日常的に「数」「勢」「形」の3点をチェックする

数 で組織を治める → 組織の編成と役割分担

編成は適切か
役割を全う
しているか

勢 で組織の士気を高める → 集団から生まれる力

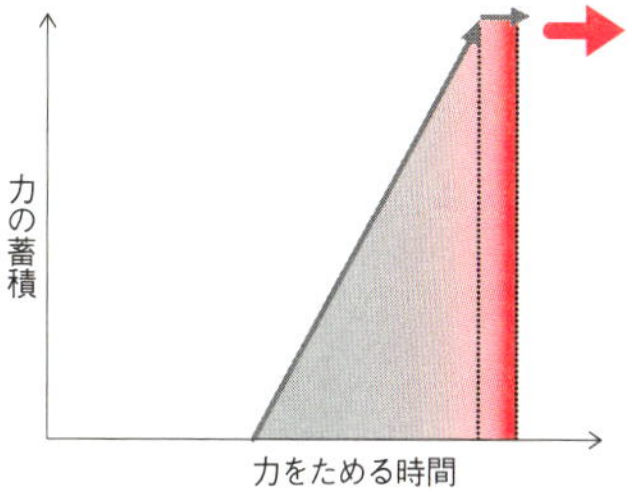

勢の最適な状態
(➡P97) を
いつでも作れるか

形 で攻守の方針を定める → 攻守の態勢を切り替える判断

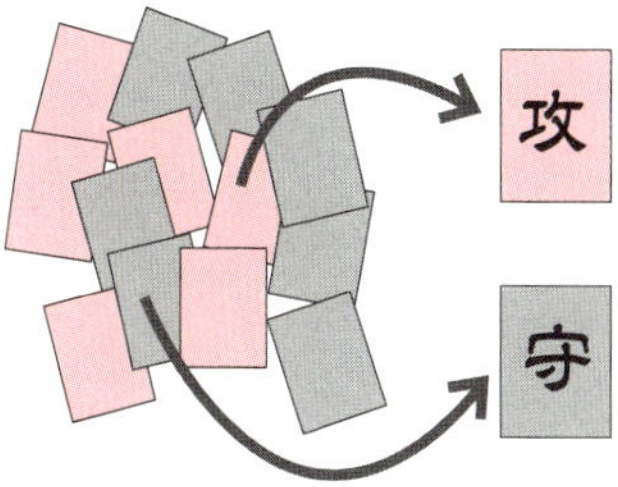

状況に合わせて
攻守のカードを
切れているか

勢篇 5

いかに敵をおびきだすか

善《よ》く敵《てき》を動《うご》かす者《もの》は、
之《これ》を形《けい》すれば、敵《てき》は必《かなら》ず之《これ》に従《したが》う。
之《これ》を予《あた》うれば、
敵《てき》は必《かなら》ず之《これ》を取《と》る。
利《り》を以《もっ》て之《これ》を動《うご》かし、
詐《さ》を以《もっ》て之《これ》を待《ま》つ。

文意

巧みに敵を誘導するには、自軍が攻守どちらの態勢をとろうとしているかをわざと見せれば、敵はそれに対応する態勢をとる。敵にオトリを見せれば、敵はこれを奪いに来る。利益をちらつかせて、敵を思い通りの場所まで誘導し、ニセ情報を流して、敵が誤った作戦をとるのを待ち受ける。

▼フェイントでおびき出す

〈勢〉を蓄積して一気に放出すれば、それだけ強い破壊力が生まれる（➡P96）。

ただし、〈勢〉は人間の心理が関わる分コントロールが難しく、戦況を切り替えたいその瞬間にうまく合わせるのは、やはり難易度が高い。

しかし逆の発想をすれば、**自軍が最高潮の状態の時に合わせて敵をうまくおびき出す**ようにすれば、〈勢〉を効率的に使えるはずである。

その方法の一つが、自軍の〈形〉（態勢）を利用する作戦だ。

敵は、こちらが〈守〉の態勢を堅く守っていれば、リスク無しとして攻撃せず、〈攻〉の態勢を見

敵を思いどおりに動かす

勝利を確実にするには「勢」を最も発揮できる
「場所」と「時間」に敵をおびき出す。その方法は二つ。

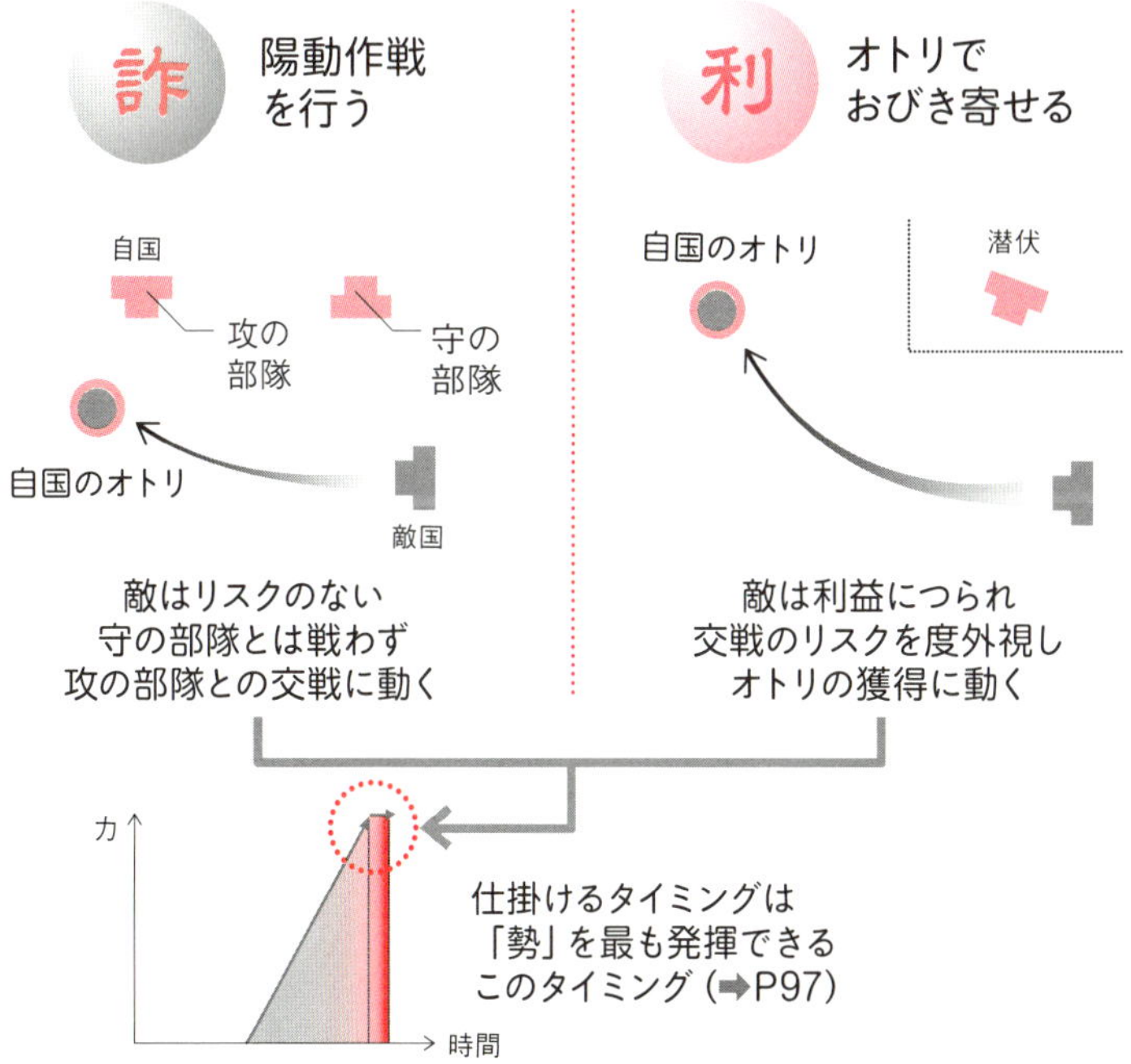
詐
陽動作戦を行う
自国
攻の部隊
守の部隊
自国のオトリ
敵国
敵はリスクのない
守の部隊とは戦わず
攻の部隊との交戦に動く
利
オトリでおびき寄せる
自国のオトリ
潜伏
敵は利益につられ
交戦のリスクを度外視し
オトリの獲得に動く
力
時間
仕掛けるタイミングは
「勢」を最も発揮できる
このタイミング（➡P97）

せれば、応戦するために近づく。

　この性質を利用し、本隊と別働隊がニセの態勢をとって、敵を思うところにおびき出す。

▼エサでおびき出す

　もう一つは、**敵が欲しがるようなものを見せつける**作戦だ。

　うまくカムフラージュすれば、敵はそれをオトリと思わず、手に入れようと、こちらの望む場所へおびき出される。そこに万全の態勢で待っている自軍に攻め入らせるのだ。

　自軍をうまく統率して**〈勢〉を高めて蓄積する**ことと、敵をうまくおびき出して**〈勢〉を効率よく発揮させる**こと。この二つがかみ合えば、〈勢〉は勝利をつかむ大きな力となる。

勢篇 6

集団の力を活かす

善《よ》く戦《たたか》う者《もの》は、之《これ》を勢《せい》に求《もと》め、
人《ひと》に責《せき》せず。
故《ゆえ》に、能《よ》く人《ひと》を択《えら》びて勢《せい》に任《まか》す。
勢《せい》に任《にん》ずれば、
其《そ》の人《ひと》を戦《たたか》わしむるや、
木石《ぼくせき》を転《てん》ずるが如《ごと》し。

文意

戦いをうまく進めるには、勢いの力を活かすように図り、一人ひとりの資質に頼らないことだ。自分の職分を心得た人材を適切に配置したら、あとは勢いにまかせること。勢いの力がうまく発動して、軍が一〇〇%以上の力を発揮すれば、兵が能力のない素人であっても、その状態に乗じてうまく戦ってくれるものだ。

▼個人の力より勢いの力

孫子は、なぜ〈勢〉を重視するのか。それは**基本的に、メンバー個人の力を信頼していないからだ。**

戦う現場にいるのが熟練者なら問題はないが、実際には、訓練の行き届かないメンバーを率いて戦わざるを得ないケースもある。つまり、「個人の力」とはケースによって大きく変動する要素であり、戦術の基礎にするには、確実性がなさ過ぎる。

一方、どんなメンバーを率いることになっても、現場のリーダーは、四つの任務、現場の集約、命令の徹底、〈守〉での徹底防御、〈攻〉での完全制圧を、まっとうしなければならない（⬇P92）。

それには、個人の力に頼るより、

〈勢〉の力を戦術の基礎にすえた方が、リーダー自身がコントロールできる分、確実である。

▼流れにまかせる

もっとも、単に大人数を集めて〈勢〉を生み出そうとしても、意味もなく騒ぐ烏合の衆になる。

そこである程度**熟練者を確保し、適所に配置**して、戦いに使える〈勢〉になるよう調整する。

そこまで手をかけたら、あとは〈勢〉を発揮するタイミングだけコントロールし、どう動くかはメンバーにまかせてしまって良い。〈勢〉が戦いに良い流れを作るため、リーダーが指示を下さなくとも、**メンバーはその流れに乗り、自然と適切な行動をする**からだ。

個々の力をまとめて発動する

個々の力では決定打とはならない

力を合わせて一気に放出すれば
勝利への決定打が生まれる

↓

個人の能力を高めるより
組織を勢いづかせる
(➡P96) のが重要

↓

いったん勢いがつけば
力を合わせやすくなる

コラム Column

孫子の時代の武器

孫子の時代の戦車戦は、リーダー格の戦士を打ち落とせば、勝ちとなる。離れた車上の敵の首をかき切るのに都合がいいのが、戈《か》である。

一方矛《ぼう》は、広い穂先を持ち、敵の胸を突いたとき致命傷を与えやすい形状。殷《いん》時代、その長さは取り回しやすい1.4メートルほどで接近戦用だったが、戦国時代には2〜3メートルに伸び、突撃用に変化している。

戟《げき》は、矛と戈を合体させ、胸を突いて首をかき取る行為がこれ一本で済むようにした、いわば便利グッズ。殷時代からあったとされる。

このほか、戦士は刃渡り20〜40センチほどの短刀を携行した。敵兵を討ち取ったら、これで首か耳を切って持ち帰り、戦果として評価してもらう。こうして持ち帰った首や耳は、戦勝報告と、命を守護してもらったお礼を兼ねて、祖先の廟《びょう》に献納した。

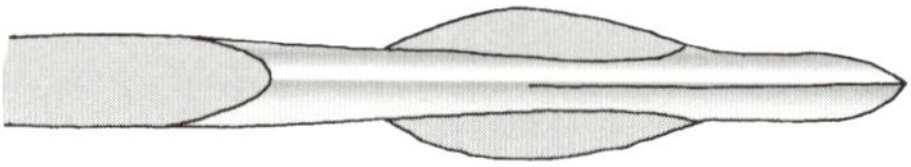

矛《ぼう》

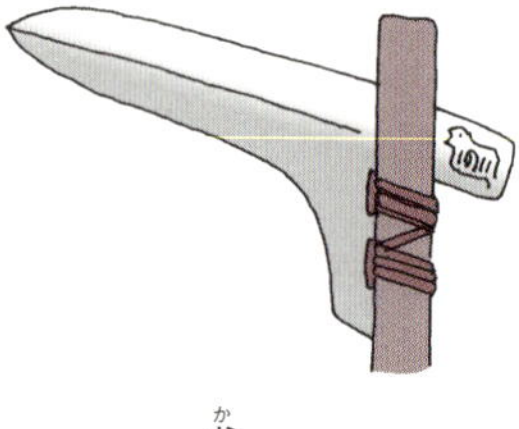

戈《か》

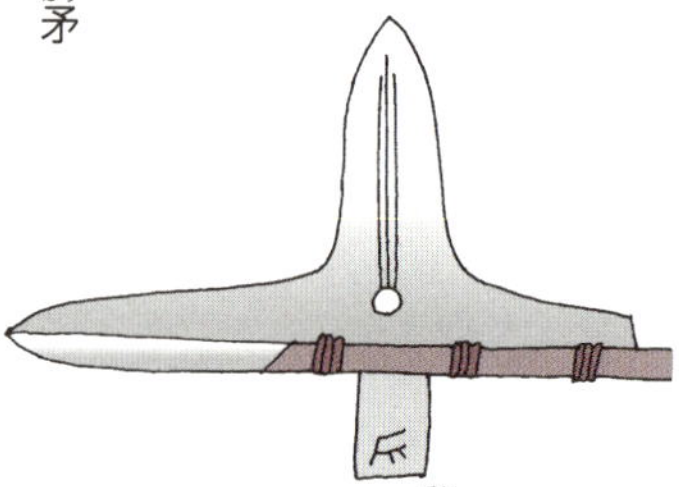

戟《げき》

第6章

虚実篇

「必勝の兵法」

◉

敵の弱点をつく

虚実篇 1

相手の疲れを誘う

「能《よ》く敵人《てきびと》をして自《みずか》ら至《いた》らしむ」とは、之《これ》を利《り》すればなり。
「能《よ》く敵人《てきびと》をして至《いた》るを得《え》ざらしむ」とは、之《これ》を害《がい》すればなり。
敵《てき》の佚《いつ》すれば、能《よ》く之《これ》を労《つか》れさしめ、飽《あ》けば、能《よ》く之《これ》を飢《う》えさしめ、安《やす》んじれば、能《よ》く之《これ》を動《うご》かす。

文意

敵を思うように動かすには、来させたい地点には敵の利になるようなものを、遠ざけたい地点には害になるようなものを、それぞれ見せびらかせばよい。そうやって、敵が休息していたら疲れさせ、食糧が豊富な場所にいたら足りない場所に移して飢えさせ、攻守の態勢が定まっていたら、これを動揺させることだ。

▼「隙あり」を狙う

〈奇正《きせい》〉が〈守〉の態勢で敵の襲撃を退ける戦術であるのに対し（⬇P94）、**〈虚実《きょじつ》〉は、〈攻〉の態勢に転じて敵を制圧する戦術だ。**

〈虚〉と〈実〉は、敗因の有る無しを意味する。何らかの敗因が生じた隙のある状態が〈虚〉であり、敗因がない充実した状態が〈実〉だ。

戦いに勝てるかどうかは、**敵の〈虚〉を見出して、そこをうまく突けるかどうか**にある（⬇P80）。自軍が〈実〉、敵軍が〈虚〉の状態で戦えば、必ず勝つ。

ここでは敵に〈虚〉が生じるのを待つのではなく、積極的に手を下して、敵を〈虚〉に陥れる方法が述べられている。

布陣した敵を<虚>にするには

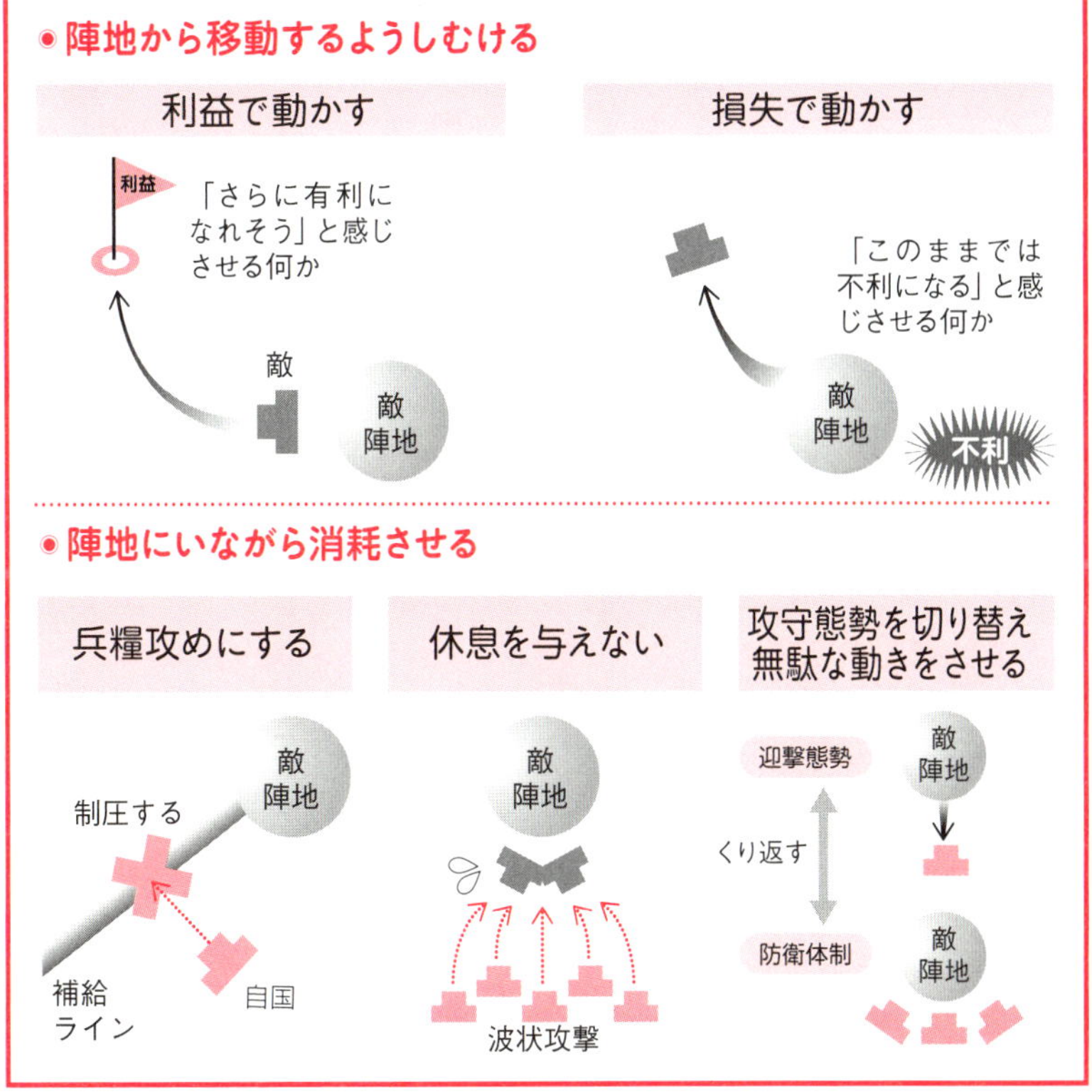
陣地から移動するようしむける
利益で動かす
利益
「さらに有利になれそう」と感じさせる何か
敵
敵陣地
損失で動かす
「このままでは不利になる」と感じさせる何か
敵陣地
不利
陣地にいながら消耗させる
兵糧攻めにする
敵陣地
制圧する
補給ライン
自国
休息を与えない
敵陣地
波状攻撃
攻守態勢を切り替え無駄な動きをさせる
迎撃態勢
くり返す
防衛体制
敵陣地
敵陣地

▼有利な場所から引き離す

戦いは、先に戦地に着いた方が勝ちやすい。戦いに先立って足場や補給ラインを整え、メンバーを休息させる余裕があるからだ。この場合、先に到着した軍が〈実〉、遅れて到着した方が〈虚〉となる。

先に戦地にある敵を〈虚〉にするには、**消耗を強いる**ことだ。

具体的には、敵に攻守をくり返させ無駄な動きをさせる。「動けばさらに有利になれそう」あるいは「その場にいると不利を招く」と感じさせて、移動を強いる。

あるいは、敵が休息や体力維持ができないように図る。小競り合いをしかけて行動を強いたり、食糧補給を絶つなどし、戦力を衰えさせていくのである。

虚実篇 2

想定外の場所を攻める

「千里《せんり》を行《い》きて労《つか》れざる」とは、無人《むじん》の地《ち》を行《い》けばなり。

「攻《せ》めて必《かなら》ず取《と》る」とは、其《そ》の守《まも》らざる所《ところ》を攻《せ》むればなり。

「守《まも》りて必《かなら》ず固《かた》き」とは、其《そ》の攻《せ》めざる所《ところ》を守《まも》ればなり。

文意

遠い道を行軍しても軍が消耗しないでいられるのは、敵兵が配置されていない場所を行くからだ。攻めて必ず陥落させるのは、敵が守っていないところを攻めるからだ。守って絶対に破られることがないのは、敵が攻めてこられないところを守るからだ。

▼敵のいない場所へ

敵を〈虚《きょ》〉、つまり隙のある状態にするのと同時に、忘れてはならないのは、**自軍を〈実《じつ》〉、つまり充実した状態に置く**ことだ。

確実なのは、敵にとって〈虚〉である場所を狙い定めて、動くことである。敵がいないところ、来ようとしても近づけないところに、自軍がいるように図る。

敵がその場にいなければ、交戦状態にならない。不要な戦いを行わずに済み、目標達成に専念できる状況は、軍にとって極めて有利であり、いわば究極の〈実〉といってよいだろう。

▼神出鬼没で敵を惑わす

もう一つ、この戦術が有効なのは、**想定外を突く**からである。

気がついたら相手がそこにいて、拠点をとられ、反撃しようとしても隙がない。この状況は、敵から見れば神出鬼没に感じられる。「どうしてそうなったか、理由が分からない」と感じる状況は、戦いでは不利である。理由が分からなければ、対策が立てられない。戦いで敗北と同じぐらい**最悪なのは、対策が立てられないこと**だ。「なすすべがない」という状況は不安定であり、それだけで〈虚〉となる。さらに「今後はそうならないように」と備えを増やすため、戦力が分断されるという〈虚〉が新たに生まれる。

　こちらはそれに乗じて、新たな作戦を展開できることとなる。

自軍を<実>に保つには

「実」を保つには敵のいない場所を狙うのが大原則である。

❶ 行軍

消耗せずに目的地に着ける

❷ 攻撃

抵抗を受けずに占拠できる

❸ 守備

応戦せず戦力を温存できる

これらは敵の盲点（想定外）だからである

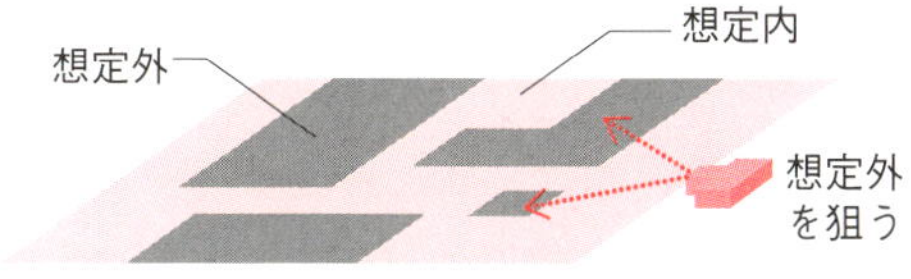

虚実篇 3

敵の不備を突く

「進《すす》みて禦《ふせ》ぐべからざる」とは、其《そ》の虚《きょ》を衝《つ》けばなり。「退《しりぞ》きて追《お》うべからざる」とは、速《すみ》やかにして及《およ》ぶべからざればなり。

文意

こちらが進軍しても敵が防御できないのは、敵の守りの虚をついているからだ。退却しても敵が追撃してこられないのは、すばやく手を引くので敵が追いつけないからだ。

▼不利な戦況下での〈実〉

敵がいない場所を選べず、守りの堅い敵を攻めたり、敵中を退却しなければならないなどの状況になったとき、自軍を〈実《じつ》〉の状態に保つにはどうしたらいいか。

結論からいえば、**敵の不備を突いて動けばいい。**

不備を起こさせる作戦としては、オトリで引きつける作戦や、統率を乱す作戦など、この後紹介していくように、いろいろある。

しかし、ここで押さえておくべきポイントは、そういった作戦のいろいろではなく、状況のとらえ方である。

▼不利は〈虚〉ではない

守りの堅い敵を攻撃したり、敵の追撃を受ける状況は、全体的に見ればこちらが不利ととらえられるかもしれない。しかし、**守りに穴があったり、追撃の足が乱れれば、自軍はそこを突ける。**

せっかくの有利な条件を使いこなせず、不備のある敵は〈虚《きょ》〉であり、不利な状況下であっても、うまく敵の不備を突ける自軍は〈実〉となる。何が〈虚〉で何が〈実〉かは、全体的な戦況とは関係がない。どんな状況下でも、**有利な条件を使いこなせなければ〈虚〉、挽回できる条件を見つけ出せば〈実〉だ。**

窮地に陥っても必ずしも〈虚〉でなく、挽回のチャンスを見つけ出せるかどうかで、〈虚実〉が決まるということである。

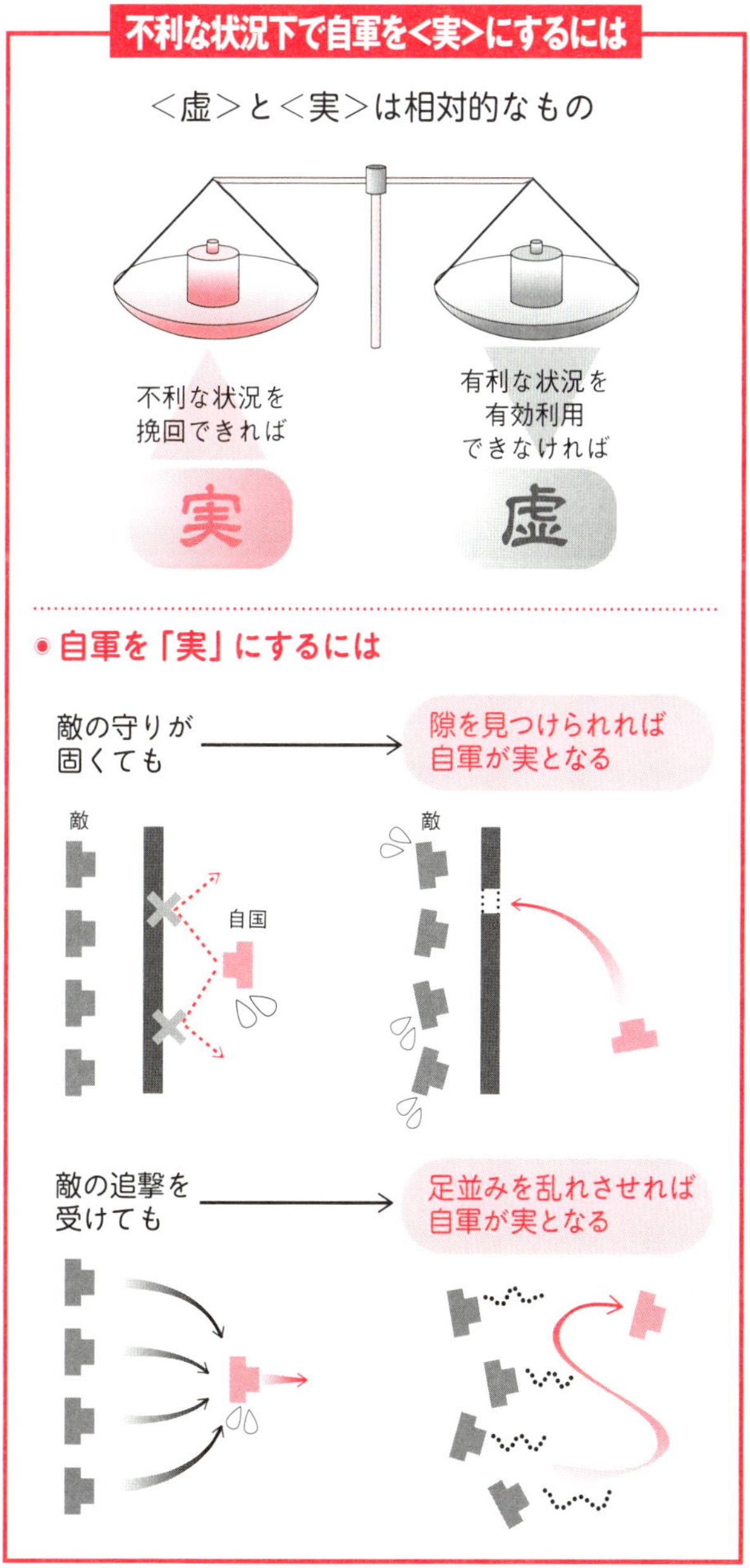
不利な状況下で自軍を<実>にするには
<虚>と<実>は相対的なもの
不利な状況を
挽回できれば
実
有利な状況を
有効利用
できなければ
虚
自軍を「実」にするには
敵の守りが
固くても
隙を見つけられれば
自軍が実となる
敵
自国
敵
敵の追撃を
受けても
足並みを乱れさせれば
自軍が実となる

虚実篇 4

戦いの主導権を握る

「我《われ》戦《たたか》いを欲《ほっ》すれば、敵塁《てきるい》を高《たか》くし溝《みぞ》を深《ふか》くすと雖《いえど》も、我《われ》と戦《たたか》わざるを得《え》ざる」とは、其《そ》の必《かなら》ず救《すく》う所《ところ》を攻《せ》むればなり。

「我《われ》戦《たたか》いを欲《ほっ》せざれば、地《ち》を画《かく》して之《これ》を守《まも》るも、敵《てき》、我《われ》と戦《たたか》うを得《え》ざる」とは、其《そ》の之《よ》く所《ところ》に乖《そむ》けばなり。

文意

敵が守りに徹していても、私が戦いをしかけたら応戦に出ざるを得ない。そのわけは、敵が絶対に援軍を出す拠点を攻めるからだ。敵が戦いたくても、私が戦いを避けたら攻撃できない。そのわけは、敵の注意をそらせ、別拠点へ向かうよう仕向けるからだ。

▼こちらの都合に合わせる

戦いでは〈実《じつ》〉の状態にある方が勝ち、〈虚《きょ》〉の方が負ける。

それなら、**自軍が〈実〉であるときには積極的に戦いたいし、〈虚〉なら戦いを回避したい。**つまり、自軍が〈実〉のときには敵をおびき寄せ、〈虚〉のとき追い払うことができれば、万全である。

敵を思いのままに動かすには、敵の利害をつつき、現状をかばおうとする性質を利用する。

自軍が〈実〉で「今戦いたい」という時には、敵にとって絶対に失いたくないもの、たとえば、**戦う際の重要拠点や優れた人材などを襲撃**する。敵がどんなに戦いたくないと思っていても、救援のために戦わざるを得ない。

▼敵の好戦気分を利用する

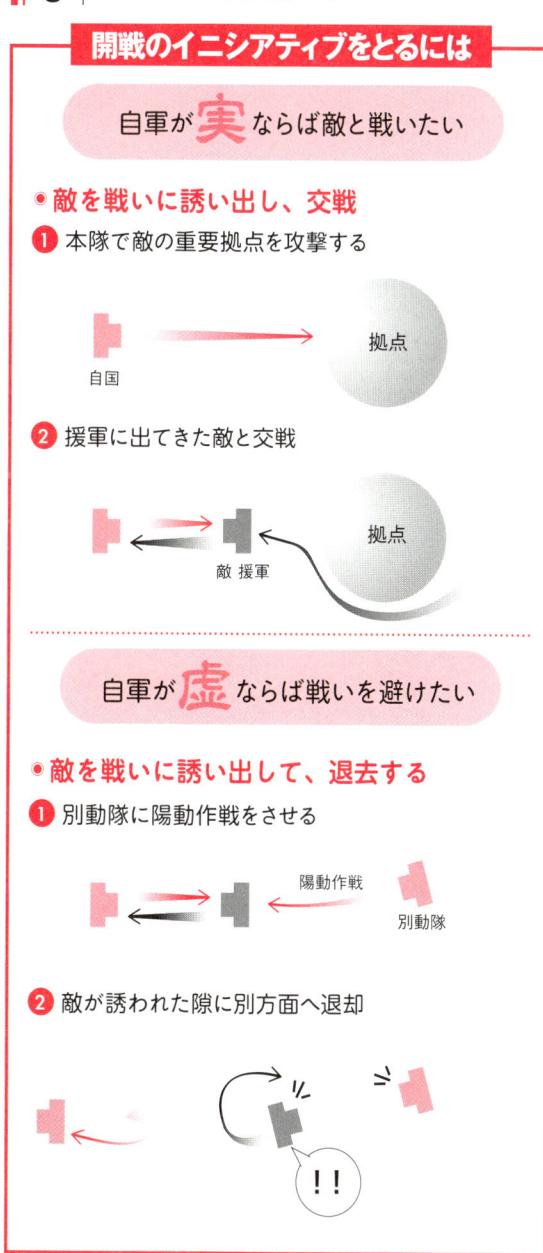

反対に、自軍が〈虚〉で目の前の敵を回避したいときは、別動部隊に陽動作戦を行わせ、**敵をあらぬ方へ引きつけ、その隙に安全なところまで退避する。**敵が〈実〉の状態で好戦的になっているほど、陽動作戦に乗りやすいので、効果がある。

陽動作戦と悟った敵が追撃してきた場合、先に布陣して有利な条件を確保すれば、前の状況よりはこちらが〈実〉だ。一方、遅れてきた敵は疲れて〈虚〉の状態にあるので、そこを突けばいい。

開戦のイニシアティブをとるには

自軍が実ならば敵と戦いたい

◉敵を戦いに誘い出し、交戦

❶ 本隊で敵の重要拠点を攻撃する

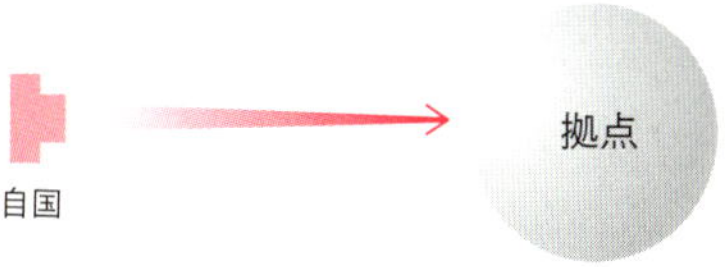

❷ 援軍に出てきた敵と交戦

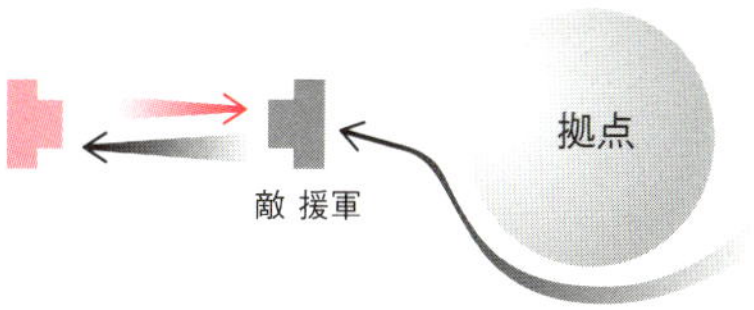

自軍が虚ならば戦いを避けたい

◉敵を戦いに誘い出して、退去する

❶ 別動隊に陽動作戦をさせる

❷ 敵が誘われた隙に別方面へ退却

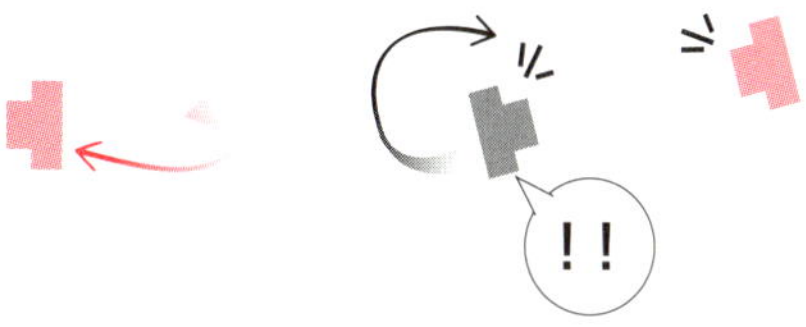

虚実篇 5

敵の戦力を分断する

吾《わ》が与《とも》に戦《たたか》う所《ところ》の地《ち》は、知《し》るべからず。
知《し》るべからざれば、
則《すなわ》ち、敵《てき》の備《そな》うる所《ところ》は多《おお》し。
敵《てき》の備《そな》うる所多《ところおお》ければ、
則《すなわ》ち、吾《われ》が与《とも》に戦《たたか》う所《ところ》は寡《すくな》し。

文意

こちらがどこに一斉攻撃をかけるつもりか、敵に気づかせないようにしなさい。そうすれば、敵は多くの地点に兵を配備しなければならない。配備する地点が多ければ、こちらの攻撃ポイントに配備される兵は必然的に少なくなる。

▼分けて、孤立させて、襲う

孫子は確実に勝利する方法として、**数で圧倒する**方法をあげている（⬇P68）。戦いに使えるメンバーの数は、〈実〉《じつ》であるための大切な条件だ。

しかし、様々な事情から集められる人数に限りがある場合、数で劣る〈虚〉《きょ》が、多勢である〈実〉に打ち勝つ方法はあるだろうか。

ここで着目するのは、**戦いで実際に武器を交えるのは、直接相対している隊だけ**だということ。そして、どんな多数の組織でも、**分かれてしまえば一つひとつは少人数になる**ということだ。

つまり、敵の戦力を分断して、その一点に集中攻撃をかければ、その前線においては、多数なのは自軍であり、〈実〉で〈虚〉を撃つ形にできる。

▼大組織での孤立を狙え

この戦術のポイントは、**自軍の**

数で勝る敵を<虚>にするには

どんなに多勢の軍隊でも戦いに臨んでいるのは
前線の一部だけである

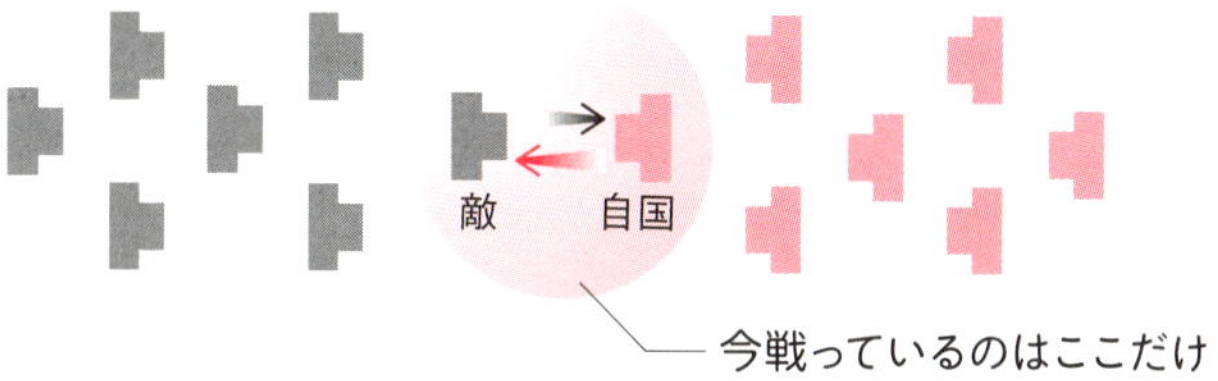
敵
自国
今戦っているのはここだけ

敵の前線を分散させて戦う相手の数を少なくするには

1. 多方面に陽動作戦をしかける
2. 敵は散開して備えの拠点を増やす
3. そのうちの1ヵ所を狙い、一斉攻撃

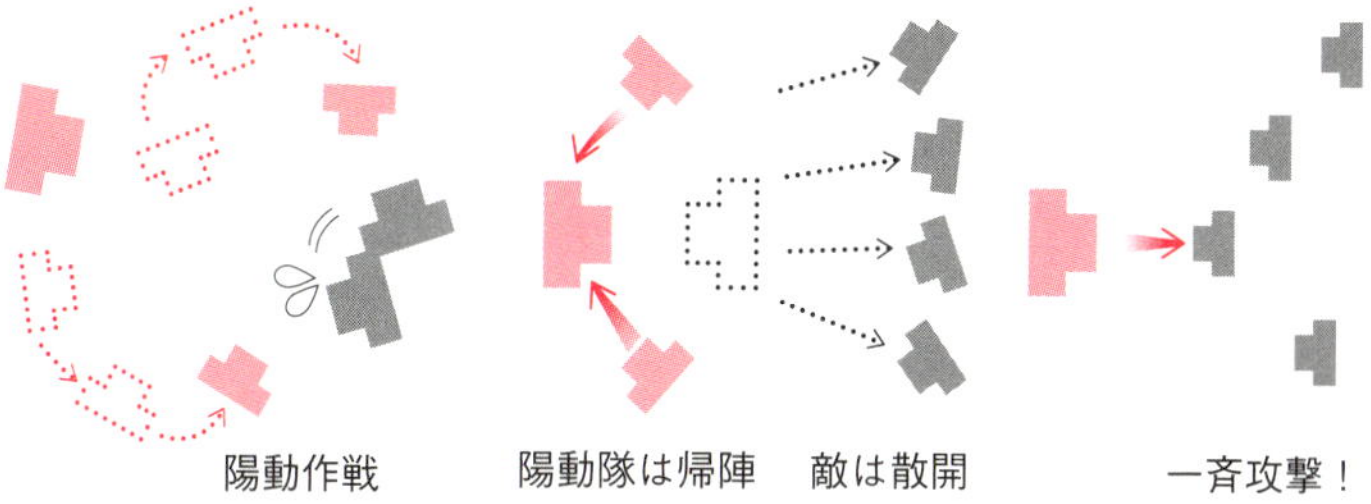
陽動作戦
陽動隊は帰陣
敵は散開
一斉攻撃！

本隊がどこを狙っているかを、敵に悟らせないことと、敵が前線を散開するように誘導することだ。

これには、別動隊に多方面に陽動作戦を行わせ、敵にこちらの目標がどこなのか、絞り込ませないようにする。

こちらの意図がわからない敵は、**さまざまな事態を想定しなければならない。**このとき、こちらより人数の多いことが分かっている敵は、戦力を分割しても有利さはさほど変わらないと判断し、備えの地点を増やすという対応をとる。こうして分断された敵の一隊に、自軍の総力を結集して攻撃する。

このとき、自軍の数が敵の十～五倍、最低でも二倍あれば、勝利は確実になる（⬇P68）。

虚実篇 6

奇襲をかける

戦《たたか》いの地《ち》を知《し》らず、戦《たたか》いの日《ひ》を知《し》らざれば、
則《すなわ》ち、左《ひだり》は右《みぎ》を救《すく》うこと能《あた》わず、
右《みぎ》は左《ひだり》を救《すく》うこと能《あた》わず。
而《しか》るを況《いわ》んや遠《とお》きは数十《すうじゅう》里《り》、
近《ちか》きは数《すう》里《り》をもってしてもや。
敵《てき》衆《おお》しと雖《いえど》も、闘《たたか》い無からしむるべし。

文意

こちらが攻撃を目論む場所と攻撃の日、そのどちらも敵に知られないようにしなさい。そうすれば、攻撃の地の周辺に敵の友軍がいたとしても、救援に駆けつけるのは難しい。敵がどれほど大軍であっても、分断された戦力が奇襲を受けたら、ろくろく戦えないだろう。

▼援軍を阻む

分断《ぶんだん》戦術をとったとき、敵がこちらの想定ほど少人数に分かれない場合には、どうするのか。

ここで着目するのは、交戦する**敵の数は、後から援軍が加わらない限り、今以上に増えることはない**という点である。

つまり、敵の援軍を阻止さえすれば、敵の数が同数までなら、十分戦えることになる（⬇P68）。

援軍を来させない方法とは、敵が**戦いが起きるとは思わない時と場所を狙う**こと。奇襲である。

こちらがいつ攻撃してくるかわかったら、敵は遠方からでも援軍をさし向けるが、奇襲ならば、「奇襲があった」という情報が伝わってからしか、対応できない。

分断してもなお多数の敵には

援軍が来ない限り
敵の戦力は今以上には増えない
＝
敵の援軍を阻止すれば
今の人数でも敵に対抗できる

1 潜行して敵の一隊に近づく

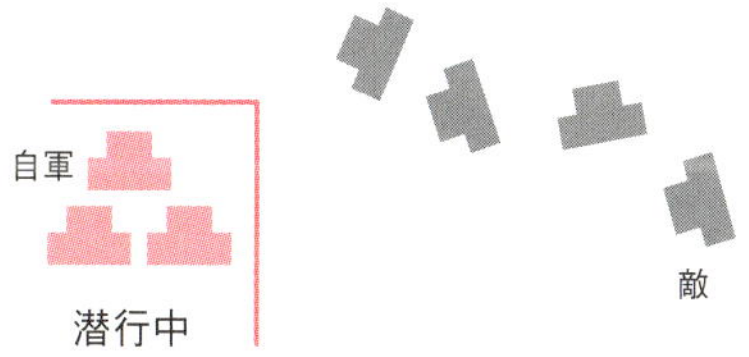
自軍
潜行中
敵

2 奇襲をかける

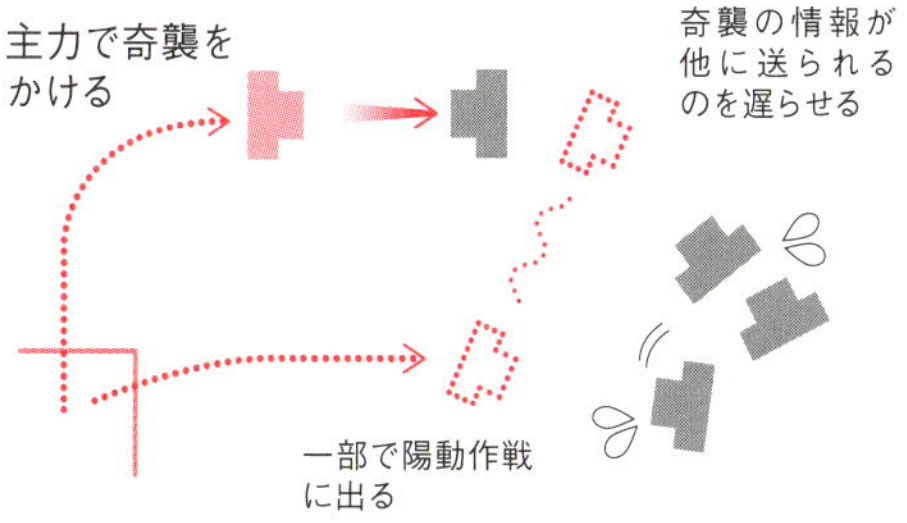
主力で奇襲を
かける
奇襲の情報が
他に送られる
のを遅らせる
一部で陽動作戦
に出る

3 敵の援軍が駆けつけたらさっさと退却

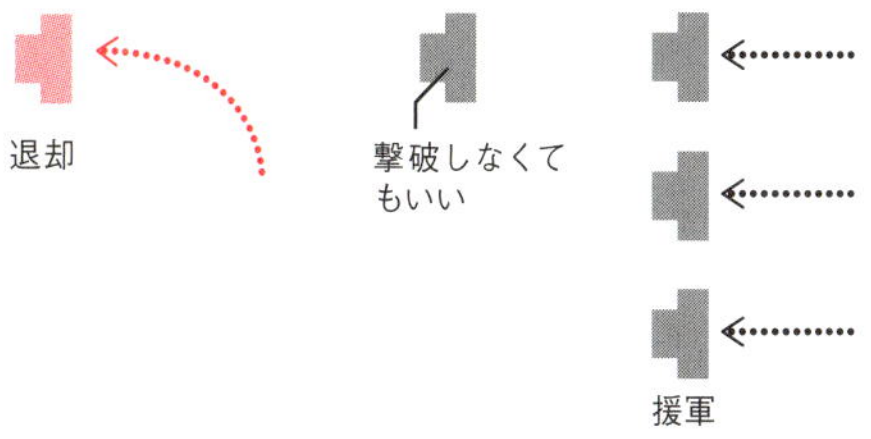
退却
撃破しなくて
もいい
援軍

▼さっさと逃げる

この戦術のポイントは、**情報の秘匿《ひとく》を徹底する**ことだが、もう一つ大切なのは、交戦開始から敵の援軍が現れるまでの**タイムラグを、できる限り長くする**ことだ。

奇襲のターゲットから離れたところで陽動作戦を活発にさせて、敵の戦力の多くをそちらに引きつける。援軍に駆けつけるまでの時間を稼ぐためだ。その時間差を利用して、ターゲットに集中攻撃をかける。

ここで重要なポイントをもう一つ。たとえ決着がつかなくとも**援軍の到着前に退却する**こと。援軍で人数が増えた敵はもう〈虚《きょ》〉ではなく、交戦は避けるべきである。

虚実篇 7

敵の行動様式を押さえておく

之《これ》を索《さぐ》りて得失《とくしつ》の計《けい》を知《し》り、
之《これ》を蹟《せき》して動静《どうせい》の理《ことわり》を知《し》り、
之《これ》を形《あらわ》して死生《しせい》の地《ち》を知《し》り、
之《これ》に角《ふ》れて有余不足《ゆうよふそく》の処《ところ》を知《し》る。

文意

敵の情勢分析をして、何を得失とするかを割り出しなさい。敵の動きを追いかけて、行動を起こす際の基準を割り出しなさい。敵の攻守の態勢をつかんで、致命的弱点を割り出しなさい。小競り合いをしかけて、戦力の首尾・不首尾なところを割り出しなさい。

▼〈虚〉を招く四ポイント

どのような状況にあっても、敵を〈虚〉にすれば、自軍は〈実〉となる。戦いを有利に進めるには、敵を〈虚〉に陥れる基本戦術を知っておけば、便利である。

敵を〈虚〉に陥れる戦術は、大きく以下の四つに分類できる。

①利害でつる
②敵の先回りをする
③急所や不備を突く
④武力の弱いところを突く

これを成功させるには、事前に敵の好みやくせなどを知っておく必要があるが、その情報は、外側からでも知ることができる。

▼情報活用で優位に立つ

①は、敵が欲しいと思うもの、失いたくないものをちらつかせて、**余分な行動をおこさせるもの**。これは、敵が何を大切にし、何に不足しているかを探れば分かる。

②は、敵が好む戦術や「この戦況ではこう動く」といった行動のくせを知り、**次の行動を予測して**

先回りするもの。これは、敵の日頃の行動を追跡調査し、行動パターンを読み取れば分かる。

③は、敵が重視しているが防御が薄い拠点、弱点として守っているものなどを攻撃ターゲットにして、**敵を動揺させるもの**。これは、軍の展開状況を調べればわかる。

④は、武力の配置状況を見て、**手薄なところを攻めるもの**。これは、小競り合いをしかけて、敵に武力を使わせればわかる。

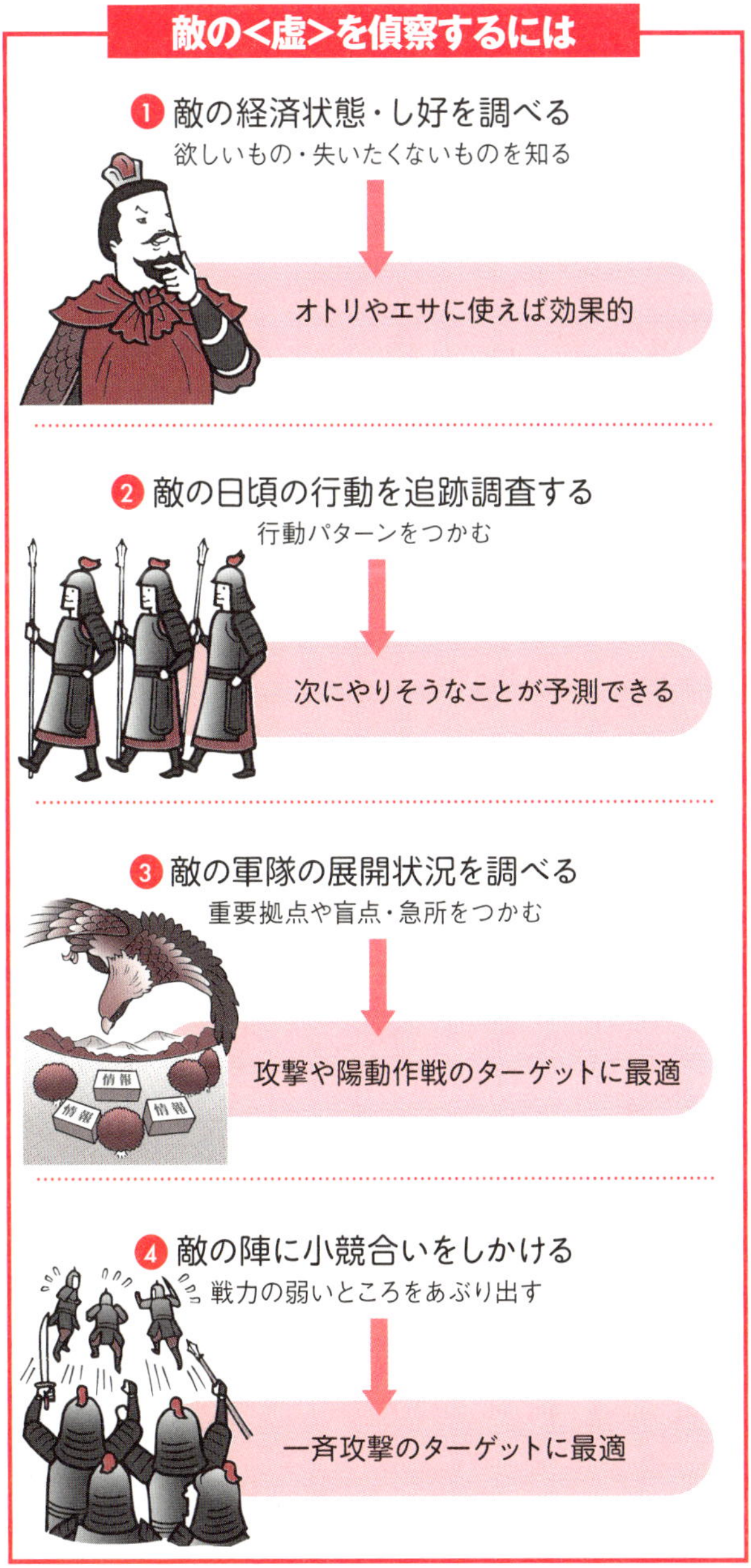
敵の<虚>を偵察するには
1 敵の経済状態・し好を調べる
欲しいもの・失いたくないものを知る
オトリやエサに使えば効果的
2 敵の日頃の行動を追跡調査する
行動パターンをつかむ
次にやりそうなことが予測できる
3 敵の軍隊の展開状況を調べる
重要拠点や盲点・急所をつかむ
情報
情報
情報
攻撃や陽動作戦のターゲットに最適
4 敵の陣に小競合いをしかける
戦力の弱いところをあぶり出す
一斉攻撃のターゲットに最適

虚実篇

8

勝利のプロセスを隠す

兵《へい》を形《あらわ》すの極《きわ》みは、無形《むけい》に至《いた》る。
形《けい》に因《よ》りて勝《か》ちを衆《しゅう》に錯《お》くも、
衆《しゅう》は知《し》ること能《あた》わず。
人《ひと》は皆《みな》、我《われ》が勝《か》つ所以《ゆえん》の形《けい》を知《し》るも、
吾《わ》が勝《か》ちを制《せい》す所以《ゆえん》の形《けい》を知《し》ることなし。
其《そ》の戦《たたか》いの勝《か》つや、復《ふく》さずして、形《けい》に無窮《むきゅう》に応《おう》ず。

文意

攻撃態勢の極致とは、形を無くすことだ。戦いで勝つ極意は、数で勝る状況を作り上げることだが、形が無ければそうとは悟られない。周囲には勝ったという結果だけが見え、なぜ勝てたかは謎のまま。形を無くすには戦い方に繰り返しをせず、相手の動きに応じて多彩に変化しなさい。そうすればこちらの動きは、形として見えない。

▼見えない軍隊

自軍が〈実《じつ》〉、敵が〈虚《きょ》〉の状態で戦えば、必ず勝つ。しかし、これは敵も承知していることであり、こちらが〈実〉であると知れば、交戦に応じない。そしてもちろんのこと、こちらが〈虚〉があると知ったら、そこを突いてくる。

つまり、自軍が〈実〉であろうと〈虚〉であろうと、それを分からないようにするのが、戦うにあたって最良の選択となる。**「戦う態勢は〈無形《むけい》〉がベスト」**というのは、こういった意味からだ。

▼イメージは流水

自軍を〈無形〉にするには、四つのポイントがある。

一つは**ワンパターンを避ける**こと。でないと、敵に行動を読まれ、先回りされる。

一つは、**ターゲットを悟らせない**こと。いきなり攻撃して勝てば、敵は途中経過が分からない。

一つは、**敵の動きに無理に逆らわない**こと。敵に「自分は主体的に動いている」と思わせておけば、敵は敗因がわからない。

一つは、最後に制圧する際には、**〈虚〉となる一点に集中してかかる**こと。決着が早ければ結果だけが強調され、途中経過が見えない。

型を定めず、動きが読めず、流れにまかせつつ、集めて強い力を生むという形は、流水に似ている。そこで孫子はこの篇の結論として、「戦いのあり方は水をイメージすると良い」と述べている。

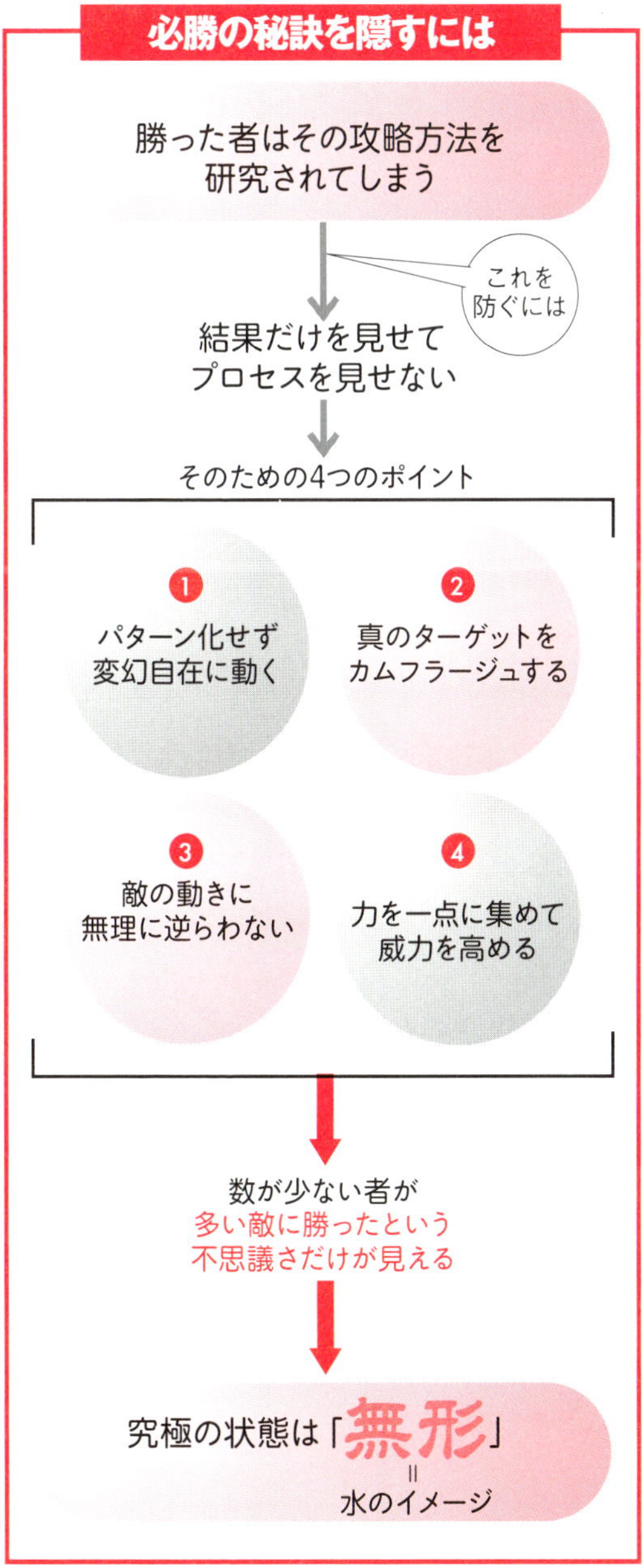
必勝の秘訣を隠すには
勝った者はその攻略方法を
研究されてしまう
これを
防ぐには
結果だけを見せて
プロセスを見せない
そのための4つのポイント
1
パターン化せず
変幻自在に動く
2
真のターゲットを
カムフラージュする
3
敵の動きに
無理に逆らわない
4
力を一点に集めて
威力を高める
数が少ない者が
多い敵に勝ったという
不思議さだけが見える
究極の状態は「無形」
=
水のイメージ

コラム Column

孫子の時代の防具

このあとの第７章には、陣地を先取するために軍隊を走らせる将軍の話が出てくる（➡P128）が、その際歩兵は『甲を巻きて趨《はし》る』、つまり、ヨロイを巻いてそれを背負って走らされる。ヨロイが巻けるのは、皮革製だったからだ。

原料は、水牛やサイの皮の分厚い部分。サイはかつてベトナムやラオスなど東南アジアに棲息しており、中国でも入手が可能だった。

殷《いん》から周《しゅう》時代の革ヨロイは貫頭《かんとう》衣《い》の形式で、一枚革の中央にU字形の切り込みを入れ、そこから頭を入れる。そうするとU字の立ち上がりができるので、それで後頭部を保護する。ただしこのデザインは、体側を狙われたらひとたまりもなかった。

孫子の生きた春秋時代になると、小さな革の札を綴《つづ》り合わせていく形状、いわゆる縅《おどし》のヨロイになった。縅は日本の戦国武将のヨロイにも使われており、動きやすく、体側部もカバーできた。また、革に重なりをつけながら綴り合わせるので、強度も増した。これに高い襟をつけ、戈《か》や戟《げき》から首を守った。

歩兵の革ヨロイは実用本位だが、王の近《この》衛《え》兵《へい》になると、彩色した革や縅糸《おどしいと》が使われ、けっこう派手やかだったようだ。

春秋時代の歩兵の軍装

第7章

軍争篇

「幻惑の兵法」

敵を出し抜く

軍争篇 1

不利な条件を逆手に取る

軍争《ぐんそう》の難《かた》きは、迂《う》を以《もっ》て直《ちょく》と為《な》し、
患《かん》を以《もっ》て利《り》と為《な》せばなり。
其《そ》の途《みち》を迂《う》にして、
之《これ》を誘《さそ》うに利《り》を以《もっ》てし、
人《ひと》に後《おく》れて発《はっ》し、人《ひと》に先《さき》んじて至《いた》る。
此《こ》れ迂直《うちょく》の計《けい》を知《し》ればなり。

文意

戦地に先に着く争いは難しい。不利なはずの遠回りを直線同様に有利なものに転じたり、障害を利益に転じたりする戦略が中心となるからだ。不利な遠回りも逆手にとり、障害をも利用して敵を誘い出し、出遅れても敵より先に到着する。迂直の計を知ればそれが可能だ。

▼挽回するための計略

戦いには、「戦うための足場を先に固めた方が有利」という大原則がある。そこで、**早く戦地に到着して優位に立とうとする前哨戦**が起きる。それが〈軍争《ぐんそう》〉だ。

〈軍争〉は、本戦を有利にしようとする、いわば二次的な戦いだ。にも関わらず孫子は、これを戦いの中で最も難しいとしている。

なぜならば〈軍争〉は、武力対決が主でない分、兵の数といった物理的な要素でなく、**将軍（現場リーダー）の計略の良し悪しが戦況を左右する。**

ではなぜ将軍の計略が必要かというと、先に着けそうにない不利な状況にあるからである。自軍が先着できるなら、〈軍争〉は戦略上

不利な条件も作戦次第で有利に

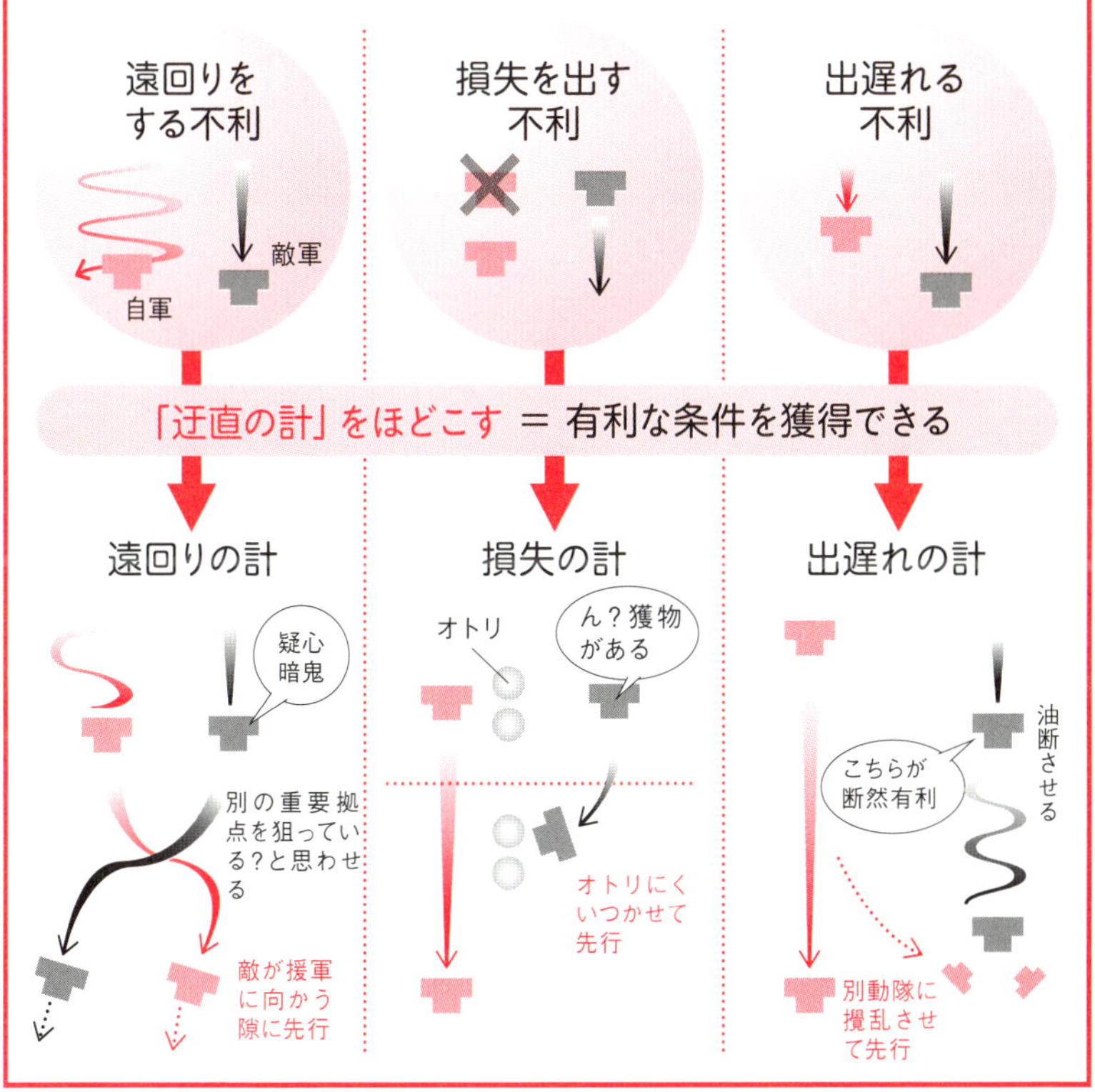

遠回りをする不利
敵軍
自軍
損失を出す不利
出遅れる不利
「迂直の計」をほどこす ＝ 有利な条件を獲得できる
遠回りの計
疑心暗鬼
別の重要拠点を狙っている?と思わせる
敵が援軍に向かう隙に先行
損失の計
オトリ
ん?獲物がある
オトリにくいつかせて先行
出遅れの計
油断させる
こちらが断然有利
別動隊に攪乱させて先行

重視されない。つまり〈軍争〉で求められるのは、**不利を挽回《ばんかい》する計略**であり、難度が高いのである。

▼有利不利はアイデア次第

孫子は、**不利な状況も、計略次第で有利に転じる**とする。それが**〈迂直《うちょく》の計〉**だ。

〈迂直の計〉の基本は、敵に心理的な目くらましをしかけ、こちらの状況を、「不利に見せかけて、実は有利ではないか」、あるいは「不利をおしてでも行いたい重要な何かがあるのではないか」と、**敵の判断を誤らせること**にある。

たとえば、遠回りルートをとったのは別の軍事拠点を襲うためと目くらましすれば、敵は阻止しようと行き先を変える。その隙に本来の戦地を奪うといった形である。

もう少し詳しく

もう一人の孫子が仕掛けた「迂《う》直《ちょく》の計」

❶ 敵軍が自国の重要拠点に侵攻

孫臏の提案

援軍を出すな。敵の拠点（城）で攻略が難しい所をわざと攻めろ

目的

作戦が混乱しているように見せかける

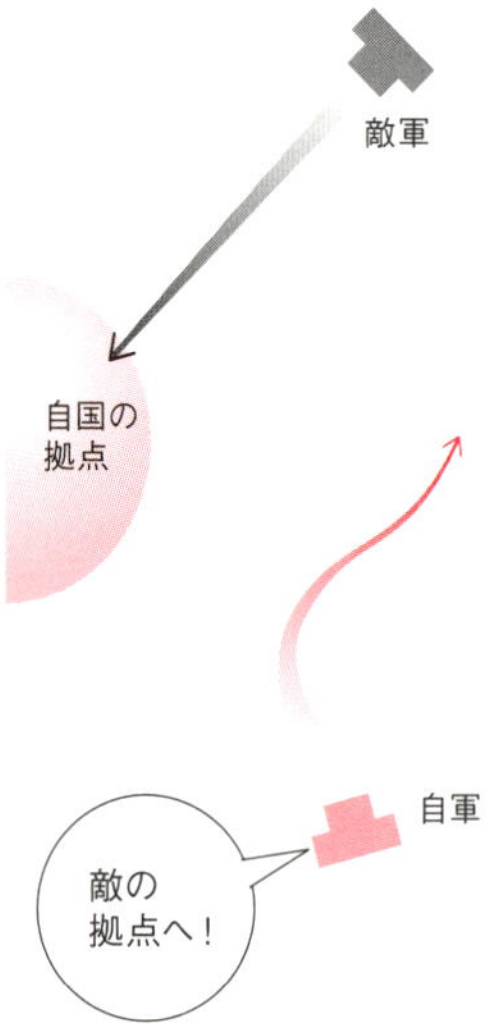

敵軍
自国の
拠点
自軍
敵の
拠点へ！

❷ 敵の拠点に近づく

孫臏の提案

無能な将軍２名に攻城戦をさせろ

目的

オトリに使って敵軍を呼び寄せる

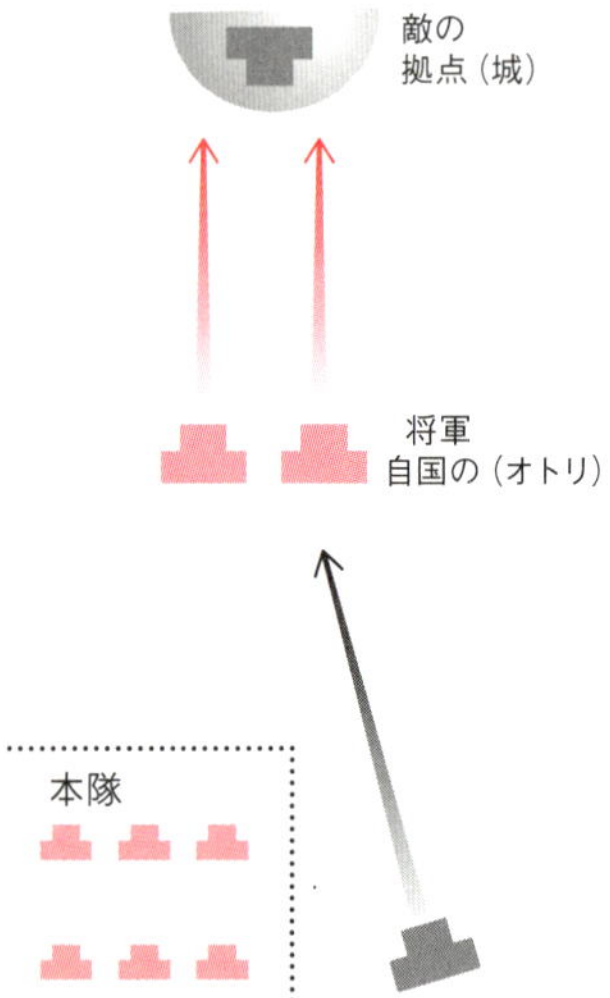

敵の
拠点（城）
将軍
自国の（オトリ）
本隊

〈迂直の計〉は、昔から難解であるとして、さまざまな解釈がなされてきた言葉だ。その主流は、「自軍があたかも迂回路を取っているかのように見せかけて、敵を油断させる一方、敵を利益で別方向に誘い出してぐずぐずさせ、その間に戦場に先着する」という解釈だ。

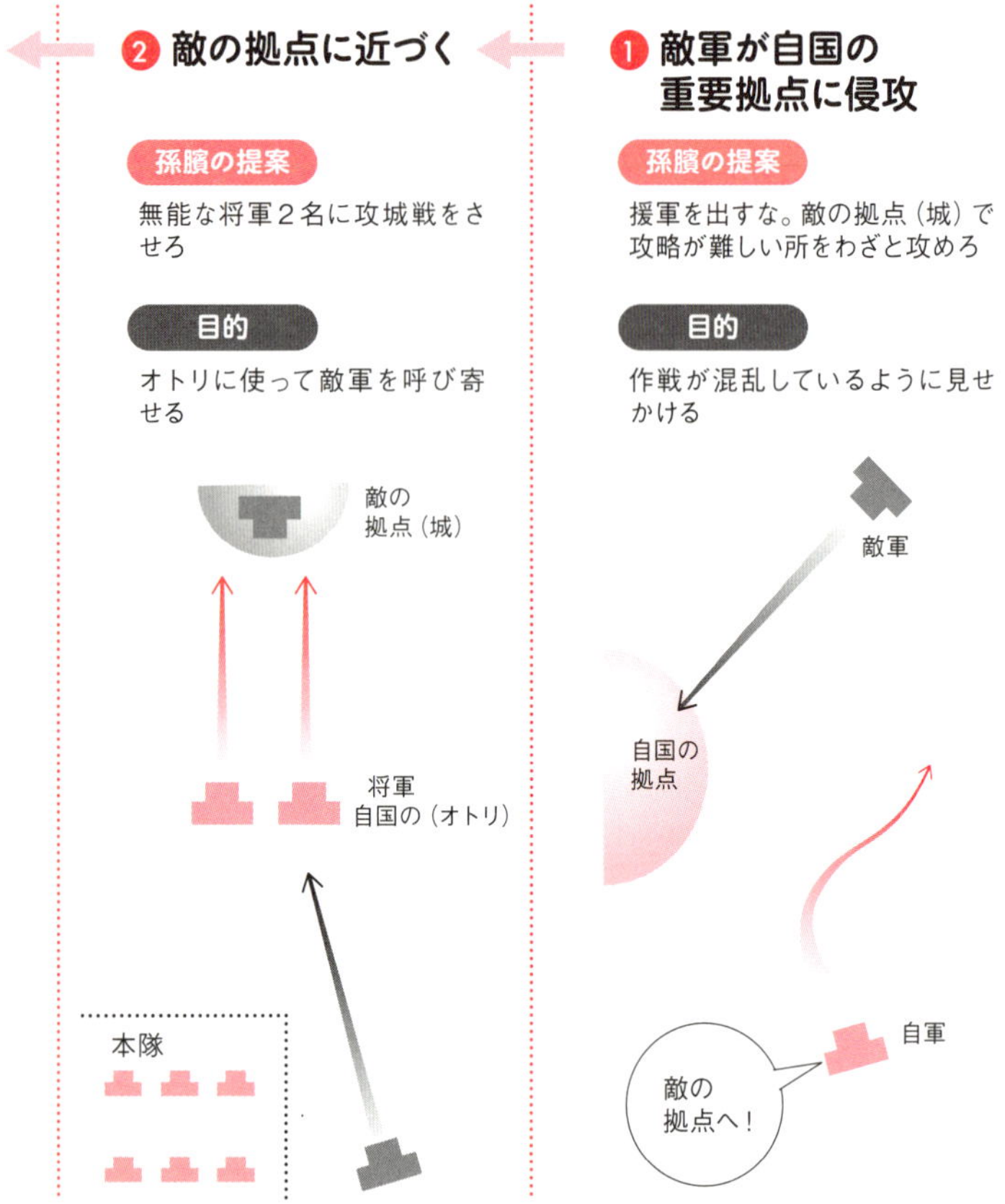

これに対し、中国哲学の浅野裕一東北大学大学院教授は、著書『孫子』（講談社）の中で、迂直の計はもっと高度な戦術であり、孫武の

③ 敵の援軍が襲来、2将軍は戦死

孫臏の提案

身軽な別動隊に、敵の首都を襲わせろ

目的

敵を怒らせ首都に急行させる

④ 敵軍は兵糧と機材を捨て首都へ急行

孫臏の提案

本隊を分散させ、後を追え

目的

こちらを少数に見せかける

⑤ 合流した本隊、別動隊とで敵軍を挟み撃ち。

撃破完了。

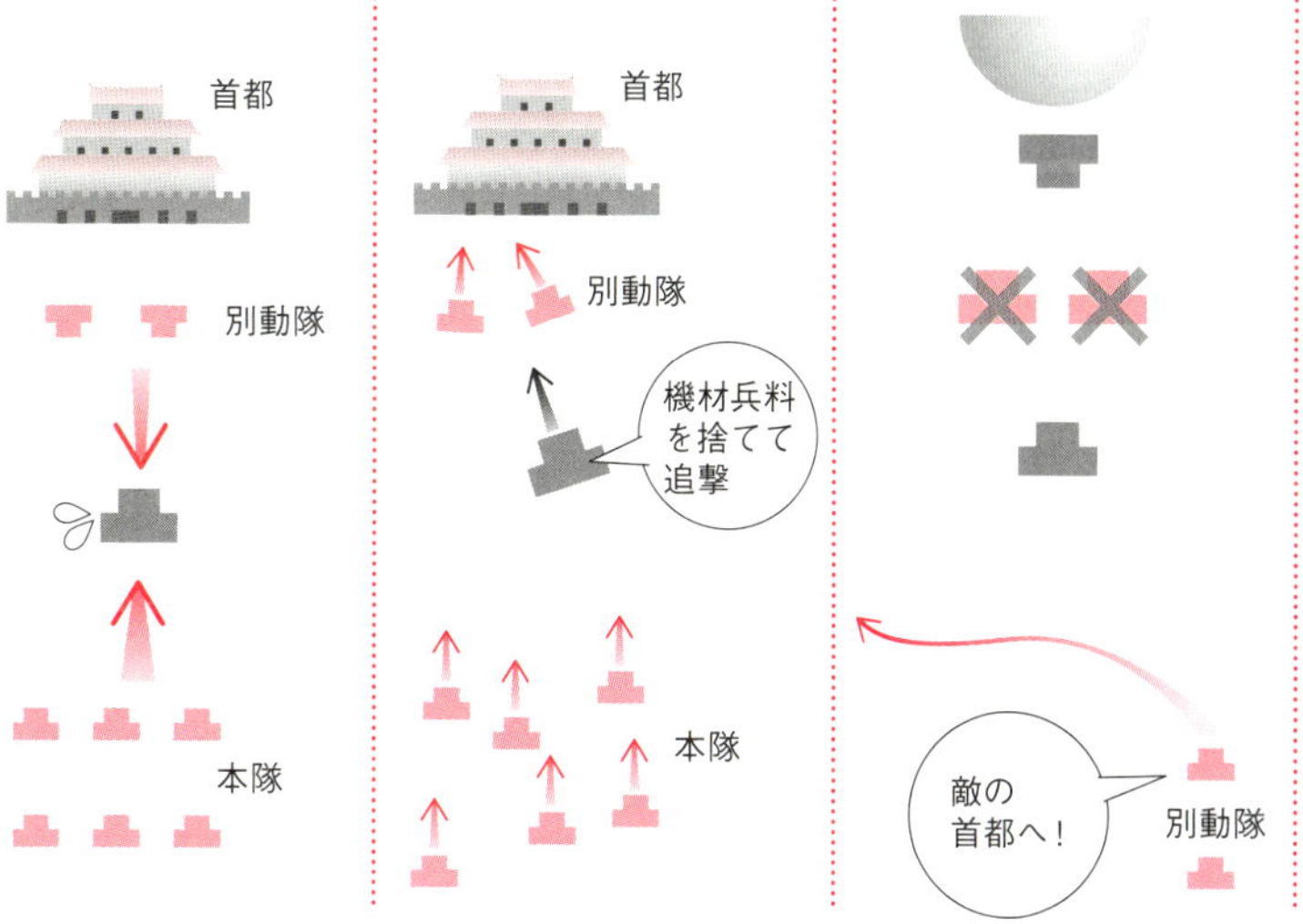

敵の首都へ！
別動隊
首都
別動隊
機材兵料を捨てて追撃
本隊
首都
別動隊
本隊

約二世紀後を生きた兵法家である孫臏《そんぴん》が戦いで実行した作戦に、それを知る手がかりがあるとしている。

上の図で紹介しているのが、その戦い『桂陵《けいりょう》の役《えき》』の経緯である。そこには

- **わざと遠回りをして、敵の本隊を誘い出す**
- **味方の将軍の戦死などを逆手にとり、こちらの実情の判断を誤らせる**

…など、不利な条件を逆手に取る作戦が駆使されている。

軍争篇 2

目的と手段のとり違いに注意する

軍争《ぐんそう》は利為《りた》り。軍争《ぐんそう》は危為《きた》り。
軍《ぐん》を挙《あ》げて利《り》を争《あらそ》えば、則《すなわ》ち及《およ》ばず。
軍《ぐん》を委《す》てて利《り》を争《あらそ》えば、則《すなわ》ち輜重《しちょう》捐《す》てらる。
軍《ぐん》は、輜重《しちょう》なければ則《すなわ》ち亡《ほろ》び、
糧食《りょうしょく》なければ則《すなわ》ち亡《ほろ》び、
委積《いし》なければ則《すなわ》ち亡《ほろ》ぶ。

文意

敵との先陣争いは、勝てば利益が大きいが、リスクも高い。全軍で動いたら機動力を失い、敵より先に到着できず、不利になる。かといって、主戦力だけ先に向かわせても、補給部隊が付いてこれないから、軍需品や食物が手に入らず全滅してしまう。

▼強行軍の末路

〈迂直《うちょく》の計《けい》〉が実際にどんな戦術かを紹介する前に、〈軍争《ぐんそう》〉の計略を立てる際に、忘れてはならない点を述べておく。

それは、〈軍争〉があくまで、**本戦に向けて有利な条件を手に入れるための戦い**だということだ。この本来の目標をしっかり押さえておかないと、「戦地に早く着くこと」だけを考えた作戦を実行しかねない。

「とにかく戦地に早く着けばいい」と考える単純なリーダーなら、次のような作戦をとるだろう。

動きの重い補給部隊は後発に回し、必要な軍備をすべて兵に背負わせる。さらに、移動距離を稼ぐために、昼夜を分かたず走らせる。

手段を「本来の目標」と間違えるな

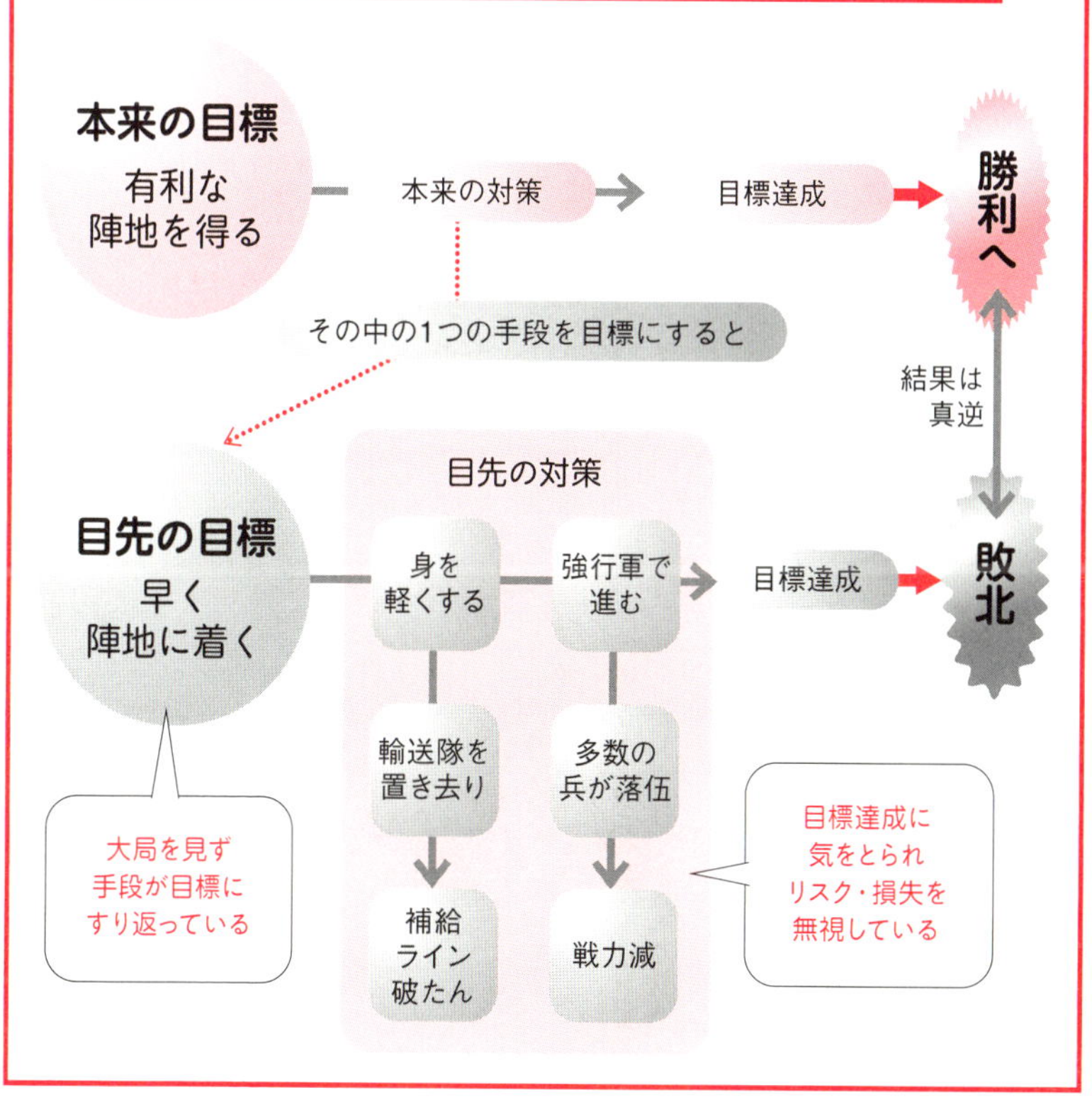
本来の目標
有利な
陣地を得る
本来の対策
目標達成
勝利へ
その中の1つの手段を目標にすると
結果は
真逆
目先の対策
目先の目標
早く
陣地に着く
身を
軽くする
強行軍で
進む
目標達成
敗北
輸送隊を
置き去り
多数の
兵が落伍
補給
ライン
破たん
戦力減
大局を見ず
手段が目標に
すり返っている
目標達成に
気をとられ
リスク・損失を
無視している

それで戦地に早く着けても、兵の多くは移動中に脱落し、**戦力不足**に陥る。補給部隊もいないから物資が枯渇《こかつ》し、**結局は全滅**する。

▼ダメージで相殺

この計略は、二つの点でミスを犯している。一つは**手段と目標の取り違え**。戦地に早く着くのは、本戦を有利にする手段に過ぎないのに、目標にすりかわっている。

もう一つは、目標達成に気をとられ、**計略のリスクやダメージを度外視している点**。有利な条件が手に入ったとしても、ダメージの大きさによっては、それを活かせないどころか、最悪の事態を招く。

目の前の利益を欲しがるあまり、高すぎる買い物をしてはいけないということだ。

軍争篇 3

敵をかく乱する

兵《へい》は詐《さ》を以《もっ》て立《た》ち、利《り》を以《もっ》て動《うご》き、
分合《ぶんごう》を以《もっ》て変《へん》を為《な》す者《もの》なり。
其《そ》の疾《はや》きこと風《かぜ》の如《ごと》く、
其《そ》の徐《しず》かなること林《はやし》の如《ごと》く、
侵掠《しんりやく》すること火《ひ》の如《ごと》く、知《し》り難《がた》きこと陰《かげ》の如《ごと》く、
動《うご》かざること山《やま》の如《ごと》く、動《うご》くこと雷震《らいしん》の如《ごと》し。

文意

迂直の計では、まず敵を欺いて判断を誤らせ、利益で誘って敵に行動を起こさせた上で、分合の動き、つまり小隊に陽動作戦をさせたり、全軍で攻めたりして、局面をくるくる変えて敵をかく乱しなさい。分合の動きとは、急進したかと思えば漸進し、侵掠したかと思えば潜伏し、待機かと思えば急襲し、変幻自在に動くことだ。

▼〈迂直《うちょく》の計〉の三つの戦術

〈迂直の計〉は、〈詐《さ》〉〈利《り》〉〈分合《ぶんごう》〉という三段階の戦術があって初めて、**「不利な状況を有利にする」**という目的を果たせる。

〈詐〉では、敵に目くらましをしかけ、こちらが「不利ではないのかもしれない」と思わせる。〈利〉では、判断ミスを犯した敵に動機づけを与え、有利な条件を捨てさせる。〈分合〉では、行動をおこした敵をかく乱し、戦況をこちらに有利なものに切り替える。

〈迂直の計〉が成功するには、〈分合〉でのかく乱が不可欠であり、**特に「分」、つまり小隊の動きが重要になる。**孫子はこれを〈風《ふう》〉〈林《りん》〉〈火《か》〉〈陰《いん》〉〈山《ざん》〉〈雷震《らいしん》〉の六つに分けている。

小隊を駆使して敵を攪乱する<分合>の戦術

迂直の計の3要素
詐
敵に疑心暗鬼を起こさせる
利
敵に利益獲得や損失回避を動機づける
分合
小隊を使って敵を意図どおりに動かす
風
すばやく進軍する
→敵軍に追撃させる
雷震
急襲をしかける
→敵軍を混乱させる
山
待機して威圧する
退却せず応戦する
→敵を足止めする
好機を待つ
陰
ゲリラ戦をしかける・
待ち伏せする
→敵の戦力を削ぐ・
分散させる
火
敵地を占領・略奪する
→敵に援軍に向かわせる
林
ごくゆっくり整然と進撃する
→敵を誘い出す
分合
6つの動き

▼風林火山の部隊

まずは、**敵の目先で陽動作戦を行う**〈風〉と〈林〉。敵を誘い出した上で追撃をふりきり、敵の前線を分断したり、進軍ルートを変えたり、疲れさせる役目を負う。

次は、**後方での作戦を行う〈火〉と〈陰〉**。食糧の掠奪《りゃくだつ》や補給部隊の待ち伏せを行い、敵を兵糧《ひょうろう》攻めで消耗させる。重要拠点を狙ったり退路を断つなど、敵の動揺を誘い戦力を分割させる役目も負う。

最後は、**小隊が集まり〈合〉となって作戦を行う〈山〉と〈雷震〉**。威圧して敵を足止めしたり、急襲で混乱させたりする。

これで敵を不利な状況に追いこんでいき、自分が一気に優位に立つ。それが〈迂直の計〉の骨子《こっし》だ。

軍争篇 4

士気が落ちた時を狙う

三軍《さんぐん》は気《き》を奪《うば》うべし。
朝《あさ》の気《き》は鋭《えい》、昼《ひる》の気《き》は惰《だ》、
暮《く》れの気《き》は帰《き》なり。
善《よ》く兵《へい》を用《もち》いる者《もの》は、
其《そ》の鋭気《えいき》を避《さ》け、其《そ》の惰帰《だき》を撃《う》つ。
此《こ》れ、気《き》を治《おさ》むる者《もの》なり。

文意

敵兵を攻略するには、その士気を奪うようにしなさい。兵の士気は、朝のうちは鋭いが、昼頃からだらけ始め、暮れには枯渇してしまう。うまく戦うには、鋭気満々の朝方は避け、だらけて厭戦的になる昼から夕方が狙い目。これが、兵の士気を利用する作戦である。

▼本戦前はまだ〈軍争《ぐんそう》〉

〈軍争〉は、狭い意味では、戦地へのいち早い到着を争うものだが、「**本戦に向けて有利な条件を手に入れる**」という意味では、敵に先を越されても、本戦が始まるまでは〈軍争〉の状態にある。

そこでここでは、敵がすでに布陣した後で、〈分合《ぶんごう》〉の戦術を用いて不利を挽回する作戦が、三つにわたって紹介されている。一つめは、**メンバーの士気の浮き沈みを利用し、敵の軍を揺さぶる**ものだ（残り二つは⬇P134、P136）。

メンバーの士気は、時間で変化する。疲れのない朝はやる気満々だが、昼にはだらけ始め、暮れに近づくほどに戦う気を失う。これは一日の時間だけでなく、**開戦直**

<分合>の戦術で士気の低下につけいるには

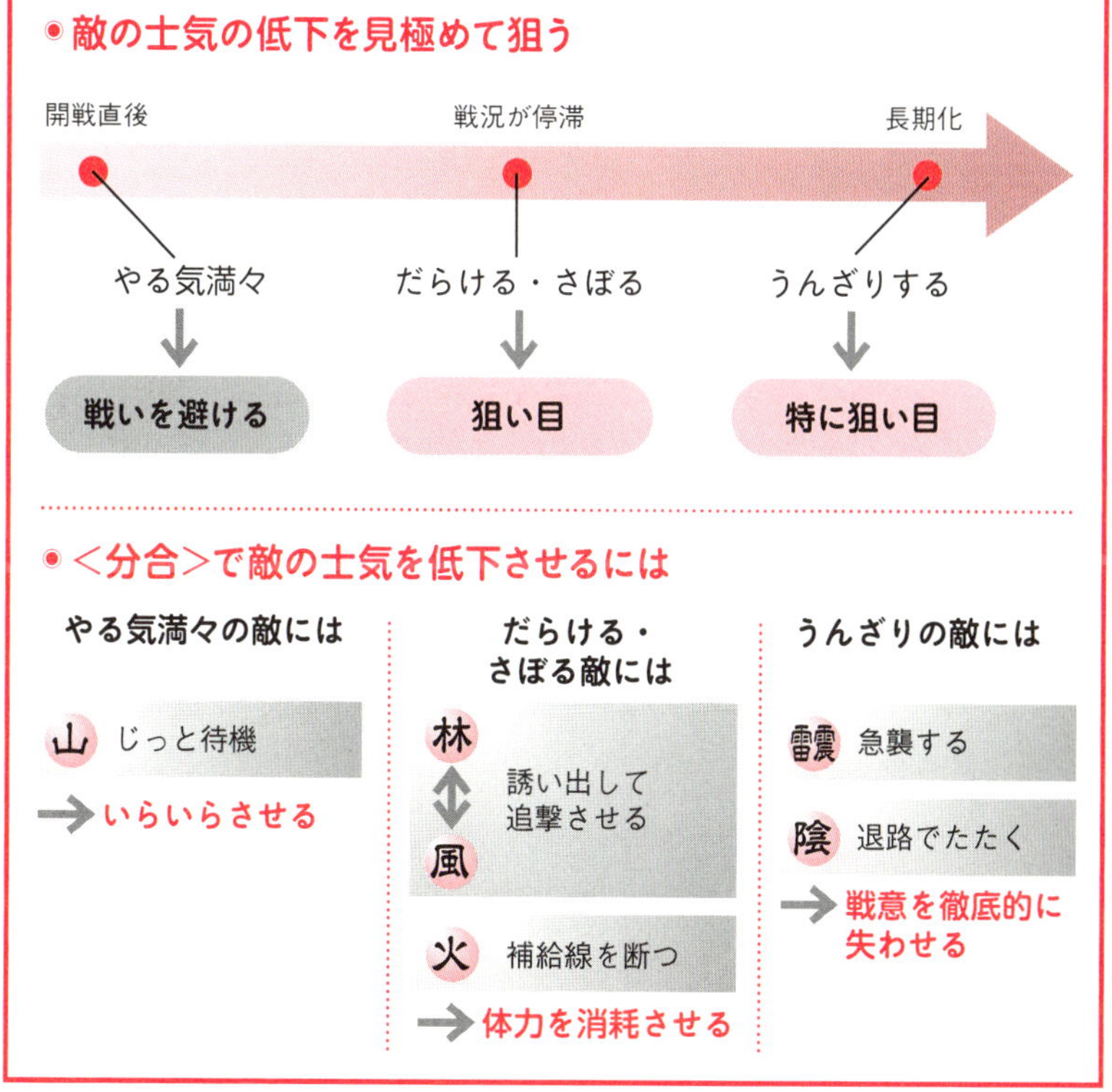

敵の士気の低下を見極めて狙う
開戦直後
戦況が停滞
長期化
やる気満々
だらける・さぼる
うんざりする
戦いを避ける
狙い目
特に狙い目
<分合>で敵の士気を低下させるには
やる気満々の敵には
山 じっと待機
いらいらさせる
だらける・さぼる敵には
林
風
誘い出して追撃させる
火 補給線を断つ
体力を消耗させる
うんざりの敵には
雷震 急襲する
陰 退路でたたく
戦意を徹底的に失わせる

後は士気が高いが、長期化するにつれ、厭戦《えんせん》気分に変わる。

このため、朝と開戦直後は交戦を避けたうえで、昼のだらけ気分、夜の厭戦気分を助長するように小隊に揺さぶりをかけさせれば、敵の有利さを削ぐことができる。

▼味方の士気を維持する

兵の士気が衰えるのは自軍も同じだが、こちらが〈分合〉の戦術をとっていることが、有利に働く。〈分合〉は、各隊の規模が小さいため、メンバーは責任を強く感じる。不利であることを知っているので、危機意識も高い。つまり**ハイ・テンションな状態にあるため、士気が衰えにくい。**大きな隊で有利な条件に甘えている敵に比べ、長く士気を保てるのだ。

軍争篇 5

敵のリーダーの平常心を乱す

将軍《しょうぐん》は心《こころ》を奪《うば》うべし。
治《ち》を以《もっ》て乱《らん》を待《ま》ち、
静《せい》を以《もっ》て譁《か》を待《ま》つ。
此《こ》れ、心《こころ》を治《おさ》むる者《もの》なり。

文意

将軍を攻略するには、平常心を奪うようにしなさい。自軍の管理を徹底して秩序を守り、敵軍の秩序が乱れるときを待ちなさい。自分は冷静さを保って、将軍の精神が散漫になるのを待ちなさい。これが、将軍の感情を利用する作戦である。

▼冷静さを揺さぶる

すでに布陣してしまった敵から有利さを奪う二つめの作戦は、そ**の陣を統率・管理する将軍（現場のリーダー）に揺さぶりをかける**ものだ。

前に、どんなに整然とした組織も乱れるもので、それを防止するのが現場のリーダーに欠かせない任務だと述べた（⬇P92）。

これを逆に考えれば、リーダーにその任務を遂行させないようにすれば、布陣している軍は自然に混乱してくるはずである。

そのためには、敵のリーダーに、急いで対応しなければならないことを、どんどん押しつければ効果的だ。

具体的には、多方面に陽動作戦を展開し、敵のリーダーに多忙を極めさせて**精神的に追いつめ、本来の任務を放棄させるようにしむければ良い。**

▼信頼関係を揺さぶる

また、多方面に陽動作戦をしか

ければ、敵は出動回数が増えるにも関わらず、目に見える戦果があがらないという状況になる。これは、組織のメンバーに、**リーダーの能力についての信頼感を失わせる**きっかけとなる。

戦いの最前線では、常にリーダーの指示にメンバーが迅速に対応する必要があるが、リーダーが信頼されないと、それができない。

そこに急襲をかければ、敵は指令が行きわたらず、迅速さ、的確さを欠く応戦しかできない。

どちらも、〈分合〉の身軽さを利用した戦術である。

<分合>の戦術で敵の平常心を乱すには

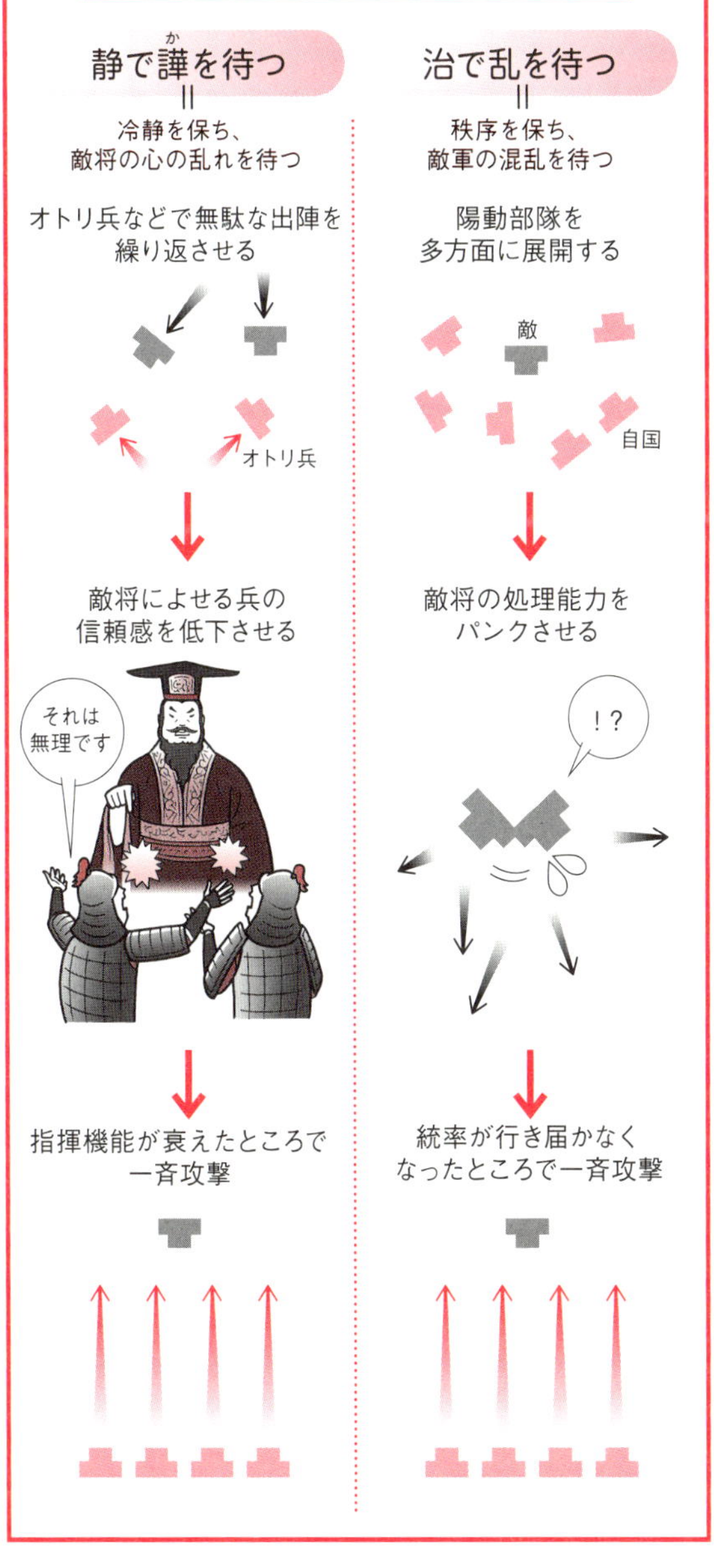
静で譁《か》を待つ
＝
冷静を保ち、
敵将の心の乱れを待つ
オトリ兵などで無駄な出陣を
繰り返させる
オトリ兵
敵将によせる兵の
信頼感を低下させる
それは
無理です
指揮機能が衰えたところで
一斉攻撃
治で乱を待つ
＝
秩序を保ち、
敵軍の混乱を待つ
陽動部隊を
多方面に展開する
敵
自国
敵将の処理能力を
パンクさせる
!?
統率が行き届かなく
なったところで一斉攻撃

軍争篇 6

敵の自滅を仕掛ける

近《ちか》きを以《もっ》て遠《とお》きを待《ま》ち、
佚《いつ》を以《もっ》て労《ろう》を待《ま》ち、
飽《ほう》を以《もっ》て飢《き》を待《ま》つ。
此《こ》れ、力《ちから》を治《おさ》むる者《もの》なり。

文意

こちらの陣営の近くが戦場になるように図って、敵が遠距離を移動してくるのを待ちなさい。じゅうぶん休息した隊で、敵の疲れを待って攻撃しなさい。じゅうぶん飲み食いした隊で、敵の飢えを待って攻撃しなさい。これが戦力バランスの崩れを利用する作戦である。

▼小隊のフットワークを使う

すでに布陣してしまった敵から有利さを奪う三つめの作戦は、**敵を体力的に消耗させる**ことだ。

同じアイディアは第六章〈虚実篇〉にも出てくる（➡P106）。少し時間がかかるものの、自軍にはダメージがなく、敵を確実に追い込める点が、孫子好みの戦術なのだろう。

これを〈分合《ぶんごう》〉の戦術を用いて行う場合は、次のような作戦が考えられる。

敵が決着を急いでいるときなどを狙い、わざと遠い地に宿営し、じっと動かない。敵は業を煮やして、遠くまで出撃してくる。初めからいる**自軍は有利な足場を確保でき、移動を強いられた敵は消耗している**。

▼小さい組織のメリット

敵の方がじっと動かない場合には、オトリの小隊を近づけ、**敵が出陣してきたら、すばやく退却し**て徒労《とろう》に終わらせる。

あるいは、絶え間なく**小競り合いをしかけて、休息を与えない、**

敵の補給ラインをブロックして、**食糧などの補給をさせない**などの方法もある。

〈分合〉の戦術は、もし陽動作戦の激しい動きで消耗した隊があっても、その隊だけを後方に下げて休息させることができ、他の隊への影響が少ないメリットがある。**隊を小分けにしてあることで、自軍のダメージも軽く**、戦力が充実した隊を次々に用意でき、消耗作戦に最適である。

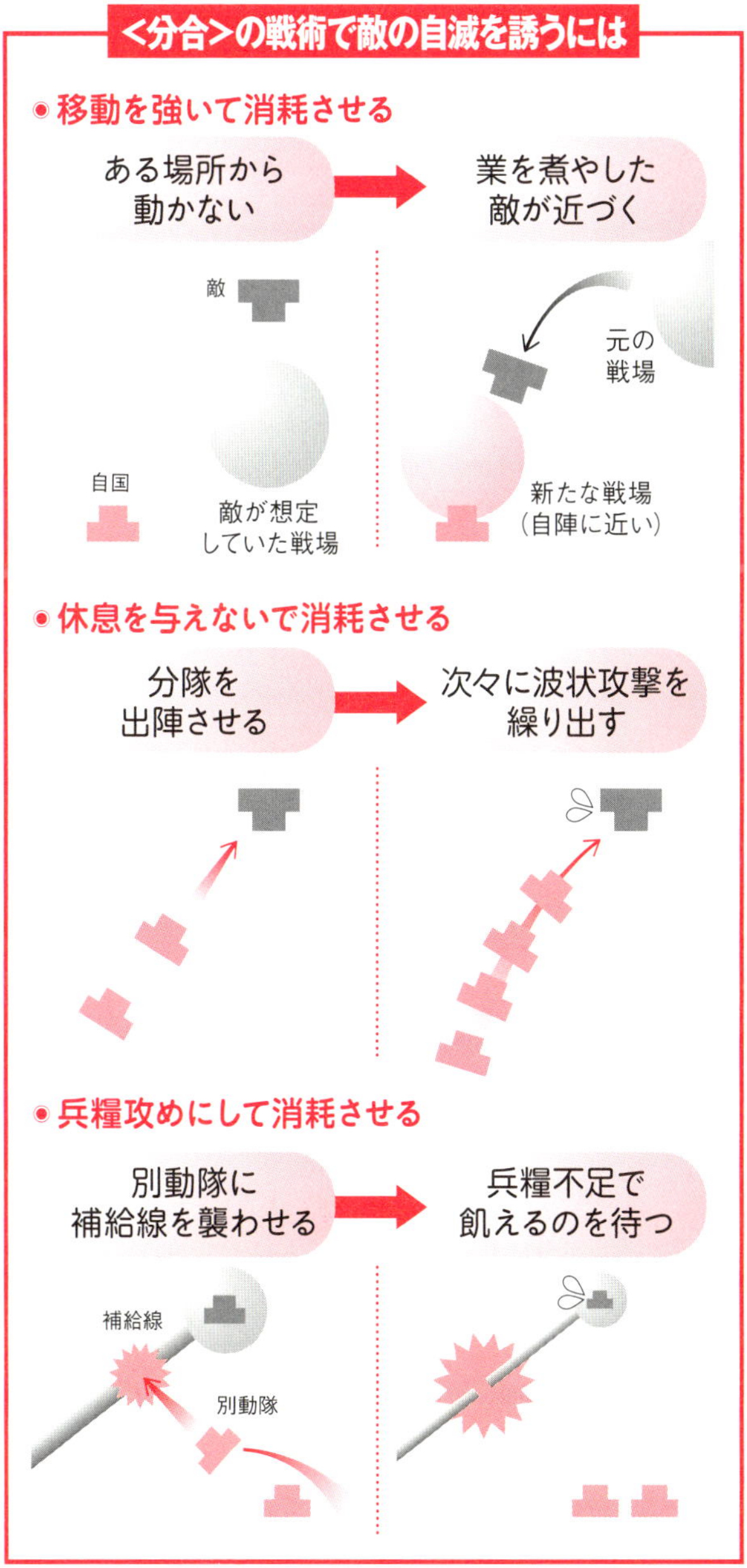
<分合>の戦術で敵の自滅を誘うには
移動を強いて消耗させる
ある場所から動かない
業を煮やした敵が近づく
敵
元の戦場
自国
敵が想定していた戦場
新たな戦場（自陣に近い）
休息を与えないで消耗させる
分隊を出陣させる
次々に波状攻撃を繰り出す
兵糧攻めにして消耗させる
別動隊に補給線を襲わせる
兵糧不足で飢えるのを待つ
補給線
別動隊

軍争篇 7

出し抜けない敵を見分ける

正正《せいせい》の旗《はた》を邀《むか》うること無《な》く、
堂堂《どうどう》の陣《じん》を撃《う》つこと勿《な》し。
此《こ》れ、変《へん》を治《おさ》むる者《もの》なり。

文意

行軍している敵軍の旗指物が整然と並んでいたら、迎え撃ってはいけない。宿営している敵の陣形が充実しているなら、攻め込んではいけない。局面の変化を利用する作戦では、この判断を忘れてはいけない。

▼〈分合《ぶんごう》〉の効かない相手

〈分合〉の戦術は、不利の挽回に有効だが、**万能ではない**。

今まで述べてきた作戦（⬇P132〜137）は、敵の心理と体力をターゲットにしている。このため、敵のリーダーが自制のできるタイプで、メンバーが**よく訓練されて士気が高いと**、**効果が出にくい**という弱点がある。心理的・体力的に充実した敵には、〈分合〉の戦術を用いても骨折り損であり、悪くすると隙をつかれる可能性もある。

そこで、〈分合〉の戦術が効力がある相手かどうか、すばやく判断する必要がある。

▼誰でも解る判断ポイント

ここで着目したいのは、人材への訓練と統率が行き届いた組織は、機材の管理や環境整備といった**人以外の面でも行き届き、整って見える**という点だ。

孫子はこれを旗指物《はたさしもの》や陣形の整った様子に見ているが、現代なら、**拠点の整理整頓やメンバーの服装の乱れなどが該当する**だろう。

外から見て誰でもわかる点も大切で、本隊から指令が届かなくても、小隊のチームリーダーぐらいの人材が作戦を行うかどうか判断でき、無謀な決行を回避できる。

敵に隙がなく、挽回のチャンスが少ないとわかったら、**作戦を中止し機会を待つ**。

これは「戦況の変化を待つ」という作戦だ。行動をおこさないのは、おこすのと同じぐらい戦いを左右する。

孫子は戦況（局面）の変化を利用する作戦を重視しており、それが次章で詳しく述べられている。

＜分合＞の戦術が効かない相手を見分ける

＜分合＞は敵の混乱を助長する戦術であり、統率が万全な相手には効かない

自制ができ、メンバーの訓練もいきとどいているリーダーには〈分合〉は効きにくい

統率が万全かどうかを外から見分ける方法

個々人の動きに無駄がない

拠点が整理整頓されている

この場合…

＜分合＞の戦術は自軍にとってくたびれもうけ

↓

敵に何らかの隙が生じるまで機を待つ

『孫子兵法』を日本で初めて出版した男

『孫子』が写本ではなく、印刷物として初めて刊行されたのは、江戸幕府開府から間もない慶長11（1606）年のこと。事業を推進したのは、徳川家康だった。

このとき刊行されたのは、古代中国の著名な兵書7点『武経《ぶけい》七書《しちしょ》』を1冊に収めたもので、『孫子』はその冒頭に置かれた。

ただし、家康が最初に出した兵書はこれではなく、孔子門下の話を集めた『孔子家語《こうしかご》』、紀元前11世紀ごろの軍師・呂《は》尚《しょう》（太公望《たいこうぼう》）ゆかりの兵書とされる『六韜《りくとう》』、『三略《さんりゃく》』のほうが先だ。

こちらは関ヶ原の戦いの1年前に刊行しており、『孫子』は6年ほど後回しにされた格好だ。

ちなみに家康は、これらの兵書を家臣たちに配っている。配下に自己啓発させるのが目的だったようだ。

徳川家康

第8章

九変篇

「逆襲の兵法」

◉

敵地で戦う

九変篇 1

最悪の事態を防ぐ

高陵《こうりょう》に向《む》かうこと勿《な》かれ。
佯北《ようぼく》に従《したが》うこと勿《な》かれ。
囲師《いし》は必《かなら》ず闕《か》け。

文意

高い丘に陣を布いている敵に、攻撃してはいけない。オトリの敗走にだまされて追っていってはいけない。包囲網をしかけたら必ずどこかに穴を空けておきなさい。

▼局面が切り替わる瞬間

孫子の戦術は基本的に、**戦況の変化を利用して一気に決着を図る。**

戦況を変えるきっかけは、軍の態勢（守から攻、正から奇、虚と実、分《ぶん》から合《ごう》）が主だが、孫子は環境など他のものも、〈変〉をおこす要素として注意を払っている。

〈変〉とは、戦いの局面ががらっと変わる瞬間、いわゆる**「流れが変わる」瞬間**のことだ。〈変〉の中でも、勝敗を分ける大事な瞬間が、〈権《けん》〉だ。

〈権〉をおこすのが難しいとしても、局面を正しく読むのは、戦いの基本中の基本で、見誤れば敗北する。

▼全滅を招く局面

局面を読む際に最優先しなければならないのは、**最悪の〈変〉をおこす局面を避ける**ことだ。最悪の〈変〉とは、自軍が全滅すること。戦力が残れば挽回できるが、全滅したらその可能性もなくなる。

全滅を招く局面は、三種類ある。

その一つが、**不利を逆転できる手立てがない局面。**たとえば敵より低いところに位置することは、視野の広さなど様々な点で不利であるだけでなく、その不利な条件を逆転できない。

二つめは、**敵の計略にはめられた局面**。偽りを悟らない限り、敵の思うつぼにはまる。

三つめは、**敵を追い込みすぎる局面**。そうなった敵は、常識では考えられない行動をしでかすため、こちらは対応不能となる。

「最悪の事態」を招かないようにする

戦いによる「最悪の事態」とは、
二度と立ち直れなくなることである

負けることより
将来挽回できない
方が最悪
全滅
捕虜

最悪の事態を招く3大要因とその対策

1 逆転できる手立てのない条件で戦う

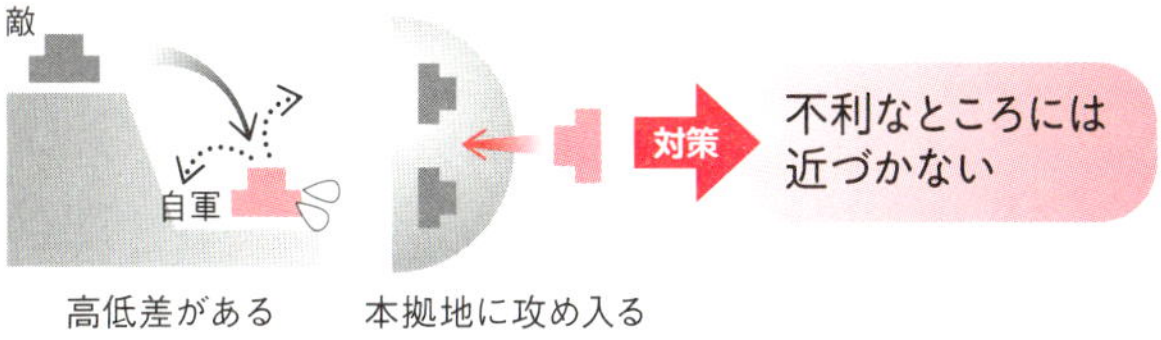
敵
自軍
高低差がある
本拠地に攻め入る
対策
不利なところには
近づかない

2 敵の計略にひっかかる

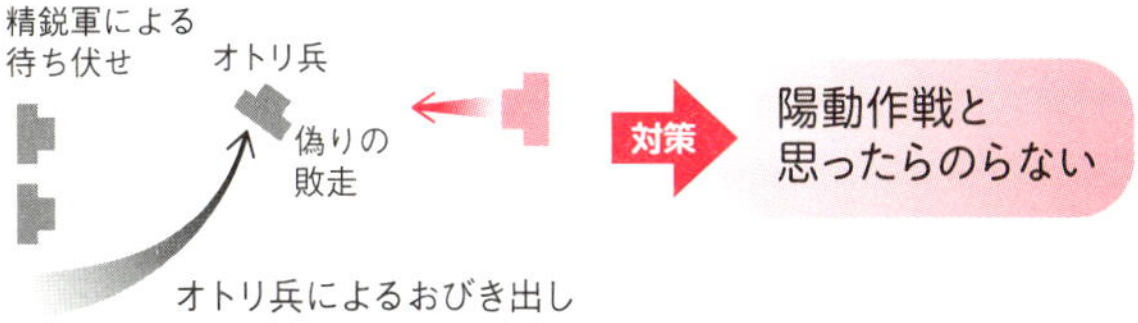
精鋭軍による
待ち伏せ
オトリ兵
偽りの
敗走
オトリ兵によるおびき出し
対策
陽動作戦と
思ったらのらない

3 敵を「窮《きゅう》鼠《そ》猫を噛む」状態に追い込む

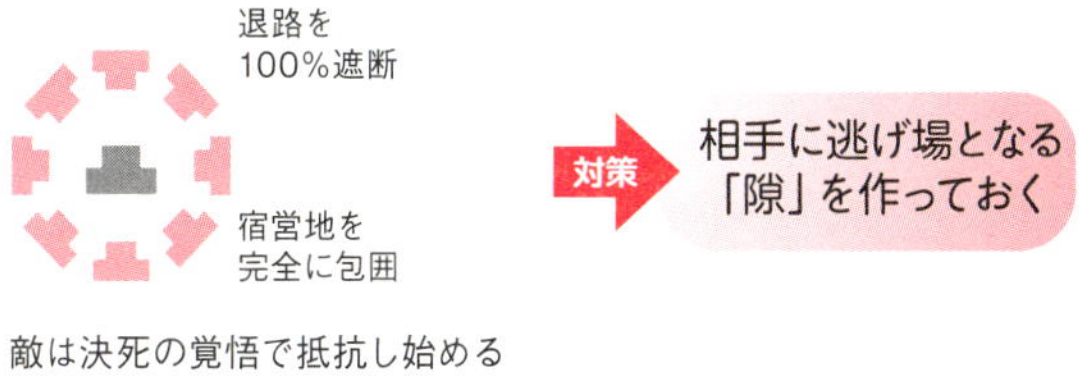
退路を
100％遮断
宿営地を
完全に包囲
敵は決死の覚悟で抵抗し始める
対策
相手に逃げ場となる
「隙」を作っておく

もう少し詳しく

この状況でやってはいけない 3×3か条

孫子は、戦いによって自軍が全滅に至る原因を、大きく三つ挙げている。

一つは、不利な地理条件を顧みないこと。

二つめは、敵の陽動作戦に引っかかるという、こちらの不利を顧みないというケース。

そして三つめは、その二つとは逆に、敵に対して有利でありすぎて、かえって敵を奮起させてしまうことである。

さらに孫子は、それぞれ三つの具体例を挙げ、危険な行動を戒めている。

1 不利な地理条件に踏み込むな

〈その1〉

高陵に向かうことなかれ

自軍より高い位置にいる敵に向かっていってはいけない＝高低差を使われる

〈その2〉

背丘をむかえることなかれ

丘を背にして陣を張っている敵に向かっていってはいけない＝いつでも高みに逃げられる

〈その3〉

絶地に留まることなかれ

敵陣の中で長く留まっていてはいけない＝自軍の逃げ場がない

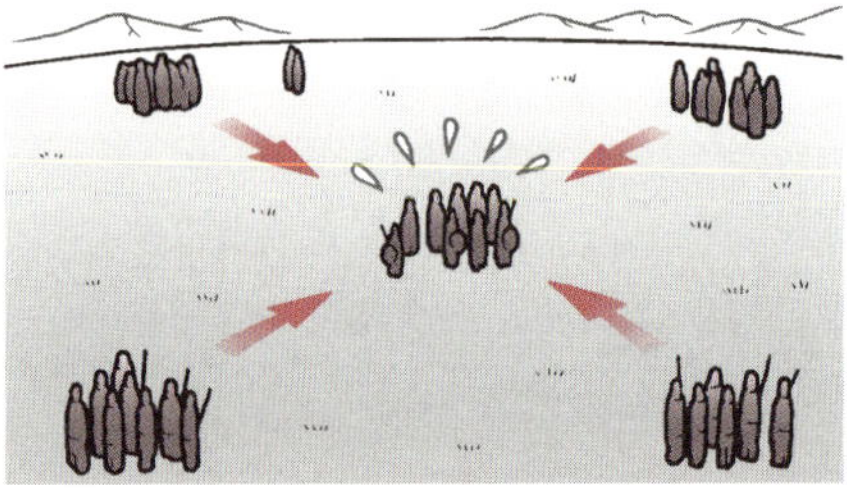

2 敵の陽動作戦につられるな

〈その1〉

佯北《ようぼく》に従うことなかれ

わざと逃げている敵を追いかけてはいけない＝不利な場所におびき寄せられる

偽りの敗北

〈その2〉

鋭卒《えいそつ》を攻めることなかれ

やる気のある精鋭の兵と交戦してはいけない＝戦力的に太刀打ちできない

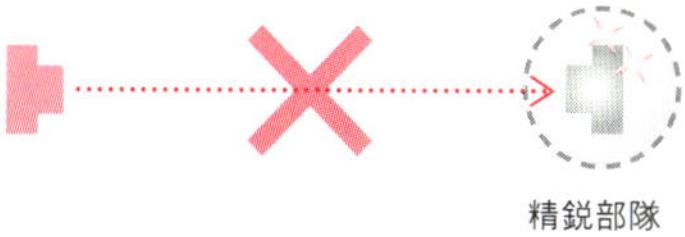
精鋭部隊

〈その3〉

餌兵《じへい》を食《は》むなかれ

おとりの兵に食いついて戦ってはいけない＝挟み撃ちに合いやすい

オトリ

3 敵を死に物狂いにさせるな

〈その1〉

帰師を遏《とど》むることなかれ

帰ろうとしている敵を止めてはいけない

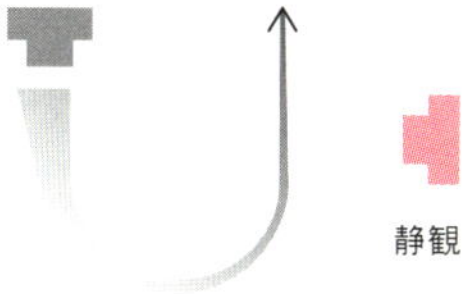
静観

〈その2〉

囲師は必ず闕《か》け

敵を取り囲んでも、逃げ道は作っておく＝わざと弱いところを作る

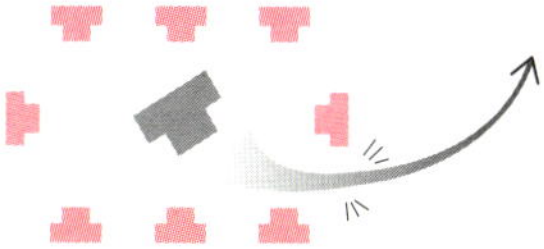

〈その3〉

窮寇《きゅうこう》に迫ることなかれ

背水の陣を敷いている敵を追い込んではいけない

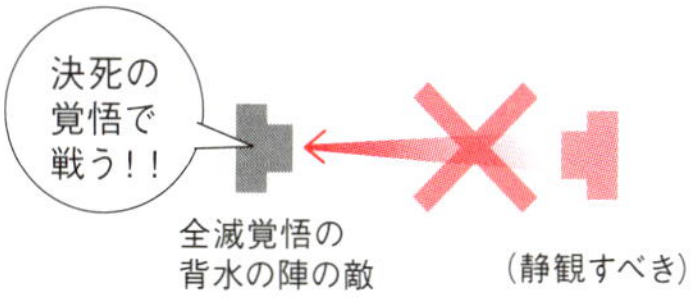
決死の覚悟で戦う！！
全滅覚悟の背水の陣の敵
（静観すべき）

九変篇 2

「できること」と「やるべきこと」を分けて考える

塗《みち》に由《よ》らざる所《ところ》あり、
軍《ぐん》に撃《う》たざる所《ところ》あり、
城《しろ》に攻《せ》めざる所《ところ》あり、
地《ち》に争《あらそ》わざる所《ところ》あり、
君命《くんめい》に受《う》けざる所《ところ》あり。

文意

通ってはならない道があり、撃ってはいけない軍があり、攻めてはいけない城があり、争奪すべきでない土地があり、従ってはいけない君命がある。

▼見過ごした方がいい局面

戦いの現場では、様々な局面に直面する。注意しておきたいのは、そうした局面の中には、積極的に対応しなければならないものもあれば、手を下さない方がいい局面もあるということだ。

対処すれば、**自分に有利になる局面、不利を挽回できる局面なら、積極的に手を下して、**〈変《へん》〉（＝戦いの流れを変える瞬間）がおきるように促した方がいい。しかし、手を加えてむしろ**こじれるような局面なら、何もしないで**放っておいた方がいい。**大勢に何の影響も与えない局面も、手をかけるだけむだ**だから放っておく方がいい。

可能性として「局面を変えられる」ということと、作戦として「変えた方がいい」ということを、混同してはいけない。「できることからやる」ではムダなことばかり行うことになる。

▼トップの役割、現場の役割

戦いでは、〈変〉をおこすように、トップから強制されるケースも少なくない。これは多くの場合、トップが自分の役割を、実行役のものと混同しているためにおきる。

トップの役割は、大局を見て戦いの方向性を決めること。その決断については現場は遵守しなければならない。しかし、**その方向に沿って戦いが進むよう、各局面で対処する**――これは現場の役割だ。

トップは大局に対処し、現場は小さな局面に対処する。それぞれが役割と責任をまっとうすれば、現場が「細かいことは任せろ」とトップの命令を突っぱねても、戦いは望む方向に向かう。

「やるべきこと」を選び出す

状況によっては「やらないこと」
「命令に従わないこと」も判断である

実行できること ≠ 実行すべきこと

トップの命令 ≠ 正しい

● 必然性（やるべき）のふるいにかける

実行可能なこと	トップの命令
↓	↓
利益は出るか	成功の確率は高いか
↓	↓
損失が出ないか	失敗したとき挽回は容易か
↓	↓

残ったことだけ実行に移す

九変篇
3

局面を臨機応変に変化させる

将《しょう》、九変《きゅうへん》の利《り》に通《つう》ずる者《もの》は、用兵《ようへい》を知《し》る。
将《しょう》、九変《きゅうへん》の利《り》に通《つう》ぜざる者《もの》は、地形《ちけい》を知《し》ると雖《いえど》も、地《ち》の利《り》を得《え》ること能《あた》わず。
兵《へい》を治《おさ》むるに九変《きゅうへん》の術《すべ》を知《し》らざれば、五利《ごり》を知《し》ると雖《いえど》も、人《ひと》の用《よう》を得《え》ること能《あた》わず。

文意

将軍の中でも、局面に臨機応変に変化させる戦略の利点をよくわかっている者ほど、戦い方をわきまえている。一方、臨機応変の利をわかっていないと、地形のデータを持っていても地の利を生かせない。また、どうやって局面を変化させたら良いかを知らなければ、「やるべきこと」がわかったとしても、軍をうまく使うことができない。

▼局面は変化させてこそ得

最初に最悪の事態に至る局面を避け（⬇P144）、続いて、放っておくべき局面を除いた（⬇P146）なら、残された局面では、積極的に〈変〉をおこした方が良い。

というのは、**勝利のきっかけは〈変〉**（＝戦いの流れが変わる瞬間）**で生まれる**からだ。言い換えれば、局面というものは、変化して初めて戦いにメリットをもたらす。

〈変〉をうまく利用する——これが勝利の大原則で、ここが分かっていないと、せっかく優れた戦力や敵より有利な条件を手にしたとしても、じゅうぶん活用できない。

さらには、いたずらに事態を長引かせ、孫子が**「最も劣る策」とする長期戦**に陥る。

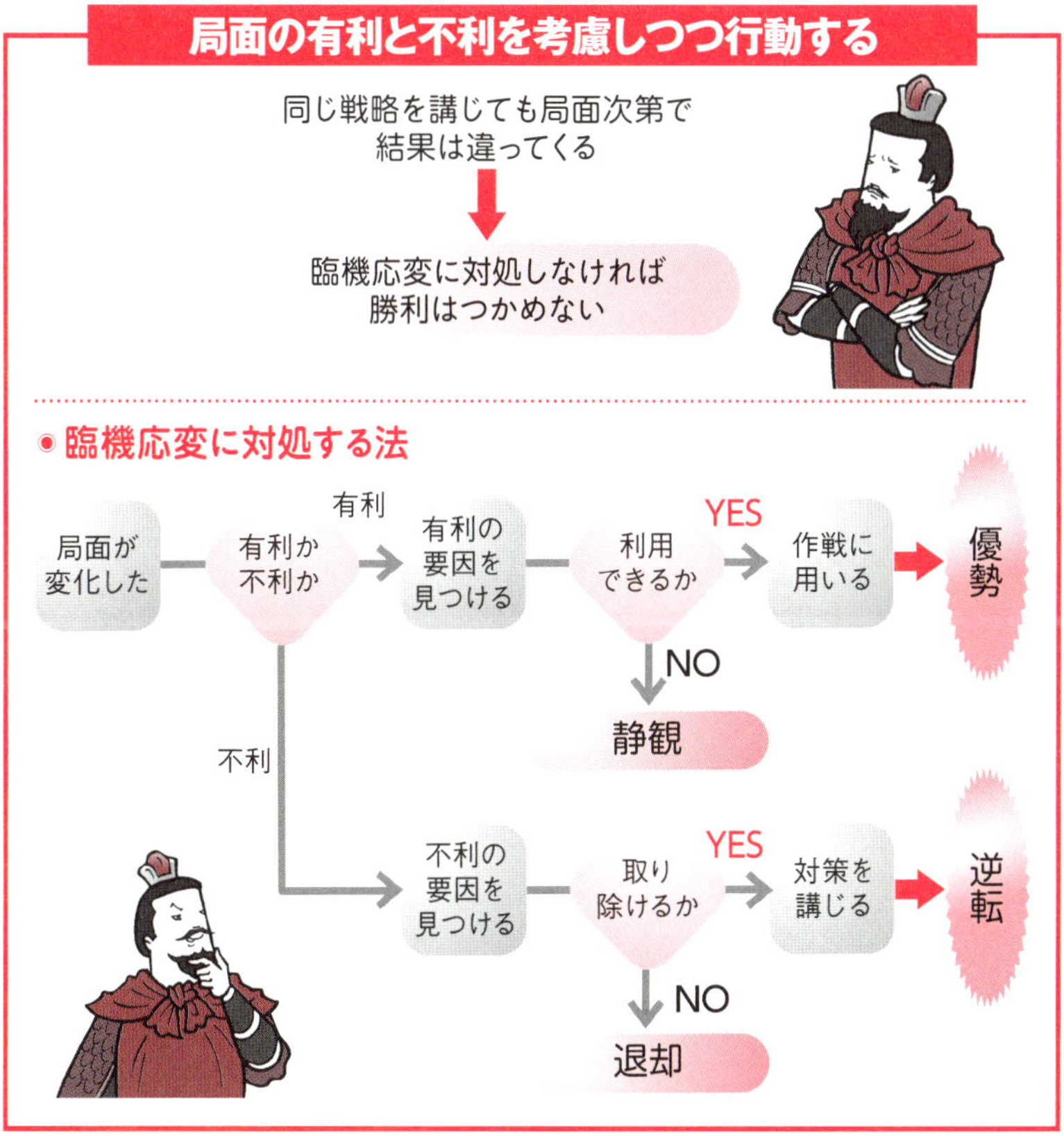
局面の有利と不利を考慮しつつ行動する
同じ戦略を講じても局面次第で
結果は違ってくる
臨機応変に対処しなければ
勝利はつかめない
臨機応変に対処する法
局面が変化した
有利か不利か
有利
有利の要因を見つける
利用できるか
YES
作戦に用いる
優勢
NO
静観
不利
不利の要因を見つける
取り除けるか
YES
対策を講じる
逆転
NO
退却

実行役の立場からすれば、局面を自軍のメリットになるようにうまく利用し、変化させて初めて、役割をまっとうしたことになる。

▼有利か不利かで分ける

ただし、局面は手を加えなくとも絶えず変化するので、**臨機応変の対応が不可欠**だ。対処を間違えないように、なおかつ臨機応変に対応するには、どうしたらいいか。

これにはまず、その局面を自軍に有利か不利かでしわける。次に、**局面を有利（不利）にしている要因が何かを探り、**それをうまく利用する。これで、局面に適した対処がとりあえず完了する。

「とりあえず」と述べたのは、対処すべきことがもう一つあるからだ（➡P150）。

九変篇 4

得るものと失うものをすべて洗い出す

智者《ちしゃ》の慮《おもんばかり》は必《かなら》ず利害《りがい》に雑《まじ》う。
利《り》に雑《まざ》りて、
而《しこう》して務《つと》めを信《しん》とするに可《か》なり。
害《がい》に雑《まざ》りて、而《しこう》して患《わずら》いを解《と》くに可《か》なり。

文意

賢い戦略家は、ある状況に直面したとき、利となる事象と害となる事象の両面から洞察する。利益となることには害になる側面もあわせて考えるから、成し遂げたいことが狙いどおりに実現する。害となることには利益になる側面もあわせて考えるから、困った事態を解消することができる。

▼利・害の両方をチェック

局面に臨機応変に対処するには、目の前の局面を有利か不利かでしわけることが、第一歩となる。ただしこれは、局面というものが有利と不利とにきれいに二分できる、ということを意味してはいない。**すべての局面は必ず、利となる部分（メリット）と害となる部分（デメリット）を併せ持っている。**たまたま現時点でどちらかが優っているので、局面として有利あるいは不利になっているにすぎない。

ここで自重したいのは、利でも害でも、現時点で優る部分だけに目を向けて、対処してしまうケースだ。その場合、無視された部分が、局面に思わぬ展開をもたらす。

利となる部分に偏って対処すると、害の部分が差し障りとなって、想定通りに局面が動かなくなる。

一方、**害となる部分ばかりに目を向けていると、積極的な対策が取れなくなる。**「利となる部分を検討すれば、活路を見出せるかも

ものごとの表と裏をしっかりチェックする
表に利益があれば裏には必ず損失がある
利益と損失のどちらもチェックを欠かしてはいけない
利益
損失
● 表と裏、片面しか見ないことによる結果
利益しか見えない人
損失しか見えない人
●損失を穴埋めができない
●想定外のコストに苦しむ
●打開策を見出せない
●行動を起こそうとしない

しれない」といった発想ができなくなるためだ。

▼それぞれの対策を組む

これを避けるには、局面を有利不利で分けたら、さらにもう一段階、その中の利と害の部分を見定め、両方に対策を立てていく。

有利な局面では、**害となる部分が影響を及ぼさないように封じる**対策を立てる。その上で利となる部分をうまく活用すれば、有利な〈変《へん》〉(=戦いの流れが変わる瞬間)がおきやすい。

不利な局面では、万全な敵に対しても、**隙を見出せば活路が生まれる**(⬇P110)ことを意識し、「デメリットをメリットに転じることはできないか」と、様々に検討してみると良い。

九変篇 5

第三の敵への対策を立てる

諸侯《しょこう》を屈《くつ》するには害《がい》を以《もつ》てし、
諸侯《しょこう》を役《やく》するには業《ごう》を以《もつ》てし、
諸侯《しょこう》を趨《はし》らすには利《り》を以《もつ》てす。

文意

周辺諸侯の戦意を封じるには、害となる面を強調しなさい。諸侯に大仕事をやらせるには、手をつけないではいられない魅力的な面を強調しなさい。諸侯を奔走させるには、利となる面を強調しなさい。

▼局面荒らしを防ぐ

局面を動かし、勝利のきっかけを作り出すのは、現場の実行役（将軍）の役目だ。このため、実行役が局面をコントロールできなくなる事態は、最も避けたい。

代表例が、周囲のライバル（諸《しょ》侯《こう》）が介入してくる事態だ。**第三者の介入は戦局を大きく変える。**前線も想定外の変化に見舞われ、コントロール不能になる。

しかし現実問題として、第三者の動きを封じるために戦力を回せば、前線の戦力配備が薄くなる。

そこで、戦力を使わずに介入を封じる作戦として、利と害、どちらかを無視すると不利になるという法則（⬇P151）を利用する。

▼片面に注意を引きつける

作戦の一つめは、**害の部分だけ見せて、意欲を削ぐ**作戦。介入することで被る害だけを強調して伝えれば、相手は戦意を殺がれ、計画がとりやめになる。

二つめは、**魅力だけ見せて引きつけ、隠れた負担を押しつける**作戦。ある事業の魅力を述べ立て、やらずにはいられなくする。「コストはかかるが大した犠牲でない」

と思わせてコストを費やさせれば、介入するだけのゆとりがなくなる。

最後は、**何かほかのもののメリットを強調して獲得に走らせ、介入をうやむやにする**作戦。デメリットも抱き合わせにしておき、獲得してもメリットは帳消しというかたちなら、ベストだ。

介入封じに「利害雑《まじ》う」の計

ものごとの片面だけを強調されると
もう片面は見えにくくなるという原則がある（➡P151）

↓

戦略として利用できる

● 第三者の介入を手間をかけないで封じる方法

❶ 損失だけを見せる ⟶ 実行する意欲を失う

❷ 魅力だけを見せる ⟶ コストを度外視し経済が疲弊する

❸ ほかの利益を見せる ⟶ 役立たないものの獲得に奔走する

九変篇 6

おこしたくない事態の事前策を講じる

用兵《ようへい》の法《ほう》は、
其《そ》の来《き》たらざるを恃《たの》むこと無《な》く、
吾《わ》が待《ま》つを以《もっ》て有《あ》るを恃《たの》む。
其《そ》の攻《せ》めざるを恃《たの》むこと無《な》く、
吾《わ》が攻《せ》むべからざる所《ところ》の
有《あ》るを恃《たの》むなり。

文意

戦いの原則として、「諸侯はこちらには出兵しない」などと、あてにしてはいけない。「いつ攻めてきてもいい」と備えることを、真の頼みとすべきだ。「もし出兵してきてもまさか攻め込まれはしないだろう」などと、あてにしてはいけない。「ここだけは絶対攻め込まれない」と備えることを、真の頼みとすべきだ。

▼「おきない可能性」に頼るな

第三者の介入を封じる三つの作戦（⬇P153）を打ったとしても、それで対策が済んだと思ってはいけない。三つの作戦は、あくまで**「介入しない可能性」を高めた**にすぎず、確実な策ではない。

今は介入のきざしがないからといって、この先も同じである確証がなければ、「そういったことがおきないでほしい」というただの願いと変わらない。

不確実なことを頼む――これは孫子の『兵法』では、絶対してはいけないことの一つである。

では、確実で頼むに足るものとは何か。

「介入がある」と想定し、事前に対策を講じておくことだ。

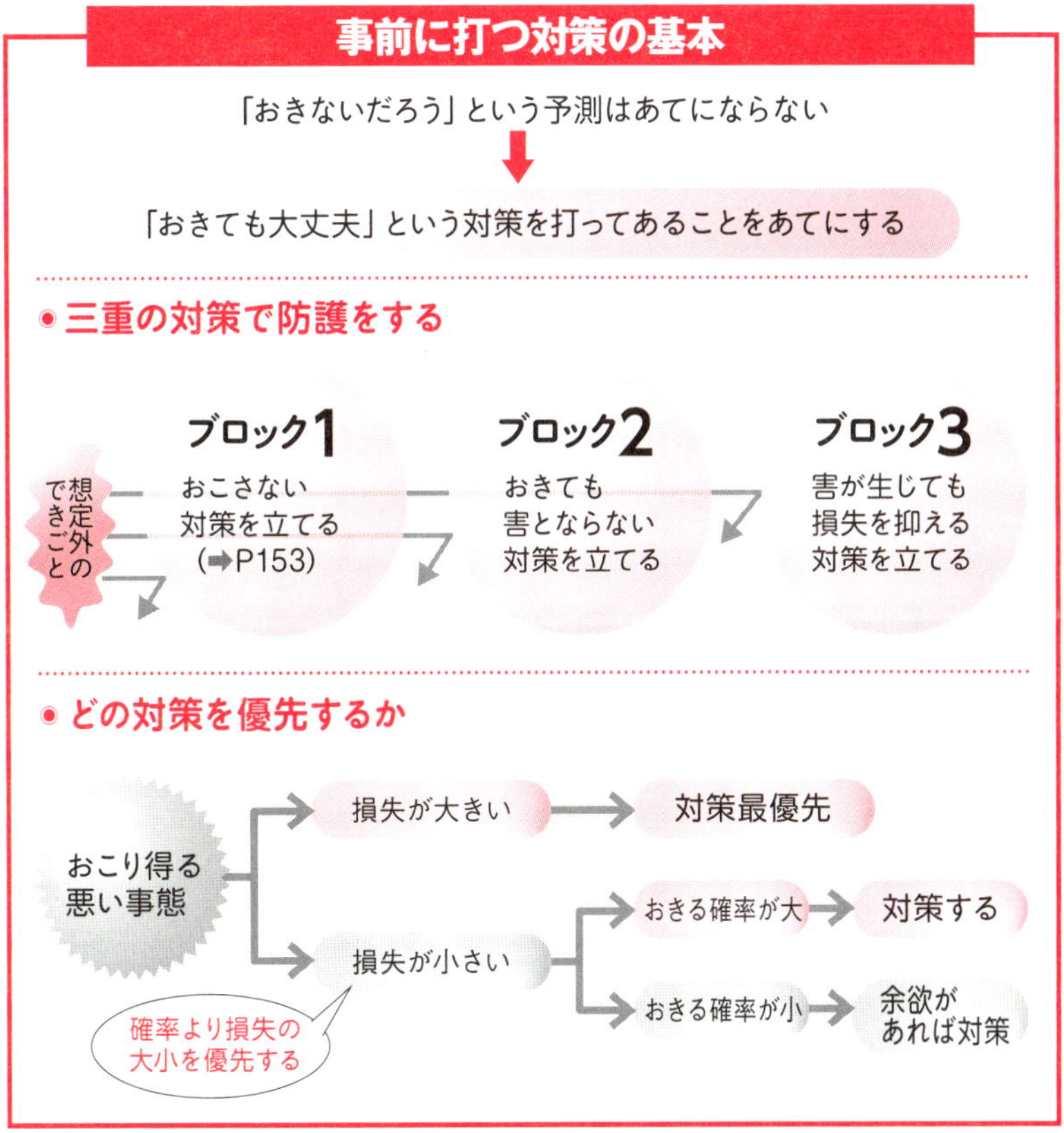
事前に打つ対策の基本
「おきないだろう」という予測はあてにならない
「おきても大丈夫」という対策を打ってあることをあてにする
三重の対策で防護をする
想定外のできごと
ブロック1
おこさない
対策を立てる
（➡P153）
ブロック2
おきても
害とならない
対策を立てる
ブロック3
害が生じても
損失を抑える
対策を立てる
どの対策を優先するか
おこり得る
悪い事態
損失が大きい
対策最優先
損失が小さい
おきる確率が大
対策する
おきる確率が小
余欲が
あれば対策
確率より損失の
大小を優先する

▼三本立ての対策

対策は基本的に、**「おこさせない」**（P153の作戦はこれにあたる）、**「おきても防ぐ」**、**「防ぎきれなくてもダメージを減らす」**と、三重にして打つ。

もっとも、対策を打ちたいことはほかにも多くあって、どれを優先すべきかが、問題になるだろう。

この場合、現場の実行役（将軍）の立場からすれば、戦況が激変して局面がコントロール不能になるもの、戦況が一変して元に戻らず、従来のやり方では**局面をコントロールできなくなるものを避けたい**ので、そこを優先する。

あとは、おきる確率とおきた場合の損害をかけあわせ、判断することとなる。

自分の価値観に固執しない

将《しょう》に五危《ごき》有《あ》り。
必死《ひっし》は殺《ころ》さるべし。
必生《ひっせい》は虜《とら》わるべし。
忿速《ふんそく》は侮《あなど》らるべし。
廉潔《れんけつ》は辱《はずかし》めらるべし。
愛民《あいみん》は煩《わずら》わさるべし。

文意

将軍が陥りやすいリスクは五つある。死を恐れない蛮勇は殺されやすい。命への執着は捕虜にされやすい。怒りっぽくせっかちだと計略にかかりやすい。清廉潔白だと作戦の裏をかかれやすい。兵を大事にすると採るべき作戦を制約される。

▼「結論先にありき」の怖さ

もともと局面は、利と害を併せ持っている。それを現場の実行役（将軍）が、「展望として有利か不利か」、「有利な面、不利な面のどちらを重視するか」と、**自分なりの価値観で判断していくのが、「局面を読む」**ということだ。

ここでもし、実行役の価値観が偏っていたらどうなるか。当然ながら判断も偏り、様々な弊害を巻き起こすだろう。

その一つが、**失敗を恐れない**ケース。局面にかまわずつっ込むから殺される。二つめは、**現状に執着**するケース。活路を開く勇気がないから捕らえられる。

三つめは、**感情任せに結果を急ぐ**ケース。せっかちで局面を読まず、計略にかかりやすい。

四つめは、**正攻法にこだわる**ケース。臨機応変に対処できず、裏をかかれる。

五つめは、**戦力を温存したがる**ケース。戦いには犠牲も必要だが、その選択肢を自ら封じている。

▼無理に局面を動かすな

共通するのは、「自分はこういう行動をとりたい」という結論が先にあって、局面がどうなっていようが合わせようとする点だ。

局面を無理に変えればひずみがおき、そこを突かれて敗北する。局面はあくまで利用するものであって、無理に変えてはいけない。**局面には逆らわず、メリットを活かす**のが、大原則である。

固執すると失敗する

ものごとは偏っている程小さな力でも
簡単にバランスを崩される

↓

己の「偏り」に注意が必要

● よくある「偏り」とその結果

偏り		結果
失敗を恐れない	→	挽回できない失敗に追い込まれる
保身に執着する	→	策を封じられ孤立する
早く決着をつけたがる	→	不利な状況に誘い出される
ルールを重視したがる	→	想定外の奇策にかかる
人員を大事にしすぎる	→	リスクのある戦略を選べない

コラム　Column

〈虚〉に〈実〉を見出したスターリングラード攻防戦

第2次世界大戦時、1942年6月から約7カ月にわたって繰り広げられたスターリングラード包囲戦で、ソ連軍は孫子の〈虚実〉や〈分合《ぶんごう》〉を彷彿とさせる戦いを見せた。

攻撃するドイツ軍25万に対し、19万のソ連軍は各6～8名の突撃隊を編成し応戦。これが市街地を戦場とする戦況に有利に働いた。さらに、突撃隊の背後に支援隊、予備隊を配して援護を任せる策も有効に働いた。加えて、ドイツ軍の攻撃対象が市街地に限定されたことで、ソ連軍は防御の戦力を集中でき、数で勝るドイツ軍に拮抗できた。

こうして市街地の兵がドイツ軍を引きつけているうちに、ソ連軍は、新たな一隊を密かにドイツ軍の背後に進軍させ、逆包囲に成功した。

一方、遠いドイツからヒトラーの「退却すべからず」の命令を受けたドイツ軍は、戦況が不利でも攻撃を繰り返し、次第に戦力を失い降伏。このとき、兵は10万足らずに減っていた。

スターリングラードの市街で戦うソ連軍兵士

第9章

行軍篇

「分析の兵法」

今を見抜く

行軍篇 1

「安全」を見極める

山《やま》を絶《わた》るには谷《たに》に依《よ》り、
生《せい》を視《み》るには高《たか》きに処《お》き、
隆《たかき》にて戦《たたか》うには登《のぼ》る無《な》かれ。
これ山《やま》に処《よ》るの軍《ぐん》なり。

文意

山越えをするなら、谷に沿って進みなさい。視界を確保するには、高地に駐屯しなさい。高地にいる敵と戦うなら、こちらは登らず、敵を麓へ誘い出しなさい。これが、山を拠点とする場合の軍のあり方である。

▼最優先は安全の確保

戦いとは、いってみれば「様々な局面を利用して、勝ちをつかむもの」だ（➡第8章）。

しかし具体的に、どんな局面を重視し、どのように分析し、どう対処すればいいのだろうか。

戦いでまず直面することになるのは、「戦いの拠点（移動ルートを含む）を選ぶ」という局面だ。

この局面で考えなければならない点は、**「今いるここは、拠点として適切かどうか」**である。

拠点を選ぶ際に最優先すべきこと、それは、安全かどうかだ。拠点が安全かそうでないかは、以後のどんな局面にも影響を与える。安全の分析が、最優先課題である。

▼最低限の状況を確保する

では安全とは、具体的に、どんな状態をいうのだろうか。

その一つは、**動きを観察されない状態**。見えなければ、敵に攻守の態勢を悟られない。また、攻撃されにくく防御しやすいので、奇襲を避けることもできる。

一つは、**視野が広い状態**。敵の

動きを早くからとらえ、対抗策をとる時間がとれる。

一つは、**移動しやすく、足場が安定している状態**。どう局面が変わっても、すばやく反応できる。

さらには、**食糧を常時確保でき、環境面でも健康を保てる状態**。これは、戦力を維持するためだ。

拠点が安全なら、最低限でも全滅はしない。こういった最低ラインを確保することで、他の局面に対処する余裕が生まれる。

その場の安全を確保する

自分の拠点以外では
100%安全な状況は存在しない

↓

何よりも居場所の安全確保を優先する

安全な居場所の5原則

攻撃されにくく
防御しやすい

視野が確保できる

食糧が確保できる

健康を保てる

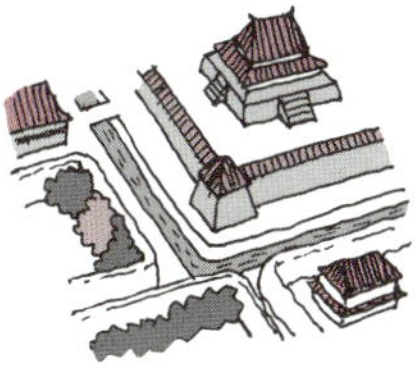

足場が安定している
移動しやすい

行軍篇 2

「危険」を見極める

地《ち》に絶澗《ぜつかん》、天井《てんせい》、天牢《てんろう》、天羅《てんら》、
天陥《てんかん》、天隙《てんげき》有《あ》らば、
必《かなら》ず亟《すみ》やかに之《これ》を去《さ》りて、
近《ちか》づくこと勿《な》かれ。
吾《われ》は之《これ》を遠《とお》ざけ、敵《てき》は之《これ》に近《ちか》づけよ。
吾《われ》は之《これ》を迎《むか》え、敵《てき》は之《これ》を背《はい》せしめよ。

文意

地形に切り通しなどの大きな落差があったなら、すぐにその場を遠ざかり、近寄ってはならない。自軍は遠ざけ、敵軍はそこに近づけるようにしむけなさい。自分はそこに向かう形で布陣し、敵にはそこが背後になるようにしむけなさい。

▼移動を拘束される危険

拠点の安全が確保されたら、次は、周辺に危険がないかどうかを見る。危険とは、具体的には、次のような状態をいう。

一つは、**移動を妨げられる**状態。障害があったり、動きを拘束されたり、移動ルートが限定される場所がこれにあたり、どれも**敵に有利で、逃げ道がとれない**。

もう一つは、**死角がある**状態。敵の動きを始め、**局面が読めない**。

こういった危険には、原則として、近づかないことだ。

なぜ、近づかないだけで済ませて、危険を積極的に取り除かないのか。それは、**うまく利用すれば、敵をそこに陥れられる**からだ。

自軍は危険な場所がよく見える

位置に立ち、敵の後ろに危険を潜ませ、そこへ追い込んでいけば、敵を不利にできる。

▼敵の安全と危険を見抜く

ただし、敵も同じように安全の確保、危険の利用を行うだろうから、その対策を打つ必要がある。**安全地帯にいる敵には、攻撃をしかけてもむだ**だ。敵の拠点が安全かどうかは、敵がそこから動かないからわかる。

また、敵がむやみにこちらを移動させようとしているなら、**危険に誘いこもうとする策略**であり、注意が必要だ。

周囲の危険を回避する

周囲に危険があるなら
その場は安全でもリスクは大きい

↓

安全な居場所を確保後、
直ちに周囲の危険を回避する策を立てる

●危険な場所とは

落下のおそれがある

動きを拘束される

敵に高地（有利な場所）をとられやすい

死角が多い

↓

これらは布陣のときに戦略として使える

危険な場所
背後に危険があるよう敵を追い込む

もう少し詳しく

〈地形別〉ここが安全、ここが危険

行軍でもっとも大切なのが安全・危険の見極めである。

有利で安全な場所と位置

戦うなら麓
（敵が高地にいる場合）
歩くなら谷
布陣するなら高地
山
山地をいく場合
下流より上流
高所から川中の敵を撃つ
渡ったらすぐ川から離れる
川
川に近い場合
森林を背にする
食糧を確保
原則としてすぐ離れる
食糧
食糧
食糧
湿地
湿地を通過する場合
背後を高くする
丘を右背にする
足場の良い場所
平地
平地に陣を張る場合

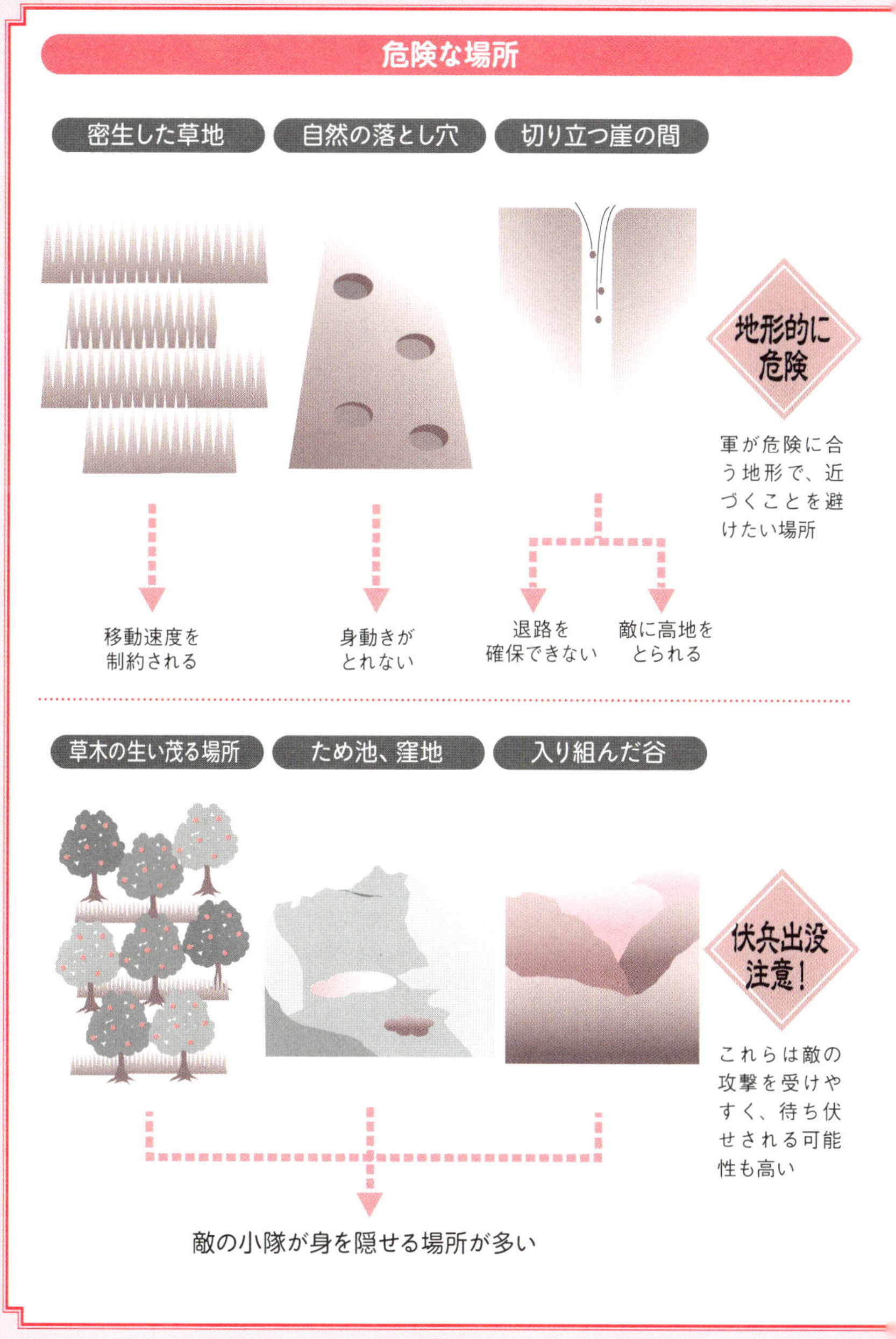
危険な場所
密生した草地
自然の落とし穴
切り立つ崖の間
地形的に危険
軍が危険に合う地形で、近づくことを避けたい場所
移動速度を制約される
身動きがとれない
退路を確保できない
敵に高地をとられる
草木の生い茂る場所
ため池、窪地
入り組んだ谷
伏兵出没注意！
これらは敵の攻撃を受けやすく、待ち伏せされる可能性も高い
敵の小隊が身を隠せる場所が多い

行軍篇 3

策略の有無を見抜く

辞《じ》の卑《ひく》くして備《そな》えを益《ま》すならば、進《すす》むなり。
辞《じ》の彊《つよ》くして進駆《しんく》するならば、退《しりぞ》くなり。

文意

軍使がへりくだり、敵軍が守備を固めているなら、実は進撃を目論んでいる。軍使が高飛車で、敵軍が前線部隊を前に進めてくるなら、実は退却を目論んでいる。

▼異変に情報あり

いったん臨戦状態に入ると、局面はめまぐるしく変わり、読み取るのは難しくなる。

しかし、局面が動くとき、そこには何らかの異変がおきる。その**兆候《ちょうこう》を知っていれば、今どんな局面かを知り、すばやく対処できる。**

戦いは人と人が行うものなので、局面が変わると、人の動きが変わる。つまり人間観察を行えば、様々な兆候を読み取ることが可能だ。

ただし兆候とは、「Aがおきるとき、多くの場合Bという変化がある」とする統計的なものにすぎない。必ずおきるという話ではないので、外れた場合の準備もしておくのが、原則だ。

▼矛盾の裏には策略が

前線でまず知りたいのは、敵が今見せている動きが、見た通りのものか、**裏に策略を潜ませた陽動作戦**なのかという点だろう。

策略の兆候は、戦況と敵の態度を見比べ、そこに矛盾があるかどうかを見れば、わかる。

戦況で敵が優勢なのに、**態度が謙虚で、軍も備えを増して**〈守〉の態勢をとるとしたら、そこには矛盾がある。同様に、戦況が劣勢なのに、**敵の態度が尊大で、軍も前線を進めて**〈攻〉の態勢をとるとしたら、そこにも矛盾がある。

計略の兆しは状況と言動の不一致に表われる

敵の言動と状況が一致しているかどうかで相手の狙いはわかる

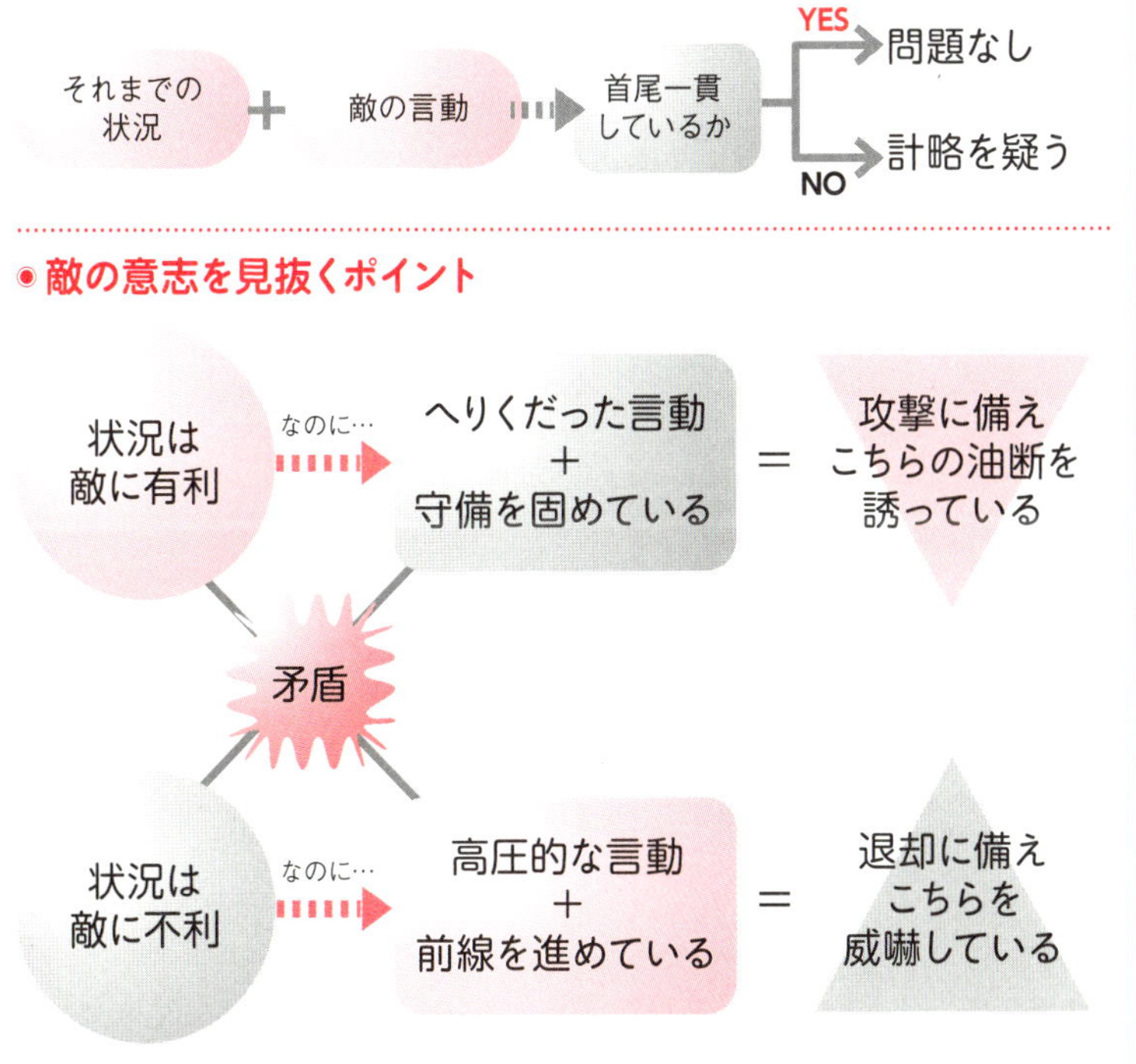

それまでの状況
＋
敵の言動
首尾一貫しているか
YES
問題なし
NO
計略を疑う
敵の意志を見抜くポイント
状況は敵に有利
なのに…
へりくだった言動
＋
守備を固めている
＝
攻撃に備えこちらの油断を誘っている
矛盾
状況は敵に不利
なのに…
高圧的な言動
＋
前線を進めている
＝
退却に備えこちらを威嚇している

人の態度・行動と、状況との間に矛盾があるなら、そこには見えない別の意図がある。戦いでは多くの場合、それは策略を意味するので、「敵は今後、態度とは逆の行動に出る」と判断した方が良い。

孫子は「兵は詭道《きどう》なり」と述べているが（➡P42）、それで逆の判断を下しているわけではない。

態度と戦況に矛盾があるのは、なぜか。その原因を考え、最も高い可能性として、策略と判断する。**疑いから判断せず、分析をもとに判断している**点が、重要だ。

本来あるべき姿と、どこかずれていないか。ずれがあるとしたら、それを論理的に説明できるか。この二点から局面を見ていけば、策略の兆候が見えてくるはずだ。

行軍篇 4

敵のトラブルを見抜く

利《り》を見《み》て進《すす》まざるは、労《つか》るるなり。吏《り》の怒《いか》るは倦《う》みたるなり。軍《ぐん》に懸缻《けんふ》なくして其《そ》の舎《しゃ》に返《かえ》さざるは、窮寇《きゅうこう》なり。

文意

掠奪できそうなものを見ても敵兵が取りにこないなら、体力を消耗している。文官が怒ってばかりいるなら、兵が戦いに倦んでいる。兵が鍋を壊して宿舎に戻ろうとしないなら死にものぐるいになっている。

▼自滅の兆候を読み取る

戦いには時として、放っておいた方がいい局面がある（➡P146）。その代表例が、敵の内部にトラブルが生じ、自滅の道を歩んでいるケースだ。この場合、放っておいてトラブルを大きくしてから〈変〉《へん》（＝戦いの流れを変える瞬間）をしかけた方が、労力がいらない。

敵の自滅の兆候は、拠点にいる敵兵（現場のメンバー）を観察すれば分かる。メンバーは、自陣のトラブルをストレスとして感じており、それが行動として出てきやすい。

▼戦力と士気の喪失

自滅を招くトラブルは、大きく二つある。

一つは戦力の喪失をひきおこすトラブル、もう一つは士気の喪失をひきおこすトラブルだ。

戦力喪失の兆候は、メンバーが個人で動くときの行動を見ると分かる。体力をなくしているため行動に敏捷《びんしょう》性がなく、食欲など生命を守ろうとする欲求がめだつようになる一方で、物欲は失われる。

組織内の不安要因はメンバーの行動に表われる

メンバー（兵隊など）の行動は
身体的・精神的プレッシャーに左右されやすい

ストレス
- 身体の消耗
- 精神的不安

→ 行動に表われる

→ 逆に行動を分析すれば
組織の不安要因
＝ストレス源がわかる

行動と不安要因

メンバーの行動	原因	不安要因
利益を見ても とびついて来ない	欲が減退している	心的消耗 士気の低下
私語やサボリが多い	統率がうまくいっていない	リーダーの権力低下
ぐちや心配を口にする	将来に不安を持つ	リーダーが無策
中間の立場の人間が不機嫌	配下が思うように動かない	組織の士気の低下
急に大盤ぶるまいを始める	今後に見切りをつけた	玉砕覚悟で攻めてくる

一方、士気喪失の兆候は、**メンバーが組織で動くときの行動を見る**と、わかる。団体行動がそろわなくなり、規律も乱れる。このため中堅幹部が、配下に対して怒りっぽくなる。

こういった兆候をさらにじっくり観察すれば、ストレス源となったトラブルを読み取ることができる。そのトラブルを助長するように**手を加えれば、敵の自滅を早められる**。

ただしその結果、敵メンバーが**貴重なものを大量消費するなどの行動**に出たら、すぐ防御を固めるか、退却した方がいい。「どうせ自滅するなら」と、自暴自棄で攻めてくる、危険な兆候だからだ。

行軍篇 5

統率力の低下を見抜く

諄諄翕翕《じゅんじゅんきゅうきゅう》として、徐《おもむろ》に人《ひと》と言《かた》るは、衆《しゅう》を失《うしな》うなり。数《しばしば》賞《しょう》するは、窘《くる》しむなり。数《しばしば》罰《ばっ》するは、困《つか》るるなり。先《さき》に暴《ぼう》して後《あと》に其《そ》の衆《しゅう》を畏《おそ》るるは、不精《ふしょう》の至《いた》りなり。

文意

敵将がおずおずとした口調でゆっくり話しているなら、兵の信頼を失っている。しきりに賞を与えるなら、切羽詰まっている。しきりに罰を与えるなら、苦境に陥っている。兵を手荒く扱ったかと思えば機嫌をとるなどしているなら、明快な判断ができなくなっている。

▼将軍の弱気を読み解く

戦いで勝つには、敵の〈虚〉（＝隙や不備）を読み、それを突くことだ。これに対し、そうならないように軍をまとめるのが現場の実行役（将軍）の仕事だ。そこに不備があると、〈虚〉が生まれる。

つまり、敵将の統率力が失われた兆候があれば、敵は〈虚〉である可能性が高く、こちらにとってはチャンスとなる。

その兆候は、**実行役が配下に接する態度**を見れば分かる。

▼自信を失った将軍の末路

その観察ポイントの一つめは、命令の際の口調だ。

将軍は、前線では最も権力があり、命令口調にもその強い立場が現れるものだ。にも関わらず、配

統率力の弱体化は命令や賞罰に表われる

部下に接するリーダーの態度の変化を見れば、
その組織の状態も分かってくる

❶ 命令口調が妙に丁寧

リーダーの意図…メンバーから丁寧に扱われたい

弱体化の内容……メンバーの信頼を失っている

❷ やたらに賞を与える

リーダーの意図…メンバーをポジティブな心境にしたい

弱体化の内容……メンバーが士気を失っている

❸ やたらに罰を与える

リーダーの意図…メンバーを無理にでも動かしたい

弱体化の内容……メンバーの体力が限界に達している

❹ 態度をコロコロ変える

リーダーの意図…とるべき態度がわからない

弱体化の内容……リーダーが判断力を失っている

下に丁寧《ていねい》に内容を繰り返し、おそるおそる不安げな口調をするとしたら、配下の信頼を失い、**本来の権力を持てないでいる証拠**だ。

観察ポイントの二つめは、配下への賞罰の与え方だ。

やたらに賞をばらまくのは、配下を心理的にポジティブにしたいから。これは、**士気が落ちていることを意味する**。やたらと罰するのは、もはや心理作戦では士気が上がらなくなったから。**軍が体力的に疲弊したことを意味する**。

乱暴に扱うかと思えば機嫌を取るなど、対応が定まらなくなるのは、将軍が判断力を失い、今後の動きを決めかねたあげくの行動だ。

将軍が自分の判断に確信を持てなくなったとしたら、敗北は近い。

行軍篇 6

敵の戦意を見抜く

来《き》たりて委謝《いしゃ》するは、休息《きゅうそく》を欲《ほっ》するなり。
兵怒《へいいか》りて相迎《あいむか》え、
久《ひさ》しくして合《あ》わず、
また相去《あいさ》らざるは、
必《かなら》ず謹《つつ》しみて之《これ》を察《さっ》せよ。

文意

わざわざ出向いてきて礼物を寄こしてこれまでの非礼を詫びるなら、少しの間軍を休ませたいと思っている。兵がいきり立って突進してきながら、いつまでも交戦せず、かといって撤退もしないときは、必ず何か含むところがあるから、心して観察し、その意図を見抜きなさい。

▼交渉の機会を読み解く

戦いでは、武力で対処すべき局面もあれば、**交渉に持ちこんだ方がいい局面もある。**

特に、こちらの優勢がほぼ決まった場合は、敵が交渉を望むならそれに応じて、こちらに有利な条件で決着を図った方が、〈全《ぜん》〉（＝敵のダメージを軽くして、こちらが多くの利益を得る➡P62）となって、得だ。

敵が交渉を求めているかどうか、その兆候は、敵の接し方でわかる。

勝利がまだ決していない段階で向こうから出向いてきて、礼物《れいもつ》を持参したうえ非礼を詫びるというのは、**こちらの譲歩を狙っている**ためであり、敵が交渉を、この場合は**まずは休息を、求めている証拠**となる。

▼気勢を吐くのは交渉のサイン

このときの敵の態度は策略があ

るケース（⬇P166）と似ているが、敵の態度が戦況と矛盾せず、また、モノや謝罪といった「譲歩をとりつけるツール」を提示している点などから、交渉の兆候と見ることができる。

直接に接触してこなくとも、軍の動きで交渉の意図を示してくる場合もある。やる気満々のところを見せつつも進軍も撤退もしないのは、**「まだ戦えるが、その気はない」という交渉のサイン**だ。

ただし、そう見せかけたうえでの策略、というケースもあるので、慎重に対応しなければならない。

交渉の可能性は交戦終了時に表われる

戦いにおける相手の交渉や行動には、
必ず何らかの意図があり、
それをいかに見抜くかが大事である

● 戦いの最中に謝罪をしてくる場合

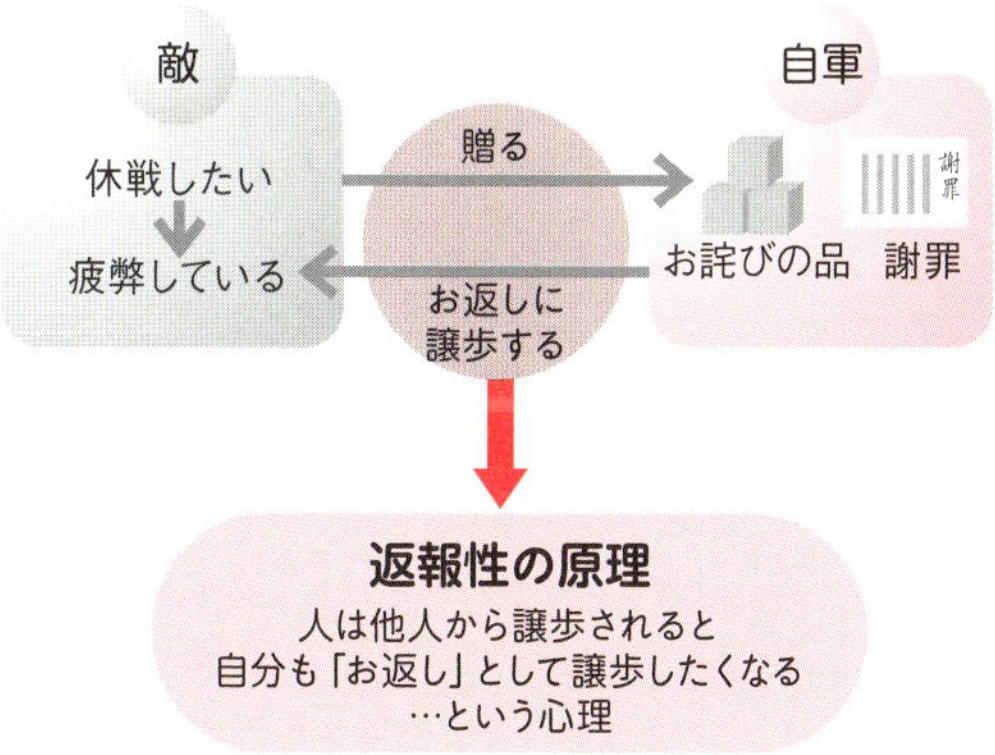
敵
休戦したい
疲弊している
贈る
お返しに
譲歩する
自軍
謝罪
お詫びの品
謝罪
返報性の原理
人は他人から譲歩されると
自分も「お返し」として譲歩したくなる
…という心理

● 敵の行動に矛盾が見られる場合

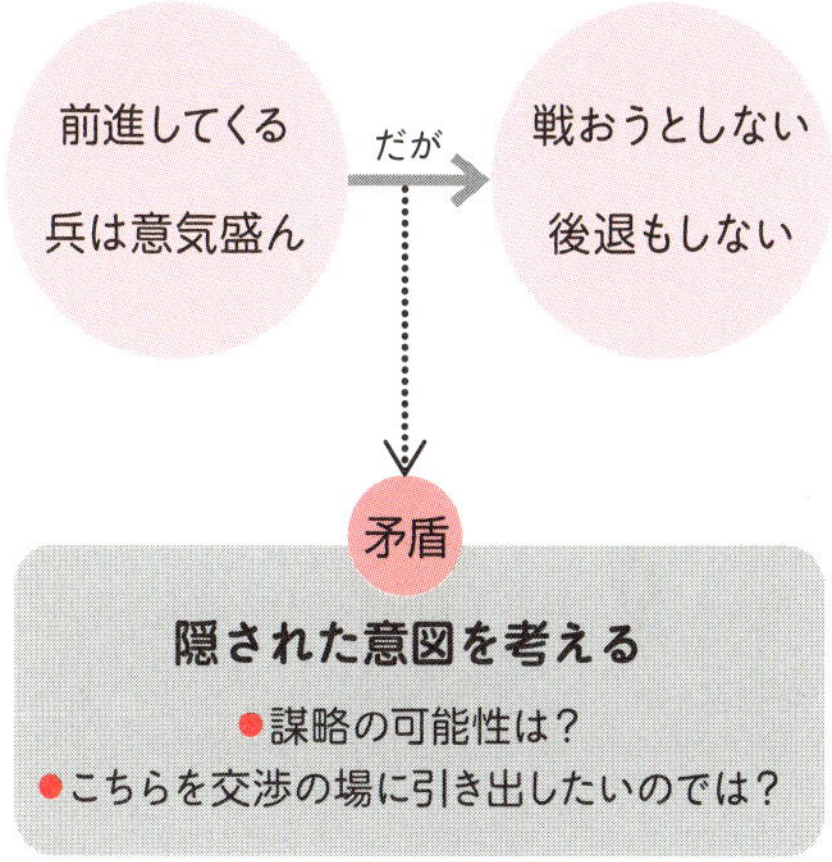
前進してくる
兵は意気盛ん
だが
戦おうとしない
後退もしない
矛盾
隠された意図を考える
●謀略の可能性は？
●こちらを交渉の場に引き出したいのでは？

もう少し詳しく

自然現象や陣の前線の様子から敵の作戦を見抜く

孫子は敵の作戦を自然現象や前線の動きから判断できるとしている

自然現象①

敵の状況		注目すべき現象
敵が進軍してくる	←	木立がざわざわ動く
敵が奇襲してくる	←	獣が暴走する
伏兵を疑わせ行軍ルートをそらそうとしている	←	草の量が周りより多い
その宿営地はすでに無人	←	鳥が宿営地に群がる
下に伏兵がいる	←	鳥が飛び立つ

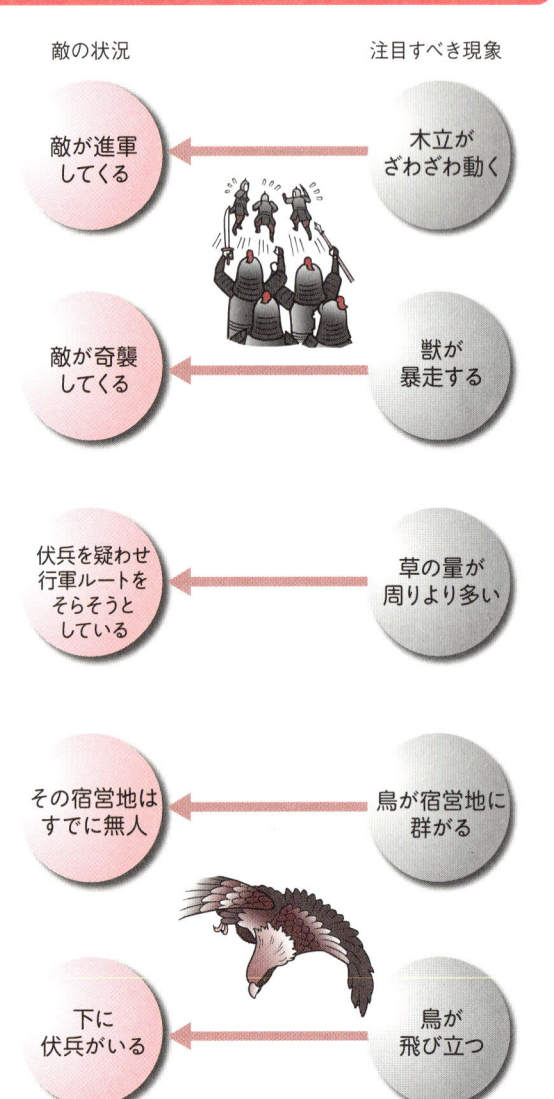

自然現象②

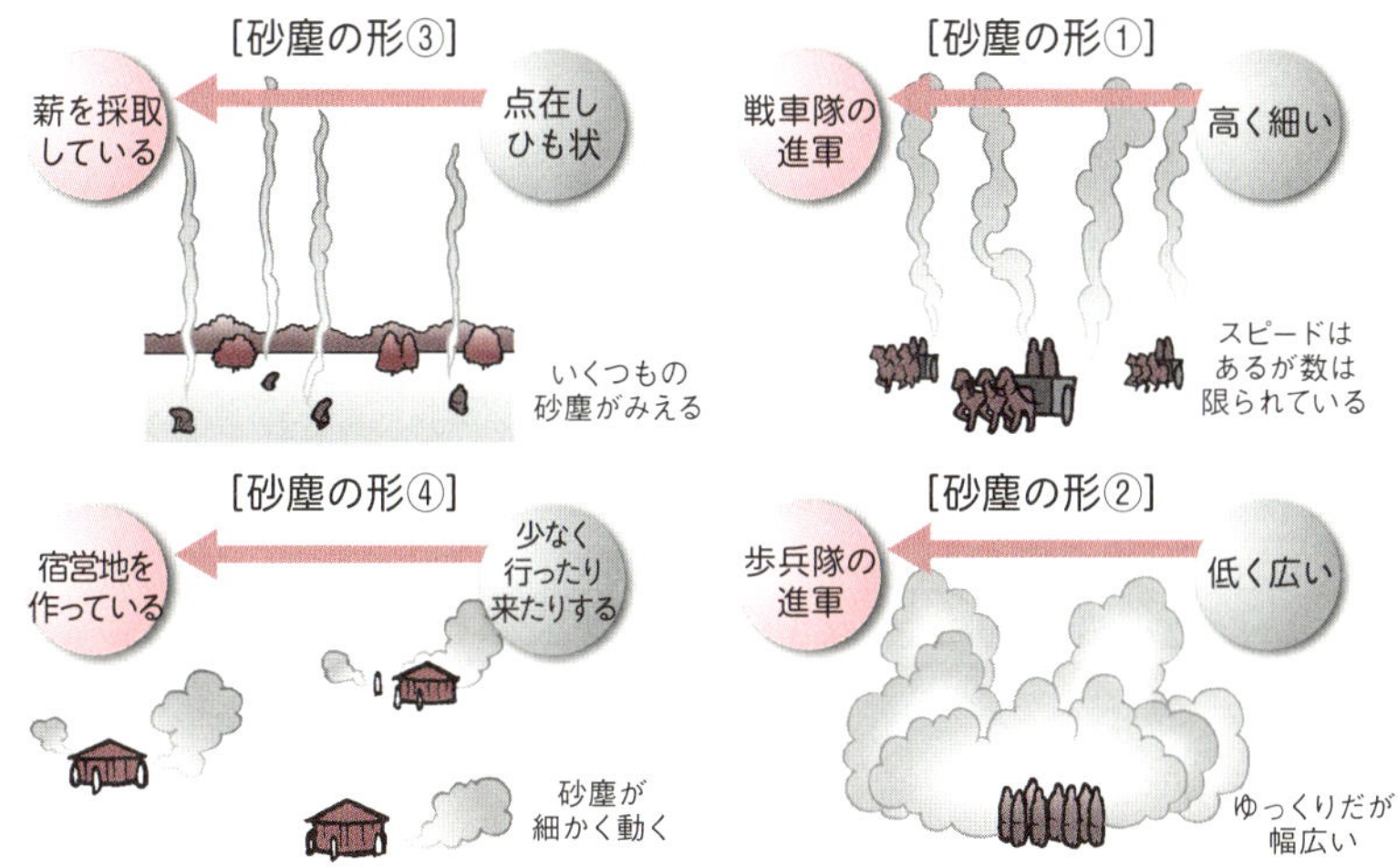
[砂塵の形①]
高く細い
戦車隊の進軍
スピードはあるが数は限られている
[砂塵の形②]
低く広い
歩兵隊の進軍
ゆっくりだが幅広い
[砂塵の形③]
点在しひも状
薪を採取している
いくつもの砂塵がみえる
[砂塵の形④]
少なく行ったり来たりする
宿営地を作っている
砂塵が細かく動く

前線の様子

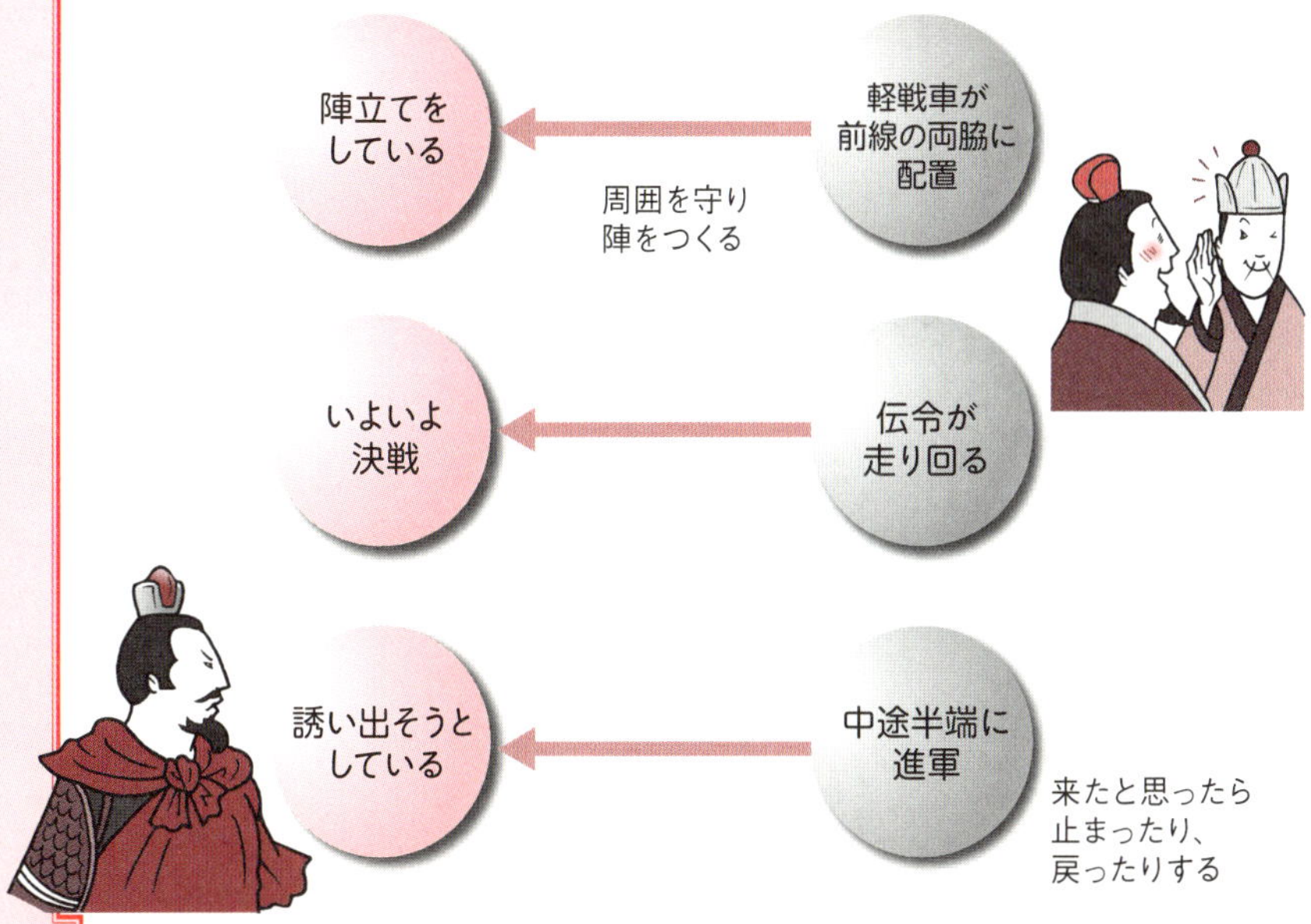
軽戦車が前線の両脇に配置
陣立てをしている
周囲を守り陣をつくる
伝令が走り回る
いよいよ決戦
中途半端に進軍
誘い出そうとしている
来たと思ったら止まったり、戻ったりする

行軍篇 7

「数の力」を過信しない

兵《へい》は多《おお》きを益《えき》とするに非《あら》ざるなり。
惟《た》だ武進《ぶしん》すること無《な》く力《ちから》を併《あわ》せ、
敵《てき》を料《はか》らば、
以《もっ》て人《ひと》を取《と》るに足《た》るとするのみ。
惟《た》だ慮《おもんぱかり》の無《な》くして敵《てき》を易《あなど》れば、
必《かなら》ず人《ひと》に擒《とら》われん。

文意

戦いは戦力が多いからといって良いというわけではない。猛進を避けて戦力の集中を図り、敵情をよく調べてあたることで、敵を負かすのにじゅうぶんな数となるのだ。そういった配慮をせずに敵を侮ってかかれば、敵の捕虜にされるのがおちだ。

▼数の力を適切に使う

孫子は、確実に勝利する方法として、敵に数で圧倒する作戦を説いているが（⬇P68）、その**数の力も、適切に使わなければ、本来の力を発揮できない**。そればかりか、過信すれば、敗北に至ることが多い。

戦いの前線にいると、実行役は時として、自軍の**数の多さ、士気の高さだけに頼った作戦を立ててしまう**ことがあるが、自重しなければならない。

では、数の力を適切に使うとは、どういうことか。

それは、むやみやたらに攻撃をしかけないこと、力を集中させること、そして、敵の戦力をよく調べておくことだ。

▼過信は敗北を生む

軍に本来の力を発揮させる優れた戦い方とは、**分析した局面を最大限に利用すること**にある。

なぜなら、むやみに攻撃をしかけないためには、タイミングを見計らわなければならない。力を集中させるためには、ターゲットを選ばなければならない。敵の戦力を知るには、動きを観察しなければならない。これは局面をきちんと把握しない限り、わからない。

しかし**数の力だけを過信する将軍**は、局面がどうだろうが勝てるものだと考え、**分析もせずに攻撃をしかける。**

これでは敵にうまく操られ、敗北するのがおちである。

数を有効に用いるには

敵に勝る戦力を持っていたとしても、
それをうまく使えなければ敗北もありうる。

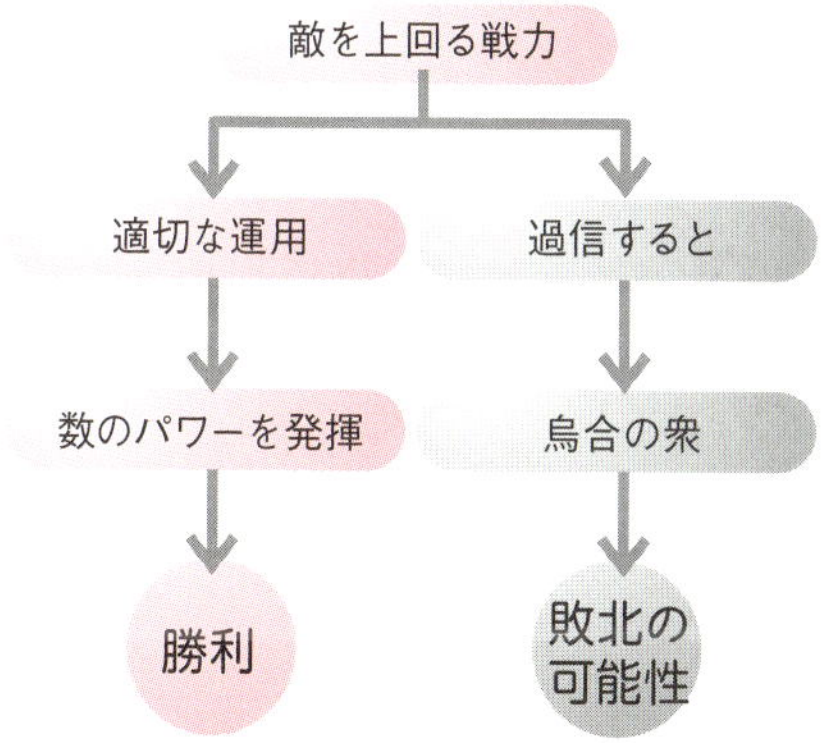
敵を上回る戦力
適切な運用
数のパワーを発揮
勝利
過信すると
烏合の衆
敗北の可能性

◉数の力を適切に運用するには

形 攻撃のタイミングを見計らう

勢 組織の結束を固め力を1ヵ所に向ける

虚実 敵の動静を見て隙を狙う

行軍篇 8

賞罰を効果的に用いる

卒《そつ》、未《いま》だ親附《しんぷ》せざるに之《これ》を罰《ばっ》すれば、
則《すなわ》ち服《ふく》さず。
服《ふく》さざれば、則《すなわ》ち用《もち》い難《がた》きなり。
卒《そつ》、已《おのれ》に親附《しんぷ》するに罰《ばつ》を行《おこな》わざれば、
則《すなわ》ち用《もち》うべからざるなり。
故《ゆえ》に、之《これ》を合《がっ》するに文《ぶん》を以《もっ》てし、
之《これ》を斉《ととの》えるに武《ぶ》を以《もっ》てせよ。

文意

兵がまだ懐いていないうちに罰を与えると、命令に服さないようになる。そうなれば、思い通りに動かない。じゅうぶん懐いているのに罰を与えないと、慢心して役に立たない。軍をまとめるには文徳を用い、規律を正すには武徳を用いなさい。

▼心理的距離感を保つ

軍に本来の力を出させるには、「むやみに攻撃をしかけないこと」「力を集中すること」「敵の戦力を調べること」のほかに、もう一つ重要なことがある。現場のリーダー（将軍）が**配下のメンバー（兵）をしっかり束ねておくこと**だ。

組織を束ねるには、心理面と規律面、二つのアプローチが必要だ。

心理面については、**将軍と兵の関係が遠いと、忠誠心が生まれず、**命令を無視する。しかしあまりに**近すぎても、今度はつけあがって、**やはり命令を聞かなくなる。

ここで着目したいのは、配下との心理的な距離感は、ほうびや寛容さといった親しみを増す面だけでなく、罰や厳格さといった突き

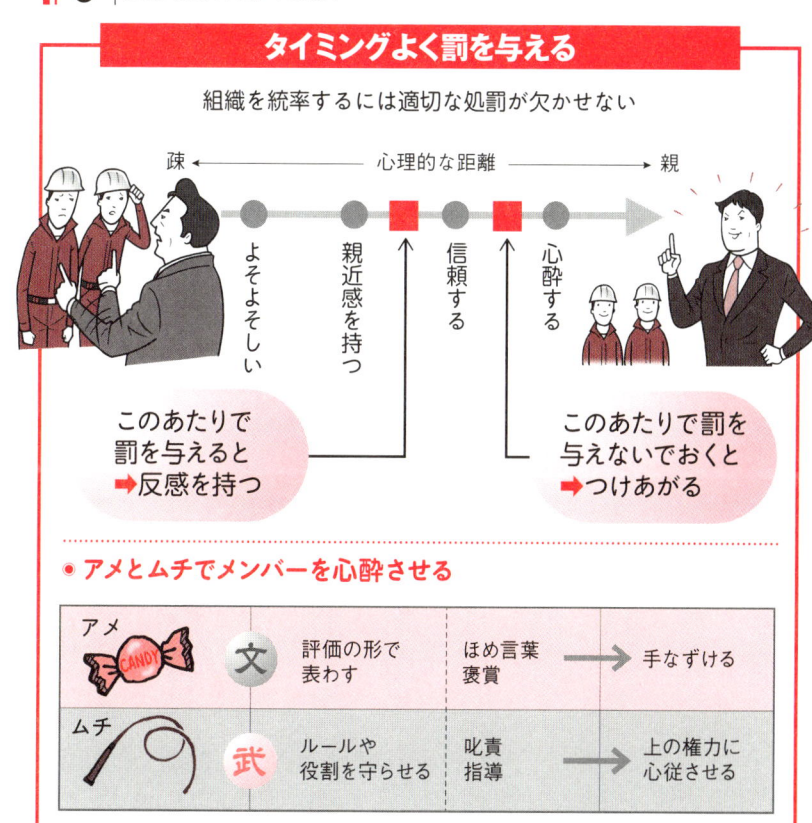

タイミングよく罰を与える

組織を統率するには適切な処罰が欠かせない

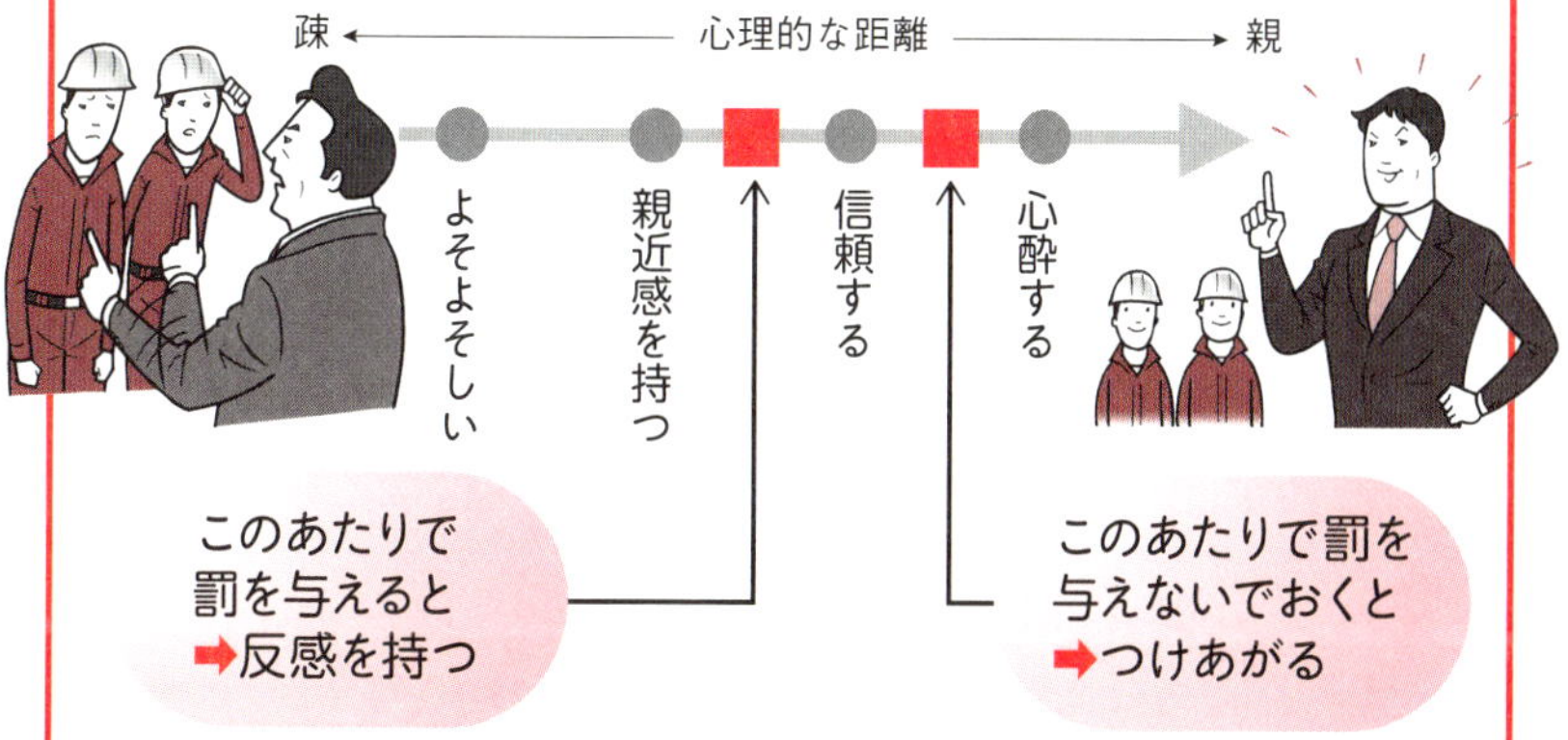
疎
心理的な距離
親
よそよそしい
親近感を持つ
信頼する
心酔する
このあたりで罰を与えると➡反感を持つ
このあたりで罰を与えないでおくと➡つけあがる

● **アメとムチでメンバーを心酔させる**

アメ CANDY	文	評価の形で表わす	ほめ言葉 褒賞	→ 手なずける
ムチ 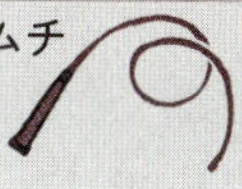	武	ルールや役割を守らせる	叱責 指導	→ 上の権力に心従させる

放す面があって、適正にコントロールできるという点だ。

▼親しみと突き放し

配下が馴れていないうちは親しみをもたらす接し方がいいが、ある程度馴れたら、突き放す接し方を交えた方が、上に立つ者としての信頼や尊敬が生まれる。

信頼と尊敬に裏打ちされた忠誠心は、今後リスクの高い作戦を打たざるを得なくなった場合（⬇P202）にも、大きな武器となる。

一方、規律面については、**日頃から賞罰のルールを守るようにしておく**と、メンバーは「ルールを守れば得になる」と考えるようになる。この意識が植えつけられていれば、どんな局面でも、上からの命令を守るようになる。

コラム　Column

孫子と騎兵

孫子は、砂塵《さじん》の形を見て、軍の編成を見破る方法を紹介しているが（➡P174）、そこには戦車隊と歩兵隊はあっても、騎兵隊の記述がない。これは、孫子の時代には、騎兵がまだ導入されていなかったためだ。

騎兵は、西域の遊牧騎馬民族が内域まで進出してくる中で中国でも導入されることとなったが、その時代は紀元前307年。孫子が生きた時代よりわずかに下る。

この年、趙《ちょう》の武霊《ぶりょう》王が、自国を長らく苦しめる遊牧民の急襲に対抗すべく、自分たちも騎馬による戦い方を覚えることにした。これが、司馬遷《しばせん》の『史記《しき》』にある「胡服騎射《こふくきしゃ》」のエピソードである。

狭い地形での隊形。5騎が横一列、前後は6列が基本になった。

第10章

地形篇

「賢将の兵法」

◉

リーダーの
とるべき道

地形篇 1

モデル化して対策を練る

夫《そ》れ地形《ちけい》は、兵《へい》の助《たす》けなり。
敵《てき》を料《はか》り勝《かち》を制《せい》し、
険易遠近《けんいえんきん》を計《はか》るは、上将《じょうしょう》の道《みち》なり。
此《こ》れを知《し》りて戦《たたか》いを用《もち》う者《もの》は、必《かなら》ず勝《か》つ。
此《こ》れを知《し》らずして戦《たたか》いを用《もち》う者《もの》は
必《かなら》ず敗《ま》ける。

文意

地形をうまく利用すれば、戦いを有利に進められる。敵情を鑑み、勝算となる要素を増やし、戦地の地形の起伏、距離の遠近を調べることが、全軍を指揮する将のすべき仕事だ。地形の特徴とその対策を知った上で戦う者は必ず勝つが、知らずに戦う者は必ず負ける。

▼局面をモデル化する

戦いの局面は常に変化するものであり、臨機応変に対処しなければならない。その対応が出たとこ勝負にならないようにするには、過去の事例をうまく使うと良い。

局面は絶えず変化するが、過去にも似た局面があるケースが少なくない。対処についても、経験的に優れているとされるものがある。

そこで、**よくある局面とその最も良い対処法をセットにして、一つのモデルとして覚えておく。**ある局面に向きあったなら、まずは**似た局面のモデルを探し、セットとなっている対処法をとれば、**効率的な上、勝利の確率があがる。

▼早く着けるか高地を取れるか

この〈地計篇〉であげられてい

るのは、拠点の地形モデルと、敗北を招く軍のモデルの二種類だ(⬇P184)。

拠点は占拠して得か、進軍や退却が容易かで、評価される。そこで地形のモデルも、自軍と敵、周囲のライバルから見て、アプローチしやすいかどうかで分けられる。

対処法としては、**敵より早く到着すること、有利な条件をとること**の二点が、基本となっている。

一方、敗北を招く軍のモデルでは、敵情の読み違えや、中間幹部の独断、現場リーダー(将軍)の無策や弱気など、将軍の采配が原因で敗北を招くケースを、六つにモデル化している。対処法は、後に述べられている(⬇P188〜191)。

「よくあること」はモデル化する

現場では何が起きているか見透しにくいが、
モデルにしてあてはめると理解しやすい。

◉ 現場の現状(多くのことがおきている)

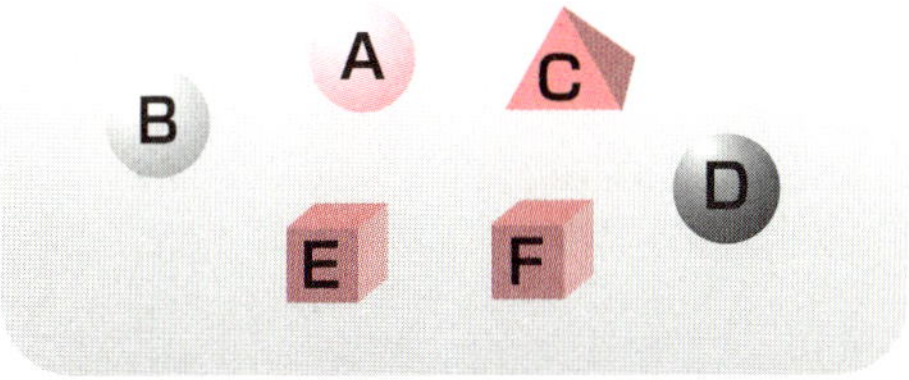

多くのことが同時に複合しておきる

↓

似ているものにあてはめ整理する

↓

◉ モデル化(よくあることの類型化)

似たもの同士をまとめる

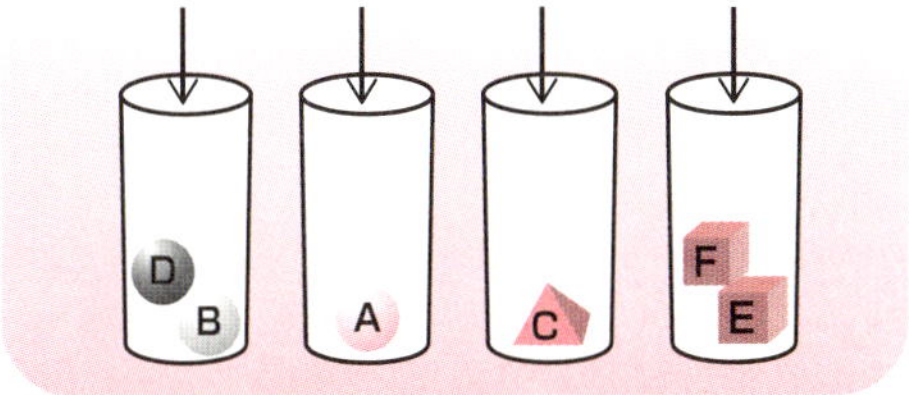

モデル
- 特徴
- 起きる条件
- リスクの度合

対策
- すべきこと
- してはいけないこと

セットで覚えると運用しやすい

もう少し詳しく

戦地の6モデル、敗軍の6モデル

戦争の勝敗は地形と軍の態勢が大きく影響する。孫子はそれぞれ6つのモデルをあげて説明している。

戦地の6つの地形

通　開けた地形

特徴
自軍も敵軍もアプローチしやすい

対策
高地を取る、補給線を確保する

挂　入り組んだ地形

特徴
進軍は楽だが退却が困難

対策
敵の守りが甘ければ進軍、固ければ進軍しない

支　分岐点

特徴
自軍も敵軍もアプローチしにくい

対策
敵をよそにおびき出してから戦う

隘　崖に挟まれた地形

特徴
崖に挟まれ動きにくい

対策
崖の上の全面に兵を配備

険　険しい地形

特徴
起伏があり険しい。視界が必要

対策
南側の高地に陣取る

遠　遠隔地

特徴
自軍からも敵軍からも遠い

対策
初めから出陣しない

敗北を招く6つの原因（対策は➡P188〜191）

走 力の差を考えないで戦う

特徴

戦力差を顧みず攻撃する

負け方

多勢の敵に負ける

弛 弱い将校の言うことを聞かない

特徴

兵が強く、将校の力が弱い

負け方

兵がだらける

陥 兵が弱く士気が上がらない

特徴

将校が強く、兵が弱い

負け方

兵の士気が下がる

崩 トップの命令を無視する

特徴

将校が独断で動く

負け方

将校が勝手に突撃し軍は自滅

乱 将軍に力がない

特徴

将軍に威厳と指導力がない

負け方

統制が混乱する

北 敵の情報を判断できない

特徴

将軍に情報力がない、精鋭部隊がいない

負け方

勝ち目なしの完敗

地形篇 2

判断に責任を持つ

戦道《せんどう》が必勝《ひっしょう》ならば、主《しゅ》が、「戦《たたか》う無《な》かれ」と曰《い》うとも、必《かなら》ず戦《たたか》うべきなり。戦道《せんどう》が不勝《ふしょう》ならば、主《しゅ》が、「必《かなら》ず戦《たたか》え」と曰《い》うとも、戦《たたか》い無《な》かるべきなり。進《すす》みて名《な》を求《もと》めず、退《しりぞ》きて罪《つみ》を避《さ》けず、唯人《ただひと》を是《こ》れ保《たも》ちて、利《り》の主《しゅ》に合《あ》うは、国《くに》の宝《たから》なり。

文意

戦地の特徴を見て、必ず勝てると判断したなら、主君が「戦うな」と命じても絶対に戦いなさい。勝てないと判断したなら、主君が「戦え」と命じても戦ってはいけない。主君の評価を気にとめずに進軍し、後の処罰を恐れずに退却し、民の命を保護しつつ、最後に主君の利益となる成果を上げる将軍こそが、国の宝である。

▼判断の食い違い

拠点の地形モデルでは、**敵より早く到着すること**、それができなくとも、有利な条件をとることが原則であり、これができているかどうかで、**その後の勝敗がほぼ決まる**。現場の実行役（将軍）は、勝つなら戦い、そうでなければ、静観か退却で対処することになる。

だがここで、トップがその判断と異なる命令をしてきた場合、実行役はどうしたらいいだろうか。

これは第三章〈謀攻篇《ぼうこう》〉（➡P72）、第八章〈九変篇《きゅうへん》〉（➡P146）でもくりかえされてきたテーマだ。孫子の結論はすべて「**無視しろ**」だ。ただしここでは、トップと現場、どちらに指揮権があるかというのとは別の話で、二つを合

「敗北するモデル」を避ける①

●敗北するモデル①

現状にそぐわない動きをする

原因　現場にいないトップの意志が優先される

↓

対策　将軍（現場の統率者）の判断を優先する

- 敵情に詳しい
- 有利不利がわかる
- 有利不利を戦略として使う知識がある
- 組織をコントロールする人望がある

●モデルを使って現状の有利不利を正確に見取る

現状 ⟷ モデル

つきあわせて
整理すれば
正確さが増す

トップの恣意をしりぞける

勝てる状況か？ → YES → 勝てる戦略はあるか？ → YES → 戦う

勝てる状況か？ → NO → 戦わない

勝てる戦略はあるか？ → NO → 戦わない

理的に見比べた場合、**実行役の判断に従った方が勝てる**（あるいは負けない）、というのが理由だ。

▼まずは結果を出せ

なぜなら、実行役はすでに戦いの前線に立っており、局面をトップより正確に把握している。局面に逆らわずうまく利用できる分、その判断はトップの命令に勝る。

もちろん、トップの命令を無視したら、実行役の立場は微妙になる。しかし、**実行役の本分《ほんぶん》は戦いに勝つこと**。トップに従うか従わないかは、勝敗の判断の前にはどうでもいい問題だ。

自分の「こうすれば勝つ」という判断に責任を持って行動し、その通りの結果を出す将軍は、宝に等しい。孫子はそう評価している。

行軍篇 3

部下の心をつかむ

卒《そつ》を視《み》るに嬰児《えいじ》の如《ごと》き故《ゆえ》に、之《これ》と深渓《しんけい》に赴《おもむ》くべし。
卒《そつ》を視《み》るに愛子《あいし》の如《ごと》き故《ゆえ》に、之《これ》と倶《とも》に死《し》すべし。
厚《あつ》くして使《つか》うこと能《あた》わず、
愛《あい》して令《れい》すること能《あた》わず、
乱《みだ》して治《おさ》むること能《あた》わざれば、
譬《たと》えば驕子《きょうし》の如《ごと》くして、用《もち》うべからざるなり。

文意

赤子を見るように世話をすれば、兵は危険な場所にも付いてくるだろう。わが子を見るように慈しめば、兵はともに死ぬことも恐れないだろう。ただし、厚遇するあまりに仕事をさせず、愛するあまりに命令せず、軍規を乱しても叱れないなら、わがままな子どものように使い物にならないだろう。

▼中間幹部が軍をかき回す

敗北を招く軍の原因は六つあるが（⬇P185）、内容的には、大きく二つに分けられる。

その一つが、軍を采配する**権限が実行役（将軍）から離れてしまった軍**だ（もう一つは⬇P190）。

采配が実行役の手から離れてしまうのは、実行役と前線のメンバー（兵）の間に立ってとりしまる人間〈吏《り》〉に、原因がある。

彼らと兵の関係が悪く、**とりしまりが弱すぎれば、兵は増長して軍の統率が緩む**。しかし、**きつすぎれば兵は萎縮《いしゅく》し、戦意を失う**。

また、彼らが感情にかられて実行役を無視した行動をし始めたとき、実行役がそれを抑えられなければ、トップダウン型の軍構造はくずれてしまう。

これを防ぐには、中間に立つ人間の権限を大幅に縮小し、**実行役が直接、兵を統治した方が良い。**

▼兵を心酔させるには

しかしその場合、実行役一人で大人数のメンバーを直接コントロールしなければならない。これには、**兵を心酔させ、自主的に従うようにさせるのが、いちばん**である。

兵の心をつかむには、手間暇を惜しまず世話し、愛情を注ぐことと同時に、役割と責任を与え、過ちには厳しく対処する。こうして**実行役に尊敬心と敬愛の心をもたせれば、**兵は将軍の意図どおりに、危険な作戦でも忠実に従い、死を恐れない理想的な軍となる。

「敗北するモデル」を避ける②

◉敗北するモデル②

統率を乱す → 原因：無能な中間管理職がいる
- メンバーと適切な関係を築けない
- リーダーを無視した独断行動をとる

↓

対策：無能者を実質的に排除する

◉関係強化策

リーダーが直接統率する
↓（そのためには）
リーダーとメンバーの関係強化が不可欠
↓
関係強化策は…（両方のバランスをとることが大事）

- ●行き届いた世話をする
- ●慈しむ

→ 信頼を持たせる

- ●役割に責任を持たせる
- ●ルールを遵守させる
- ●誤ちを厳しく処罰する

→ 尊敬心を持たせる

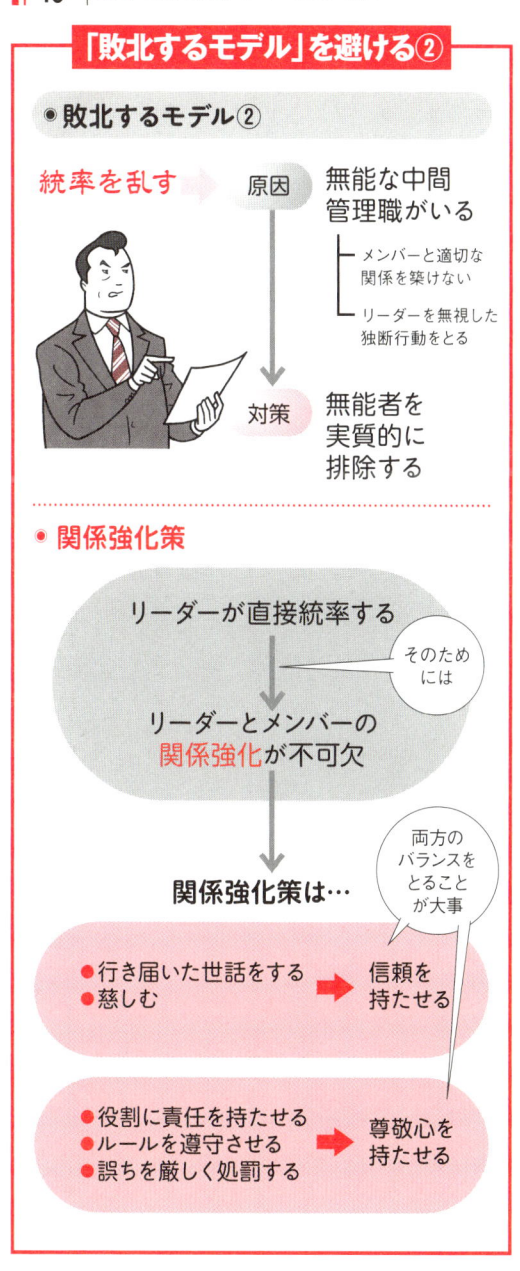

行軍篇 4

勝てる状況かどうかを判断する

吾《わ》が卒《そつ》の以《もっ》て撃《う》つべきを知《し》るも、
敵《てき》の撃《う》つべからざるを知《し》らざれば、
勝《か》ちの半《なか》ばなり。
敵《てき》の撃《う》つべきを知《し》り、吾《わ》が卒《そつ》の以《もっ》て撃《う》つべきを知《し》るも、地形《ちけい》の以《もっ》て戦《たたか》うべからざるを知《し》らざれば、勝《か》ちの半《なか》ばなり。

文意

自軍の兵士に敵を撃破する力がついたとわかっても、敵が撃破するには手強い状態かどうかわからないなら、「勝つにはまだ不十分だ」と判断しなさい。敵が撃破可能な状態になったとわかり、自軍の兵士が敵を撃破できるとわかったとしても、戦地が戦える状態かどうかわからないなら、やはり「勝つにはまだ不十分だ」と判断しなさい。

▼判断力に欠ける将軍の場合

敗北を招く軍のモデルのもう一つのケースは、軍を率いるリーダー（将軍）に能力がない、特に**判断力がない**というものだ。

現場のリーダーが自分の情報収集力、分析力、判断力を駆使して、局面を正しく読み、勝利のきっかけを作って、勝つ——というのが、この『兵法』の基本的な流れである。そのかなめの一つである判断力が欠けていたら、軍はほぼ確実に敗北する。

しかし一方で、実際に現場で軍を率いる将軍の中には、トップの命令に従うだけで**自分が判断する経験がなかった**者もいるだろうし、もっぱら勘に頼り、**合理的な判断を下す習慣のなかった**者もいる。

そんな彼らに、どうすれば合理的判断を下す力をもたせられるか。

▼YESかNOかでシンプルに判断

この場合の対策は、判断する対象を、次の三つに絞り込むことだ。

①自軍の兵に、敵を撃破できるだけの**戦力と士気があるか**

②敵に、**つけいる隙があるか**

③戦地では、**有利な条件を確保できているか**

三つに絞れば情報を集めやすく、分析もラクになるだろう。あとは、シンプルにYESかNOかで考え、**YESが三つそろえば「勝利」、それ以外なら「勝つにはまだ不十分だ」**と判断する。

これなら、どんな者でも判断できるはずである。

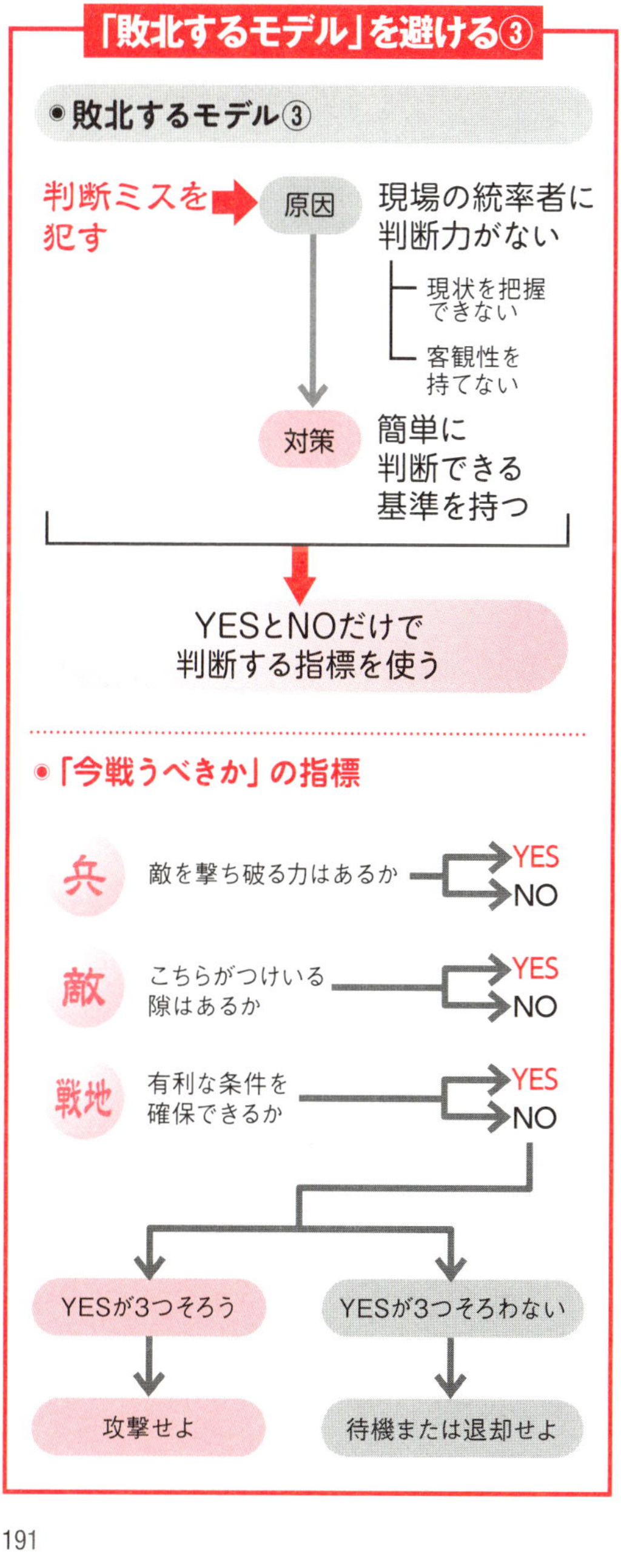
「敗北するモデル」を避ける③
敗北するモデル③
判断ミスを犯す
原因
現場の統率者に判断力がない
現状を把握できない
客観性を持てない
対策
簡単に判断できる基準を持つ
YESとNOだけで判断する指標を使う
「今戦うべきか」の指標
兵
敵を撃ち破る力はあるか
YES
NO
敵
こちらがつけいる隙はあるか
YES
NO
戦地
有利な条件を確保できるか
YES
NO
YESが3つそろう
YESが3つそろわない
攻撃せよ
待機または退却せよ

コラム　Column

孔明と仲達、そして孫子

中国三国時代に活躍した蜀《しょく》の諸葛亮《しょかつりょう》(孔明《こうめい》）と魏《ぎ》の司馬懿《しばい》（仲《ちゅう》達《たつ》）は、知略を駆使した戦いを交わした間柄だが、孔明が「八《はち》陣《じん》を推すに孫呉《そんご》に在らず」と賞され既存の兵法の枠を超えていたのに対し、仲達は孫子の兵法を忠実に守るタイプだった。

両者が五丈原《ごじょうげん》で対峙した際、孔明の挑発に対し、仲達はまったく応じなかった。しかしその一方で、魏にいる主君に対してたびたび合戦許可を求める手紙を出していた。

仲達のこの行動について、孔明は、「あれは、将軍としての威容を兵に見せるための演技であって、仲達はもともと戦う気などない」と分析してみせた上で、こう述べたという。

「将軍が軍中にいるときは君命でも受けつけないものだ（➡P146)。この孔明を打ち負かせると仲達が思っているなら、わざわざ遠い魏に、合戦の許可を求めたりするものか」

『正史三国志（蜀史：諸葛亮伝)』に載るエピソードである。

諸葛亮（孔明）

司馬懿《い》（仲達）

第11章

九地篇

「逆転の兵法」

◉

絶体絶命を覆す

九地篇 1

リスクを取って挑戦する

散地《さんち》は則《すなわ》ち戦《たたか》うこと無《な》く、
軽地《けいち》は則《すなわ》ち止《とど》まること無《な》く、
争地《そうち》は則《すなわ》ち攻《せ》むること無《な》く、
交地《こうち》は則《すなわ》ち絶《た》つこと無《な》く、
衢地《くち》は則《すなわ》ち交《まじわり》を合《あ》わせ、
重地《じゅうち》は則《すなわ》ち掠《かす》め、圮地《ひち》は則《すなわ》ち行《い》き、
囲地《いち》は則《すなわ》ち謀《はかり》、死地《しち》は則《すなわ》ち戦《たたか》う。

文意

散地で戦ってはならず、軽地に留まってはならず、争地の敵を攻めてはならず、交地で隊列を分断させてはならない。衢地の敵には諸侯と同盟してあたり、重地では掠奪をし、圮地はすばやく通過し、囲地では計略中心に対処し、死地では決戦を覚悟しなさい。

（九つの「地」の詳細は⬇P196）

▼決戦の地をモデル化

戦いは、原則として、**「敗北だけはしない」**という最低ラインをおさえながら、進めていく。しかし戦況によっては、敗北の可能性があるような**リスクの高い戦いにあえて挑む**ケースも出てくる。第10章〈九地篇〉では、そのような際にとるべき対処法が述べられている。

ここでも、前章と同じように、モデルを作り、実際とあてはめる作業を行うことになる。

こちらのモデルは、どういう状況ではどんなリスクがあるか、**最低限とるべき行動（あるいは、とってはならない行動）は何か**が、組み合わされている。これを参照すれば、高いリスクの中でも、より安全な作戦を行えるようになる。

▼誰の勢力圏か

リスクの状況は、**どこを決戦の地にするか**で異なる。孫子はこれを9モデルに分けている。

このモデルは、**誰の勢力圏に属しているか**で分けられている。

決戦地が誰の勢力圏にあるのか、それとも誰の勢力下にもない空白地帯なのかによって、想定されるリスクは違ってくる。

たとえば、敵の勢力圏では軍が孤立するというリスクがあり、第三者の勢力圏に近ければ戦いに介入されるリスクがある。自分の勢力圏内でさえ、兵が脱走して逃げ帰ってしまうというリスクがある。

そういった**リスクをあらかじめ知って対策を打っておけば**、その後の戦いがラクになる（決戦地のリスクと対策の詳細は➡P196）。

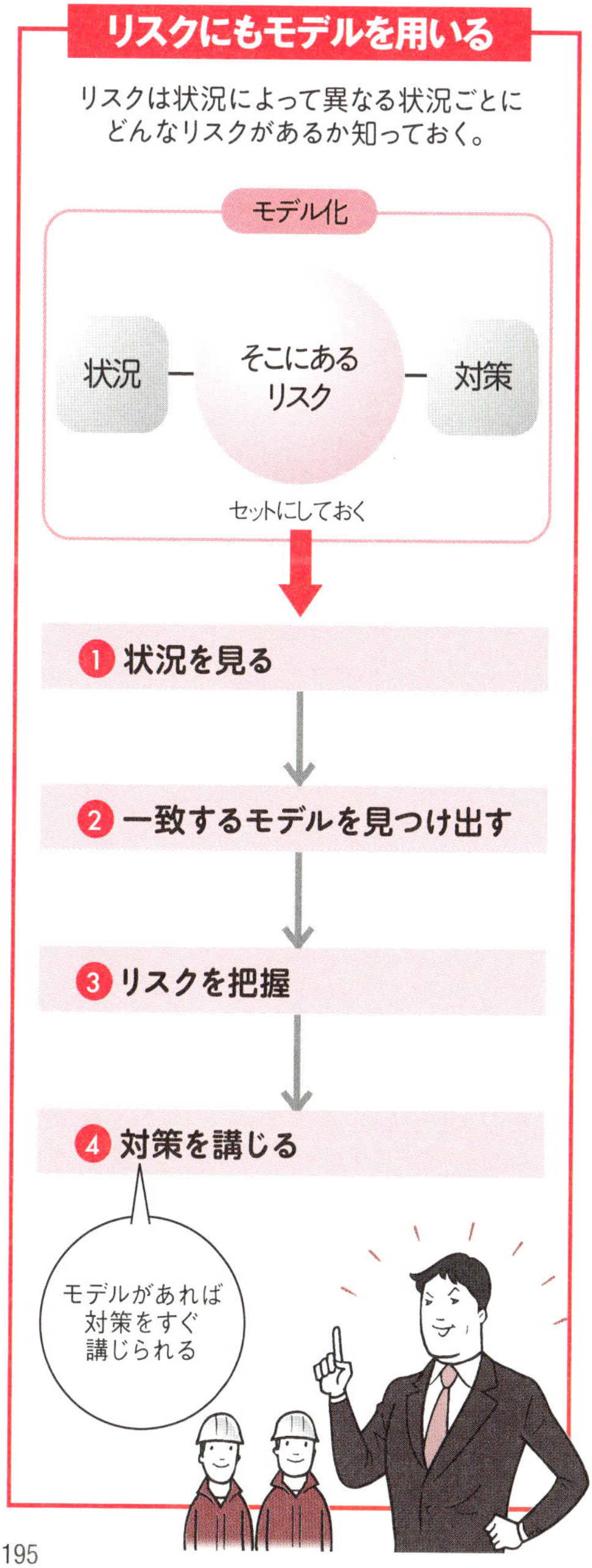
リスクにもモデルを用いる
リスクは状況によって異なる状況ごとに
どんなリスクがあるか知っておく。
モデル化
状況
そこにある
リスク
対策
セットにしておく
1 状況を見る
2 一致するモデルを見つけ出す
3 リスクを把握
4 対策を講じる
モデルがあれば
対策をすぐ
講じられる

もう少し詳しく

リスクで分けた軍事拠点の9モデル

孫子は決戦の地となる軍事拠点を9つあげているが、これを整理して図に置くとその特徴と取るべき戦略の意味が見えてくる。

領有権に伴うリスク

自国より遠いほど高いリスク

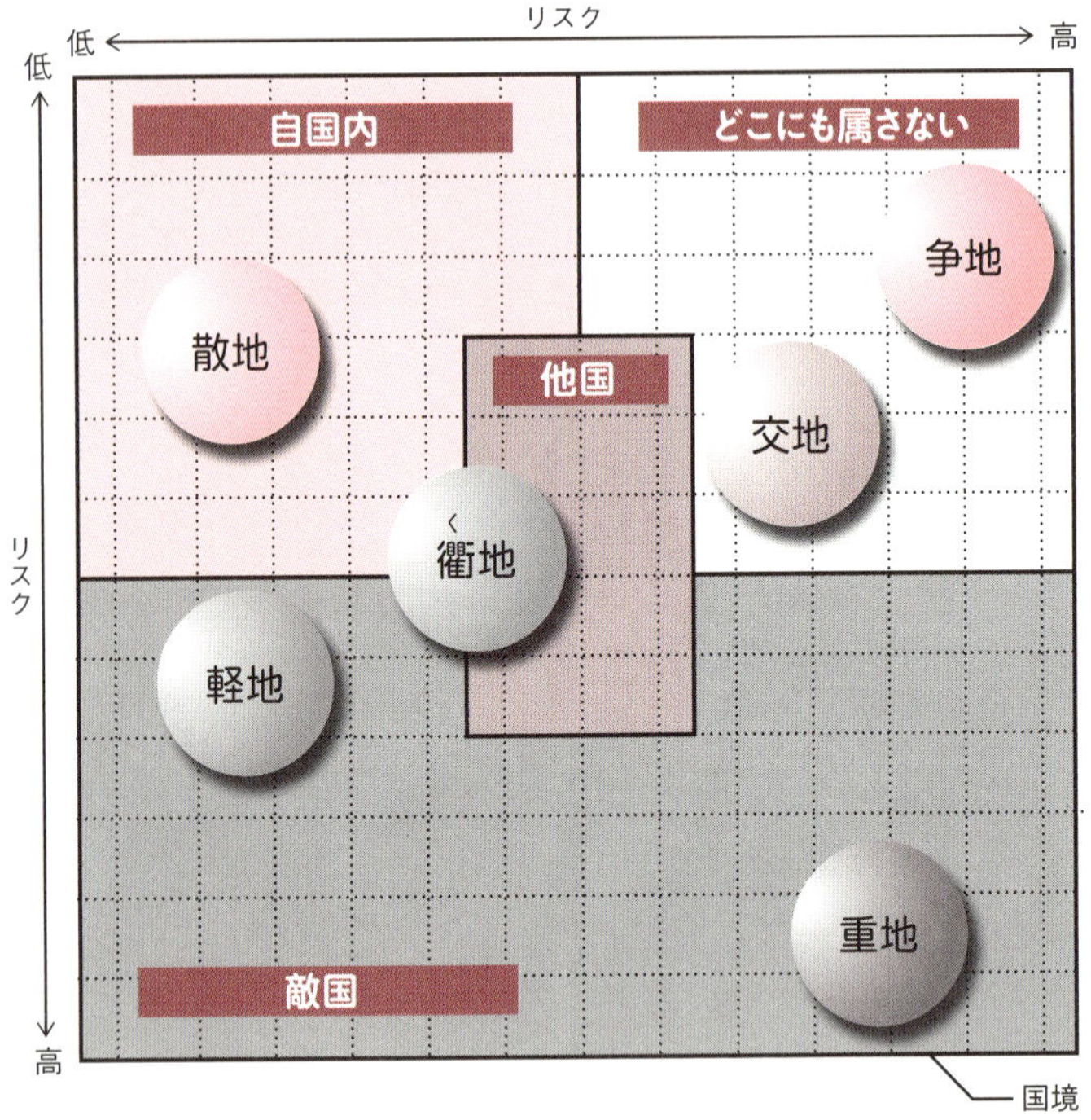

リスク
低
高
低
リスク
高
自国内
どこにも属さない
争地
散地
他国
交地
衢《く》地
軽地
重地
敵国
国境

戦略の融通性が引き起こすリスク

拠点の状況によって取れる戦略の選択肢が変わる

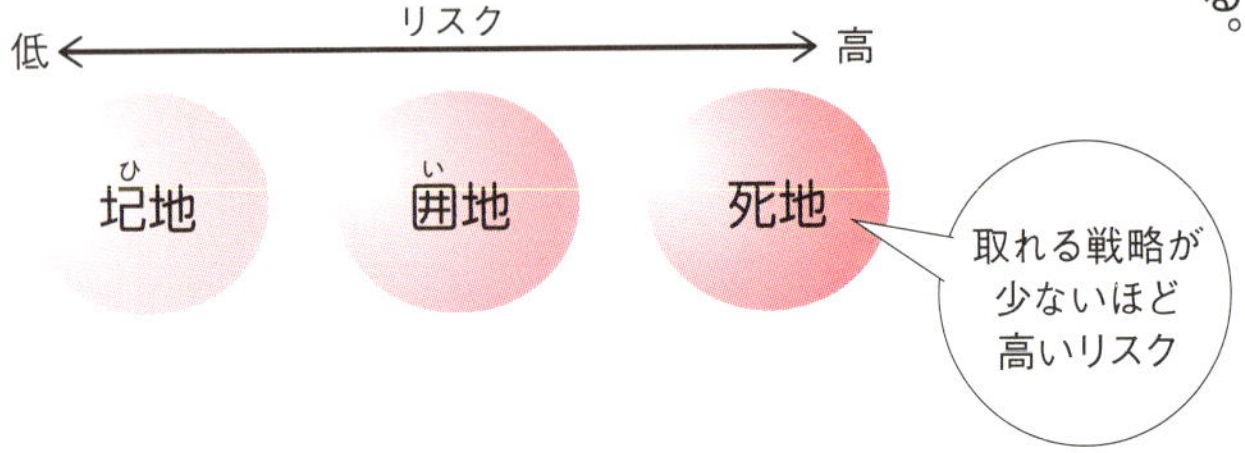

リスク
低
高
圮《ひ》地
囲《い》地
死地
取れる戦略が少ないほど高いリスク

軍事拠点（決戦の地）の特徴と戦略

常に拠点の位置と状況を把握しておくことが重要

	特徴	取るべき戦略
散地	自国内	戦わない
軽地	敵国内だが国境に近い	長く留まらない
争地	先に占拠した者の拠点にできる	後着なら攻撃しない
交地	敵味方も自由に往来できる	隊列を分断しない
衢《く》地	別の諸侯とも国境を接している	その諸侯と同盟する
重地	敵国内で国境から遠い／敵の居住区に近い	周辺地域で掠奪を行う
圮《ひ》地	地場が悪く行軍しにくい	すばやく通過
囲《い》地	進軍ルートが狭く退却ルートが曲がりくねって遠い	謀略戦の対策を打つ
死地	急襲できなければ全滅	戦って活路を見つける

九地篇 2

敵の結束を断つ

所謂《いわゆる》古《いにしえ》の善《よ》く兵《へい》を用《もち》いる者《もの》は、
能《よ》く敵人《てきじん》をして前後《ぜんご》相及《あいおよ》ばず、
衆寡《しゅうか》相恃《あいたの》まず、貴賤《きせん》相救《あいすく》わず、
上下《じょうげ》相収《あいおさ》めず。
卒《そつ》は離《はな》れて集《あつ》めず、
兵《へい》は合《あ》わせて斉《ととの》えず。

文意

昔から戦い上手と称される人は、敵軍の前衛と後衛が連携できないようにし、大隊と小隊が援護しあえないようにし、貴族と庶民が救援しあえないようにし、上官と部下の心が一つにならないようにした。また、兵同士を離して集結できないようにし、もし集結しても隊列が整わないようにしたものだ。

▼前提条件を保つ

リスクの高い戦いに挑む際も、事前にすることは、他の戦いと変わらない。情勢を分析して敵の戦力などを見極め、**こちらに有利な条件をそろえてから戦う**（➡P86）。

ただし、リスクの高い戦いの場合は、「有利な条件は少ない」という状況で戦うことになる。作戦を立てた時点の前提条件が少しでも変わると、敗北の確率が著しく高まる。このため、事前の設定が動かないように、**条件を護るための対策が必要**となる。

中でも恐れなければならないのは、敵に援軍がきて、想定していた以上の戦力になることだ。ギリギリの条件で戦いに挑むときに、新たに敵の援軍がやってきたら、敗北は免れない。

▼援軍封じの策

これを避けるには、**敵内部の結束をくずし、互いに助けあわない環境を作り上げる**ことだ。連携を絶つだけでもいいが、心理的に反目させれば、さらに効果が上がる。

敵の連携を絶てば、援軍をしりぞけるだけでなく、敵に次のようなダメージを与えることができる。

一つは、情報が共有できなくなり、**情報分析が正確さを欠く**。もう一つは、後方支援に不備が出て、**戦力の維持が難しくなる**。また前線の軍内部の連携を絶てば、敵は〈勢《せい》〉（＝全員が勢いづいた状態➡P96）になれず、勝利のきっかけをつかみにくくなる。

リスクを除く ① 敵の援軍

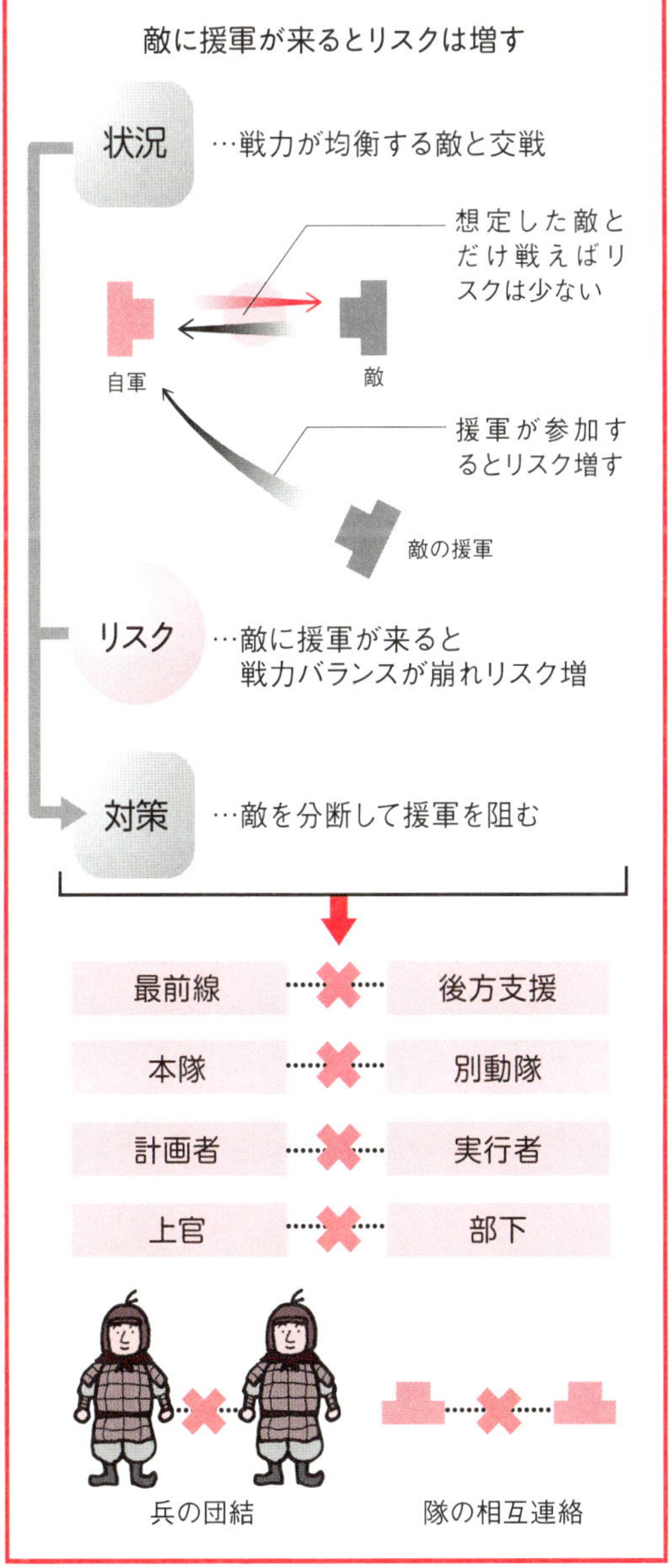
敵に援軍が来るとリスクは増す
状況
…戦力が均衡する敵と交戦
想定した敵とだけ戦えばリスクは少ない
自軍
敵
援軍が参加するとリスク増す
敵の援軍
リスク
…敵に援軍が来ると戦力バランスが崩れリスク増
対策
…敵を分断して援軍を阻む
最前線
後方支援
本隊
別動隊
計画者
実行者
上官
部下
兵の団結
隊の相互連絡

九地篇 3

交渉材料を確保する

敢《あ》えて問《と》う、敵《てき》、衆《しゅう》を整《ととの》えて将《まさ》に来《き》たらんとす、之《これ》を待《ま》つこと若何《いかん》。曰《いわ》く、先《ま》ず其《そ》の愛《あい》する所《ところ》を奪《うば》わば、則《すなわ》ち聴《き》かん。

文意

質問、敵が隊列も整然と進軍してきたら、どう対応したらいいのか。答え、真っ先に、敵にとっての重要拠点を奪ってしまいなさい。そうすれば、敵はこちらの思い通りになるだろう。

▼大事なものを奪う

リスクの高い戦いでは、こちらに有利な条件が少ない。このため、いかにして**〈虚実《きょじつ》〉の戦い（＝敵の隙や不備を突くことで勝利を得る⬇第6章）に持ちこむ**かが、重要になる。

しかし、もし敵の勢力圏内にいて退却できないという状況下で、まったく隙のなさそうな敵と交戦しなければならない事態になったら、どうしたらいいのか。これは、こちらが隙や不備のある〈虚〉の状態、敵が万全な〈実〉の状態にあるという、**最悪の事態**である。

この場合、敵を〈虚〉の状態に変えさせてしまうような「逆転の切り札」を、あらかじめ入手しておくことだ。具体的には、**敵が「絶対に失いたくない」と思っているもの**を、交戦前に奪っておく。

たとえば、司令機能がある敵の本拠地、後方支援に欠かせない補

リスクを除く　②万全の敵に対する

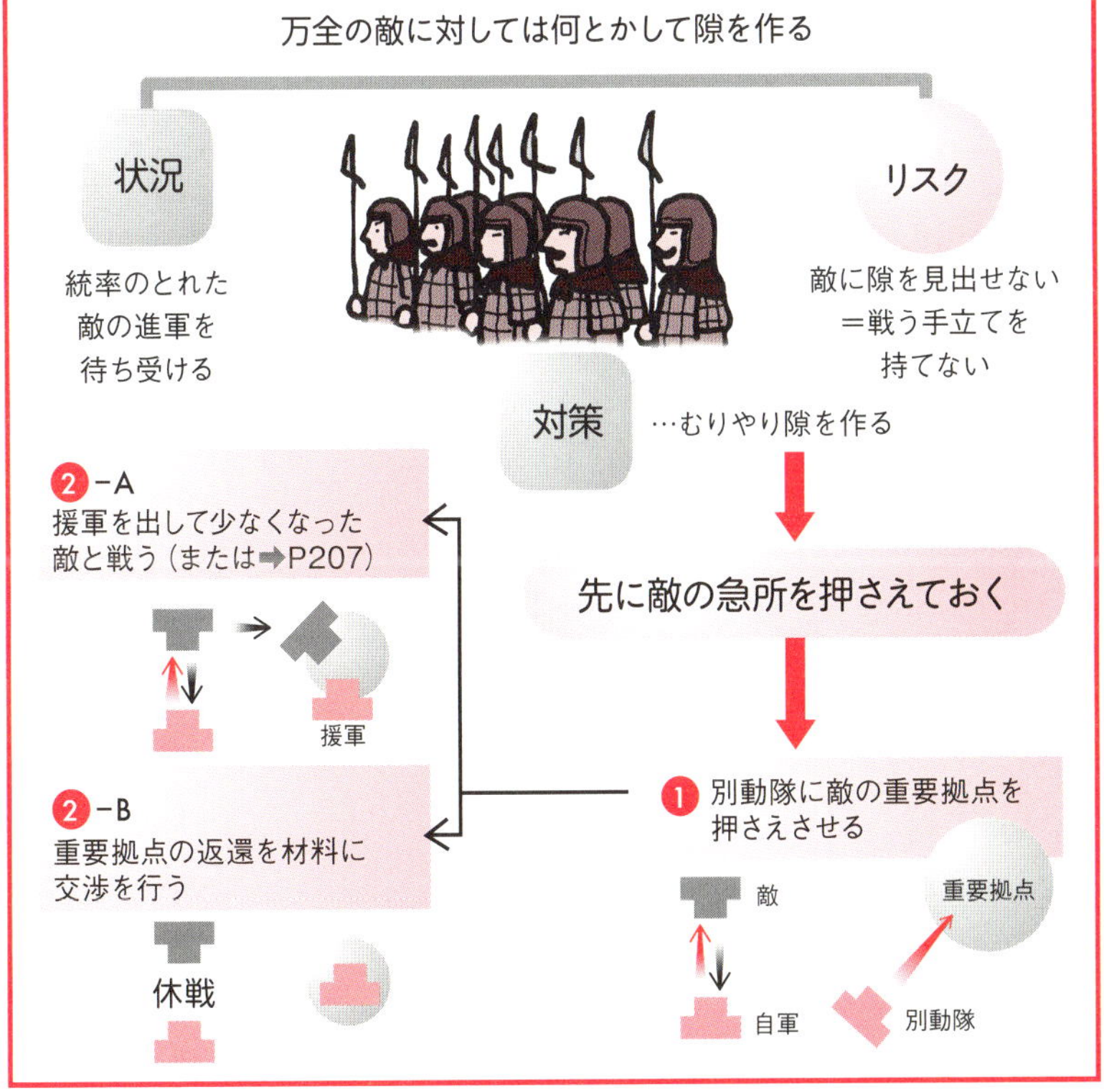
万全の敵に対しては何とかして隙を作る
状況
統率のとれた
敵の進軍を
待ち受ける
リスク
敵に隙を見出せない
＝戦う手立てを
持てない
対策
…むりやり隙を作る
先に敵の急所を押さえておく
1 別動隊に敵の重要拠点を
押さえさせる
敵
重要拠点
自軍
別動隊
2−A
援軍を出して少なくなった
敵と戦う（または➡P207）
援軍
2−B
重要拠点の返還を材料に
交渉を行う
休戦

給基地や産業基盤、防衛の要となる拠点などを奪われたら、敵は急いで援軍を向かわせるだろう。

その分、こちらと交戦する部隊の戦力は、減ることになる。

▼交渉で時間稼ぎ

もし敵が援軍が送らないとしても、奪ったものをめぐって、**交渉をおこすことができる。**

敵にとっては、このまま攻めてこちらの軍を全滅させても、利益を得るわけでない。一方、**重要拠点を失うのは明らかな損失だ。**敵将が合理的判断を下すなら、とりあえずでも交渉には応じるだろう。

これで時間稼ぎをしている間に、こちらは、援軍を得る、退路を見つけるなどの策を打って、〈虚〉の状態から脱すればいいのである。

九地篇 4

逃げるという選択肢を奪う

之《これ》を往《い》く所《ところ》なきに投《とう》ずれば、
死《し》すとも且《はた》北《に》げず。
死《し》、為《いずく》んぞ、
士《し》人《じん》の力《ちから》を尽《つ》くすを得《え》ざらん。
兵《へい》士《し》甚《はなはだ》しく陥《おち》いれば、
則《すなわ》ち懼《おそ》れず。

文意

兵を逃げ場のない場所に追いこめば、死を前にしても、敗走することはない。戦うか死ぬかという事態になれば、どんな者でも、力の限りに戦うようになる。あまりに危険な事態に陥ったとき、兵はもはや恐れないものだ。

▼選択肢の問題

リスクの高い戦いで最も難しいのは、実は、**自軍のメンバーへの対策**である。リスクを背負うのを嫌がり、戦いから逃げ出す者が増えるからだ。

ここで着目したいのは、リスクが高い決戦地よりも、リスクの低い決戦地の方が、逃げ出すメンバーの数が多い点だ（⬇P204）。

これはメンバーが、「リスクが高いか低いか」で行動をおこすのではなく、**「逃げ場があるかないか」**で行動していることを表す。つまり、**「逃げる」という選択肢があるから、逃げている**のだ。

▼火事場の馬鹿力を使え

ここでメンバーを、他に選択肢のない状態に置くと、どうなるか。

リスクを除く　③戦力の脱走

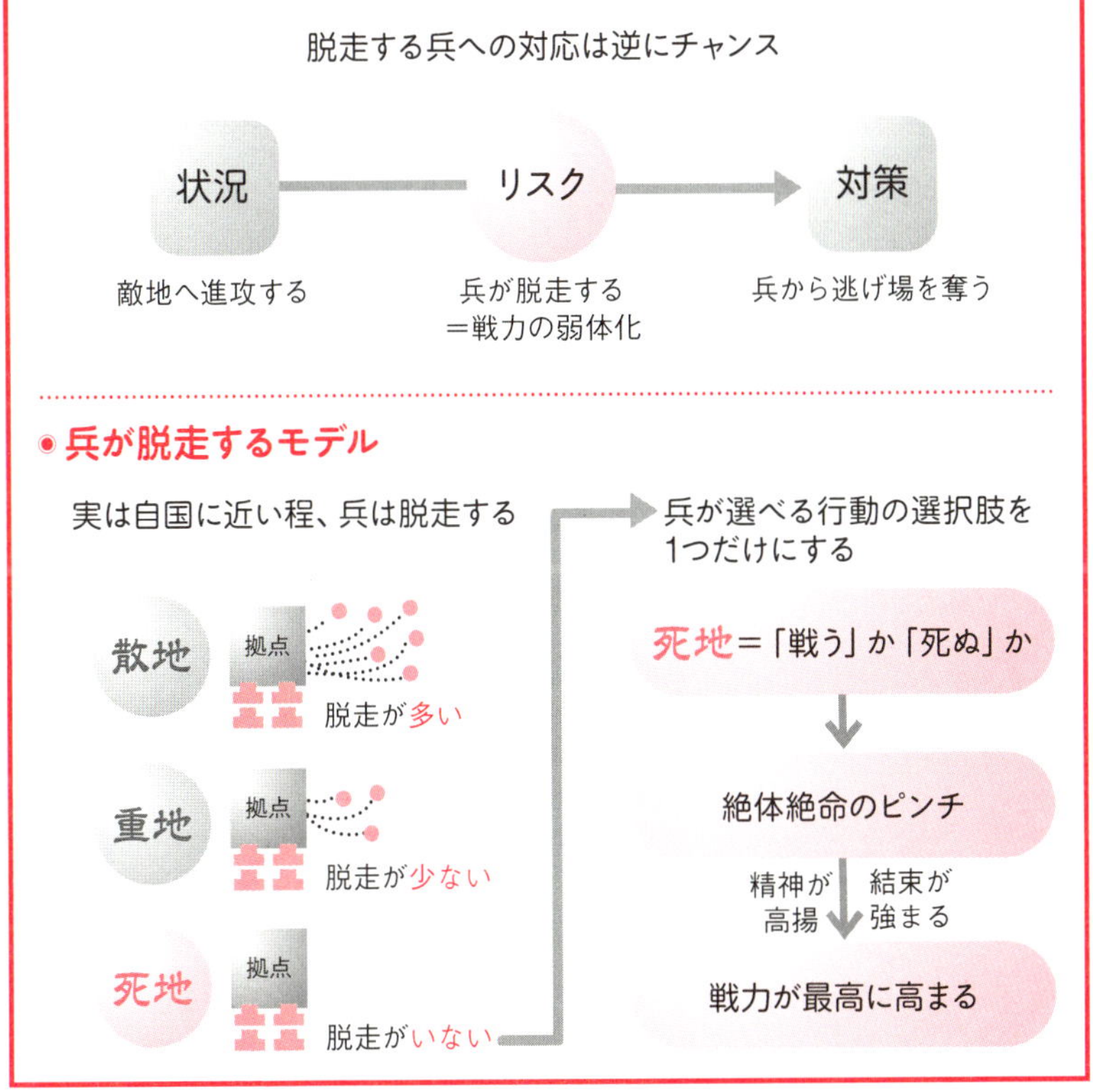
脱走する兵への対応は逆にチャンス
状況
リスク
対策
敵地へ進攻する
兵が脱走する
＝戦力の弱体化
兵から逃げ場を奪う
兵が脱走するモデル
実は自国に近い程、兵は脱走する
散地
拠点
脱走が多い
重地
拠点
脱走が少ない
死地
拠点
脱走がいない
兵が選べる行動の選択肢を
1つだけにする
死地＝「戦う」か「死ぬ」か
絶体絶命のピンチ
精神が
高揚
結束が
強まる
戦力が最高に高まる

メンバーは、「目の前のリスクに対抗する」という選択肢を、自ら選ばざるを得なくなる。人には自ら選んだ行動を変えたくない心理が働くので、その後は、他のリスクにも立ち向かうようになる。

逃げ場がない状態は、メンバーの精神状態にも影響を及ぼす。**あまりに危険な立場に陥った時、人は恐れを感じなくなる。**心理学でいえば、心の防衛反応で脳内麻薬が分泌された状態で、これが通常では出せない力を生み出す。いわゆる「火事場の馬鹿力」だ。

さらに、**絶体絶命の窮地に立つと、日頃はどんなに仲が悪くても、強く結束しあう。**この状態の軍は、指示がなくとも統率が乱れず、勇敢に戦うようになる。

もう少し詳しく

兵の統率法は軍事拠点のモデルごとに変える

軍隊をまとめるポイントに脱走兵の扱いがある。軍事拠点のリスクによって兵の精神状況が変わることを利用すると良い。

軍事拠点と脱走兵の相関関係

脱走兵の多いのは自国近辺という点に注目

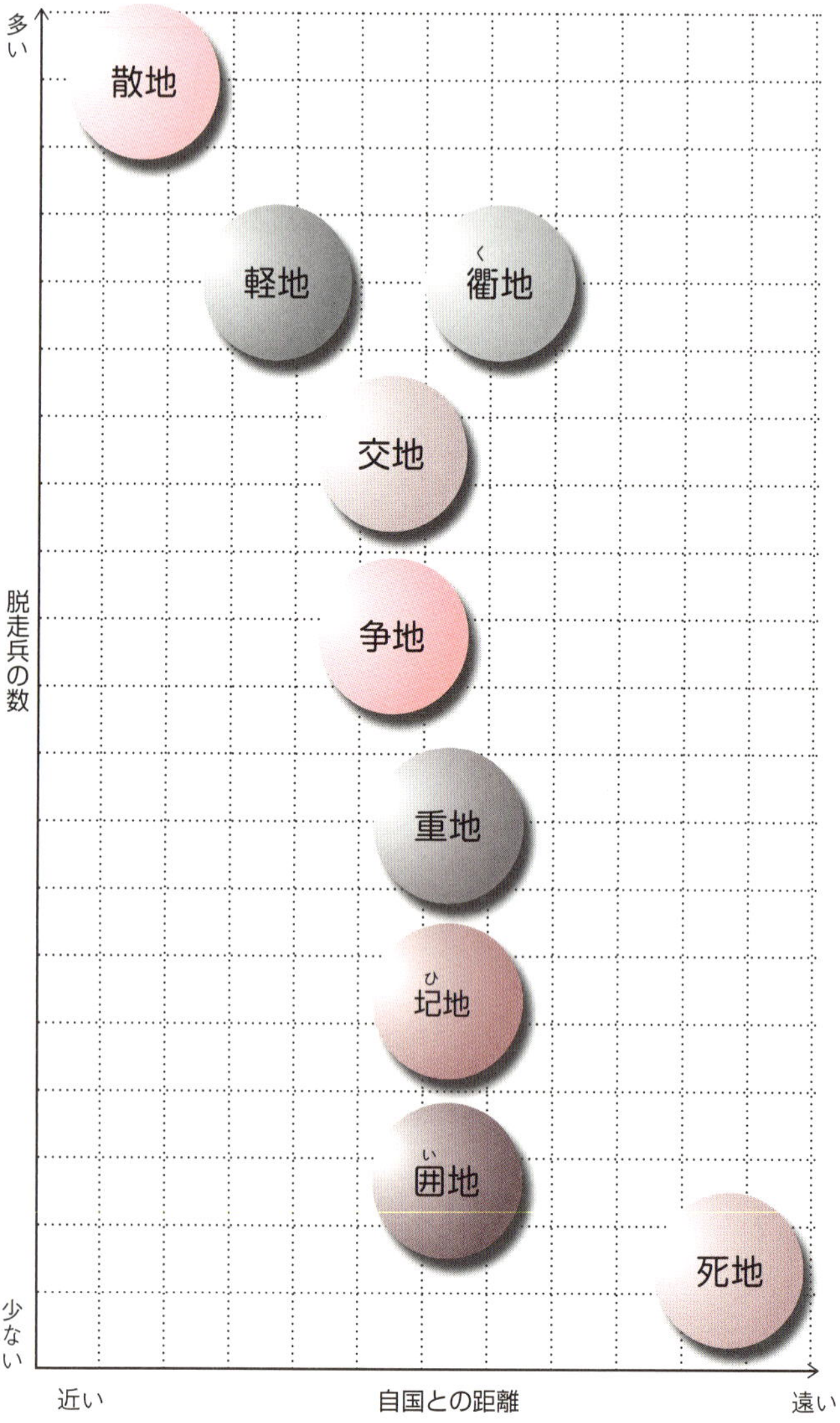
多い
脱走兵の数
少ない
散地
軽地
衢《く》地
交地
争地
重地
圮《ひ》地
囲《い》地
死地
近い
自国との距離
遠い

軍事拠点における兵の統率法

リーダーは常に周囲の状況と兵の士気に気を配ることが必要

	兵の統率法のポイント
散地	兵の心を一つにまとめる
軽地	隊が将軍から離れないようにする
争地	後発部隊を急がせ、一緒に到着するようにする
交地	守備に注意を払う
衢《く》地	同盟する諸侯の軍との結束を固める
重地	略奪で軍に必要な食料を確保する
圮《ひ》地	速やかに通過させる
囲《い》地	自ら逃げ道を封じ、排水の陣にする
死地	「戦わねば死ぬのだ」と兵に自覚させる

九地篇

5

情報を統制する

能《よ》く士卒《しそつ》の耳目《じもく》を愚《ぐ》にして、
之《これ》をして知《し》ること無《な》からしむ。
其《そ》の事《じ》を易《か》え、其《そ》の謀《ぼう》を革《あらた》めて、
人《ひと》をして識《し》らしむこと無《な》からしむ。
其《そ》の居《きょ》を易《か》え、其《そ》の途《みち》を迂《う》にして、
人《ひと》をして慮《おもんぱか》ること得《え》ざらしむ。

文意

将軍は、配下に目くらましをかけ、作戦の真意を知られないようにしなさい。攻略目標を次々と取り替え、新たな計画をどんどん出すようにすれば、兵たちは、自分がこれから危険な作戦に投入されるのだと気づかない。宿営地を転々と動かし、遠回りのルートをとるようにすれば、兵たちは、自分たちがどこへ連れて行かれるのか類推できない。

▼関係する情報だけ教える

孫子の『兵法』は、情報の共有を原則としている。ただしそれは、**トップと現場の実行役（将軍）の間など、上層部内に限られている。**

戦いでは時として、犠牲を伴う作戦を取らざるを得ないが、事前に下部メンバーに知られると、**動揺がおきて作戦遂行が危うくなる。**

一方で、情報を何もかも隠すと、メンバーは実行役に**不信感を抱き、やはり作戦を動かせなくなる。**

これを防ぐには、情報を公開する部分と隠す部分に分けることだ。

▼情報のカモフラージュ

作戦のなかでも、メンバーが関与する行動の情報については、積極的に知らせるようにする。

軍は役割分担されている（➡P

92）ので、各自が関わる部分だけ、それも**「どういう目的で何を行うか」という点だけに情報を限れば、**メンバーは作戦の全体像を見通せない。一方で、メンバーには自分の動きに関する情報は与えられており、不満を感じることはない。

そのうえで、実行プロセスに目くらましをかけて作戦を動かせば、作戦の最終目標がリスクの高いものであっても、悟られることなく、メンバーを誘導していける。

また、実行役が情報をコントロールすれば、敵や周囲のライバルに、**作戦の意図を知られるリスクも減る**。もちろん、情報を仕分けるもととなる作戦会議は、厳重なセキュリティのもとで行う。

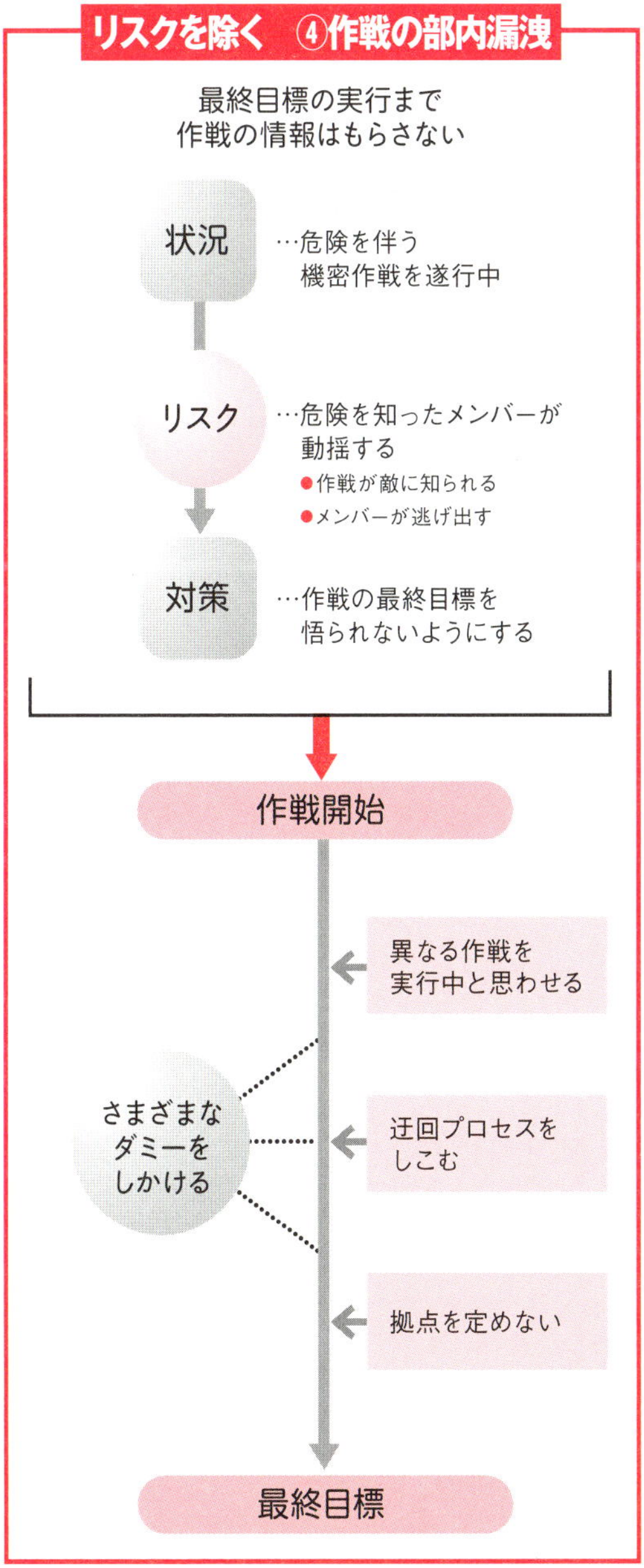
リスクを除く　④作戦の部内漏洩
最終目標の実行まで
作戦の情報はもらさない
状況
…危険を伴う
機密作戦を遂行中
リスク
…危険を知ったメンバーが
動揺する
●作戦が敵に知られる
●メンバーが逃げ出す
対策
…作戦の最終目標を
悟られないようにする
作戦開始
異なる作戦を
実行中と思わせる
さまざまな
ダミーを
しかける
迂回プロセスを
しこむ
拠点を定めない
最終目標

九地篇 6

二面作戦を仕掛ける

敵人開闔《てきじんかいこう》すれば、必《かなら》ず亟《すみ》やかに之《これ》に入《はい》り、
其《そ》の愛《あい》する所《ところ》に先《さき》んじ、微《ひそ》かに之《これ》と期《き》し、
剗墨《せんもく》して敵《てき》に随《したが》いて、以《もっ》て戦事《せんじ》を決《けっ》す。
始《はじ》めは処女《しょじょ》の如《ごと》くにして、敵人《てきじん》は戸《と》を開《あ》け、
後《あと》は脱兎《だっと》の如《ごと》くにして、
敵人《てきじん》は拒《ふせ》ぐに及《およ》ばず。

文意

敵の防衛ラインに穴が開いたなら、先遣隊がすぐさま入り込んで、敵の重要拠点をまず占拠しなさい。その部隊と本隊とが密かに合流期日を決めておいた上で、本隊は敵が援軍に駆けつけるのを秘かに追いかけ、背後から挟み撃ちを仕掛けなさい。始めは処女のようにおとなしくして敵を油断させ、その後は兎のように敏捷に行動すれば、敵は防ごうにも防げない。

▼敵の虚を突く二面作戦

リスクの高い戦いの代表ケースは敵の勢力圏に進攻して戦う場合だ。その作戦モデルは、「敵の重要拠点を先に奪う（⬇P200）」、「実行プロセスに目くらましをかける（⬇P206）」の応用したものとなっている。

基本は、拠点を奪取する先遣《せんけん》隊と、後から進攻する本隊との二面作戦になっている。

まず先遣隊は、**敵の防衛ラインの穴をついて侵入し、敵の重要拠点を占拠する。**

これを知った敵が援軍を動かしたら、やはり防衛ラインの穴から入り込んだ本隊が、気づかれないようにその動きを追跡する。

そして、敵軍がこちらの先遣隊

敵地侵略の基本モデル

❶ 別動隊が敵の守備の破れに乗じて侵入、重要拠点を占拠する

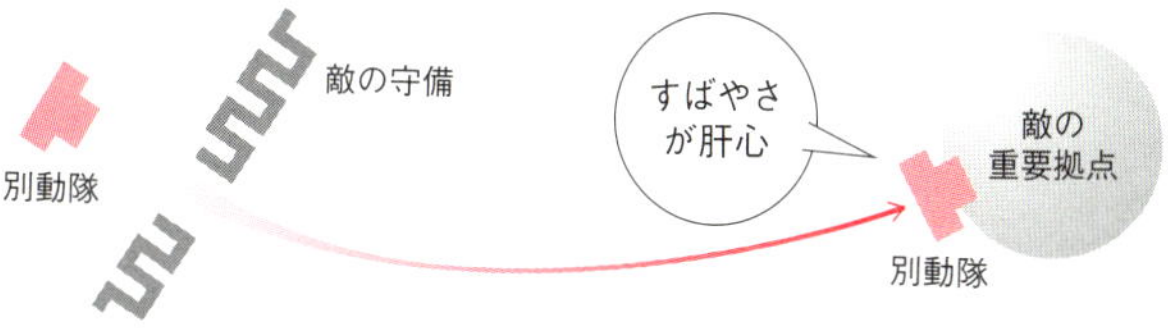
敵の守備
別動隊
すばやさが肝心
敵の重要拠点
別動隊

❷ 敵が援軍に向かう背後を、本隊が秘かに追う

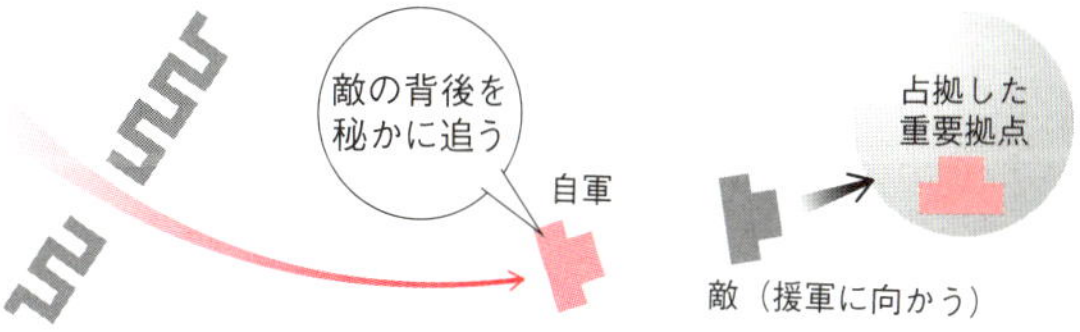
敵の背後を秘かに追う
自軍
占拠した重要拠点
敵（援軍に向かう）

❸ 別動隊が敵軍に応戦するのをきっかけに本隊が一気に背後から挟み撃ち

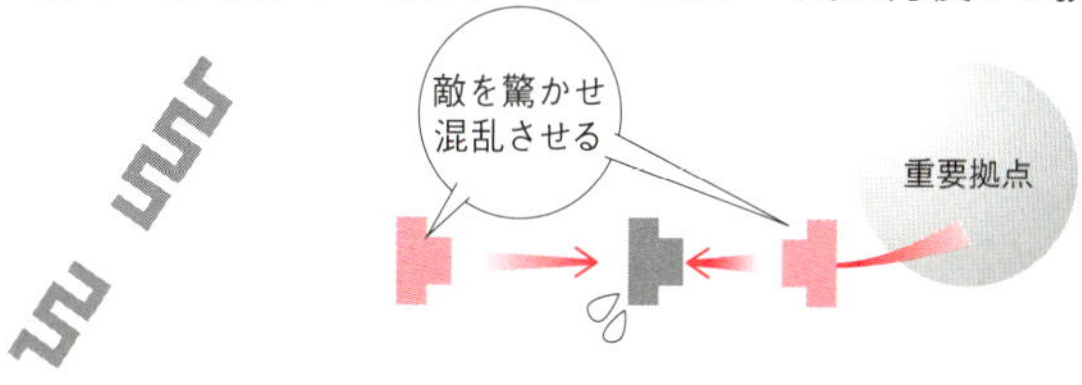
敵を驚かせ混乱させる
重要拠点

のいる拠点に到着したところで、**拠点にいる先遣隊、後ろをつけてきた本隊とで、挟み撃ちにする。**

この作戦は、敵に意図を察知されない慎重さと、一気に拠点や敵軍を圧するすばやさが必要になる。

▼初めは無害に見せかける

この作戦は、前提として、敵の防衛ラインを、自軍の先遣隊、本隊の両軍がともに突破しなければならない。

その戦術としては、まず、敵に害を与える存在ではないように見せかけて、防御に隙を誘う。そしていったん隙が見えたら、**集中して突撃し、一気に突破する。**

これも、敵に意図を察知されない慎重さと、一気に目標をとらえるすばやさ、両方が要となる。

コラム Column

中国兵法と呪術的兵法

『孫子の兵法』は現代でも通用する合理的な論となっているが、孫子のいた春秋時代の兵法は、合理性とは対極の呪術的なものが主流を占めていた。勝利の行方は亀卜《きぼく》で占い、陣の上方に立ちのぼっているとされる雲気《うんき》を観察して敵の戦意や天の加護の有無を見極めた。生まれて間もない道教も取り入れられ、五行《ごぎょう》に基づいたまじないを行い、天に勝利を祈った。

呪術的な兵法は日本にも伝わり、戦国時代には、道教に加えて修験道のエッセンスも取り込んだ兵法書が出まわっている。そこには、甲冑が矢に射貫かれないようにするまじないや、鉢を飛ばして敵を打つ秘術など、戦国武将の心をくすぐる秘術が多々記されている。

戦いの吉凶のいろいろ

A　B　C　D

A…いざ打って出るときに細かい雨が具足にたまるほど降っている時は「吉」
B…出陣のときに鹿を見たら「大凶」である。
C…蛇のような黒い気が城に入るのを見たら、その城は3日以内に落城する。
D…無風なのに旗がゆらめくときは、戦いに必ず勝てる

第12章

火攻篇

「詰めの兵法」

◉

禁断の一手で
戦いを収める

火攻篇
1

攻撃目標を絞る

火《か》攻《こう》に五《ご》あり。
一《いち》に曰《いわ》く、火《か》人《じん》。
二《に》に曰《いわ》く、火《か》積《し》。
三《さん》に曰《いわ》く、火《か》輜《し》。
四《し》に曰《いわ》く、火《か》庫《こ》。
五《ご》に曰《いわ》く、火《か》隊《たい》。

文意

火攻は、攻撃対象によって五種類に分けられる。宿営地の兵を焼き討ちにするのが、火人。野積みされた兵糧を焼き払うのが、火積。補給線の輜重隊を焼き討ちにするのが、火輜。財貨を備蓄する倉庫を焼き払うのが、火庫。橋や桟道を焼き崩すのが、火隊。

▼だらだら長期化を収束する

戦いでは、敵にできるだけダメージを与えない手段をとるのが原則だ（➡P62）。しかし戦いが長期化した場合は、その限りでない。

そもそも敵にダメージを与えない手段をとるのは、**勝利後の利益を確保したい**から。長期化はコストがかさみせっかくの利益を相殺《そうさい》するので、敵にダメージを与えてでも、収束を図った方が得になる。

戦いを収束させる作戦は、「**少ない労力で一気に決着できるかどうか**」という観点から考える。これもコストをかけないためで、本篇で〈火攻《かこう》〉が選ばれているのも、水攻《すいこう》に比べて人手や設備がかからず、直接攻撃でき決着が早い点、つまり効率面が評価されている。

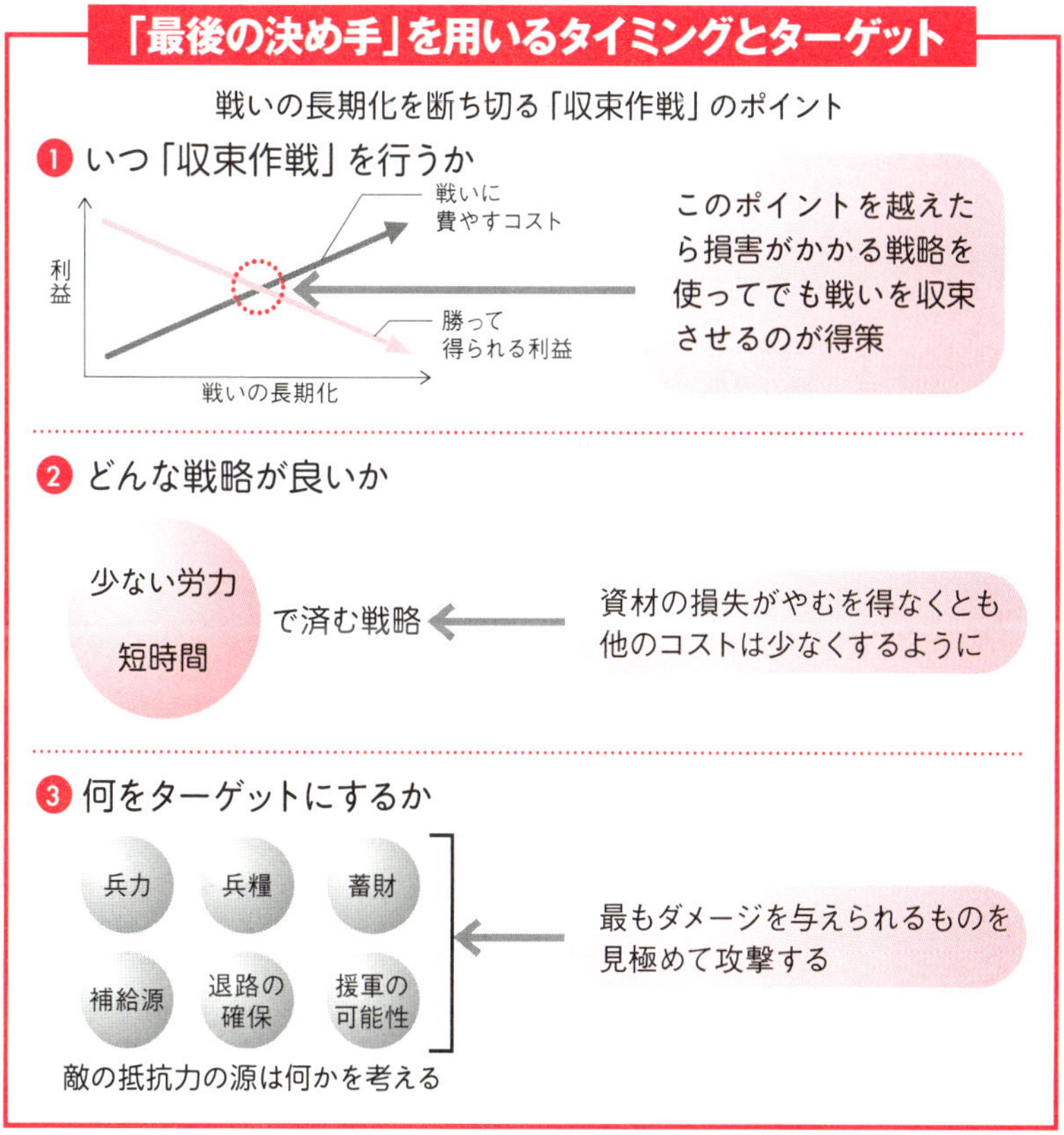
「最後の決め手」を用いるタイミングとターゲット
戦いの長期化を断ち切る「収束作戦」のポイント
❶ いつ「収束作戦」を行うか
利益
戦いに費やすコスト
勝って得られる利益
戦いの長期化
このポイントを越えたら損害がかかる戦略を使ってでも戦いを収束させるのが得策
❷ どんな戦略が良いか
少ない労力
短時間
で済む戦略
資材の損失がやむを得なくとも他のコストは少なくするように
❸ 何をターゲットにするか
兵力
兵糧
蓄財
補給源
退路の確保
援軍の可能性
敵の抵抗力の源は何かを考える
最もダメージを与えられるものを見極めて攻撃する

▼最後の生命線を絶つ

収束作戦の基本は、回復できないダメージを敵に与え、戦意を失わせることだ。ただし、事後処理や利益の保全を考えた場合、最小限のダメージで最大限の効果が上がるように、攻撃のターゲットを絞り込んだ方がいい。

そこで、現時点で**敵の生命線となっているものに、集中して攻撃をしかける**ようにする。生命線が戦力ならば人間がターゲットであり、食糧なら備蓄基地や補給ラインであり、「いざとなれば逃げられる」と考えている敵なら、退路の道を閉ざすことだ。

生命線を集中して狙い、破壊してしまえば、敵は降伏せざるを得なくなる。

火攻篇 2

適切な条件下で決行する

火《ひ》を行《おこな》うには必《かなら》ず因《いん》あり、
因《いん》は必《かなら》ず素《もと》より具《そな》う。
火《ひ》を発《はっ》するに時《とき》あり、火《ひ》を起《お》こすに日《ひ》あり。
時《とき》は天《てん》の燥《かわ》けるなり。
日《ひ》とは月《つき》の箕《き》、壁《へき》、翼《よく》、軫《しん》に在《あ》るなり。
凡《およ》そ四《し》宿《しゅく》は、風《かぜ》起《た》つの日《ひ》なり。

文意

火を攻撃に用いるには、まずは火を点けなければならないが、火を点けるには、火をおこす条件がそろっていなければならない。火をおこすのに適切な時節を見て、決行しなさい。空気が乾燥している季節で、月が箕、壁、翼、軫のどれかの星宿を通過する日が良い。その日は風が吹き始めることが多いからだ。

▼最大限の効果を上げる

戦いを収束させる作戦は、敵の生命線をターゲットとするが、二度、三度と狙うと敵が防御を固めてしまうため、**一度の奇襲で決着させないといけない**。このため、成功させるための条件を、あらかじめ入念に整えておく必要がある。

条件は、以下の二つの観点から考える。

一つめは、「**確実に作戦が発動するには、何が必要か**」。

これは火攻で言えば、火を確実におこすのに欠かせないものであり、空気の乾燥が条件となる。

もう一つは、「**作戦が目的どおり進むには、何が必要か**」。戦いを収束させる作戦では、その目的とはターゲットを効率的に破壊す

決行に最適な条件をそろえる

「収束作戦」を成功させるには、できるだけ良い条件をそろえることが肝心。

計画 ──そろったら──→ 決行

条件整備
- 自然条件
- 人員
- タイミング
- 事物

きちんと計画を立てていれば…　計画はスムーズに決行できる。

最適な条件を見出すには

確実に発動させるには何が必要か？ → 実際の「火攻」の場合では：自軍が火を点ける → 工作員を潜入 → 内応者を確保

最も効果を発揮するには何が必要か？ → 空気が乾燥している。風が強い。etc

ることだ。

必要な条件は、火攻で言えば、火の勢いを強めるものであり、適度な風がこれにあたる。

▼タイミング良く始める

しかし、これも火攻の例で言えば、どんなに空気が乾燥して風が吹いても、着火する人間がいなければ、火は燃えあがらない。

このように、**作戦を実行する人間や後方支援**についても、**適切な条件**をそろえなければ、作戦はうまくいかない。作戦を成功させる条件は、二つの観点から考える。

①攻撃のターゲットに確実に接近するには、何が必要か

②作戦をタイミング良く始めるには、何が必要か

である。

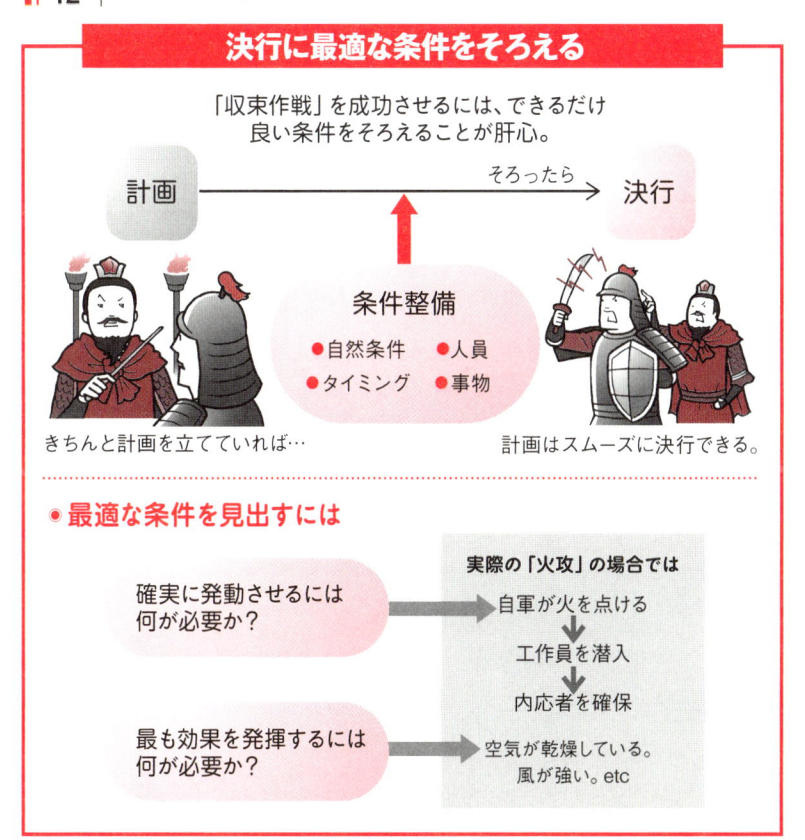

火攻篇 3

決行後の動きを決めておく

凡《およ》そ火攻《かこう》は、必《かなら》ず五火《ごか》の変《へん》に因《よ》りて之《これ》に応《おう》ず。凡《およ》そ軍《ぐん》は、必《かなら》ず五火《ごか》の変《へん》の有《あ》るを知《し》りて、数《かず》を以《もっ》て之《これ》を守《まも》れ。

文意

火攻では、火の出た場所や敵兵の反応によって、その後どう攻撃をしかけていくかを変えていくものだ。軍はそれを熟知したうえで、火が生みだした好機を失わないようにしなさい。

▼やり直しのきかない作戦

戦いを収束させる作戦は、一度きりの奇襲であり、またダメージを与える手段をとるため、失敗したらやり直しがきかない。

確実に成功させるには、現場でおきるケースを想定し、次のような入念なシミュレーションが欠かせない。

①**敵がどう動くか、起こり得るケースを洗い出す**。なお、天気など、作戦をめぐる環境にも様々なケースがあるので、これも洗い出す必要がある。

②それぞれのケースについて、**どうすれば作戦の目的が達成できるか**を考える。

▼効率的なプロセスを考える

たとえば火攻の場合、出火後の敵の動きとして、(1)消火を始める、(2)周囲の資財を退避させる、(3)逃げる、(4)傍観する、(5)出火に気づかない、というケースを洗い出したとしよう。

このうち(1)については、消火に

水を使う点に着目すれば、消火を妨げるために**水源を遮断する作戦**が考えられるし、火元に人が集まる点に着目すれば、その分、手薄になった**防衛ラインを破壊する作戦**が考えられる。

また、(5)のように出火に気づかないというケースには、あえて攻撃せず、**火の勢いにまかせて延焼させる方がいい**ことがわかる。

このように、シミュレーションは、作戦を達成させるのに、「**どんなプロセスをとれば効率的か**」を考える、良い機会になる。

もちろん、実際に作戦に入れば想定外のケースがおこり得る。しかし、シミュレーションを重ねておけば、作戦の本来の目的を忘れることなく、ダメージを助長させるなどの行動が、即興でとれるようになる。

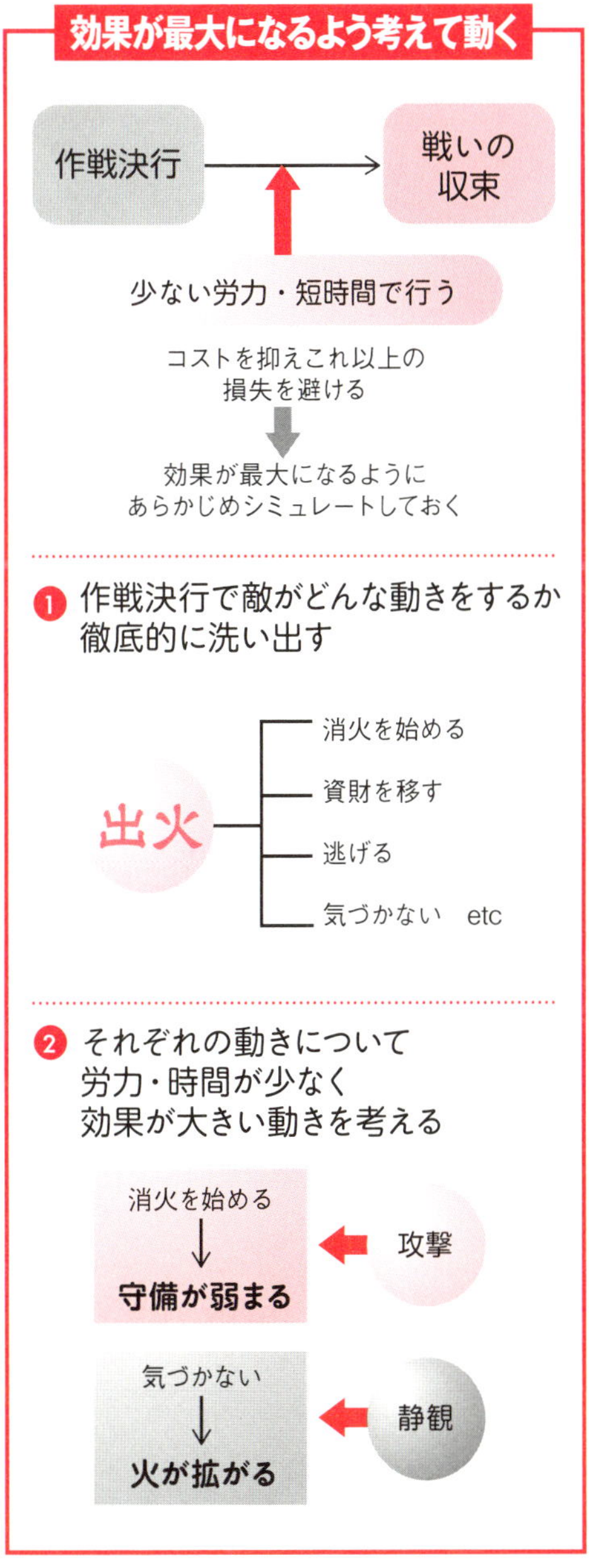
効果が最大になるよう考えて動く
作戦決行
戦いの収束
少ない労力・短時間で行う
コストを抑えこれ以上の損失を避ける
効果が最大になるようにあらかじめシミュレートしておく
1 作戦決行で敵がどんな動きをするか徹底的に洗い出す
出火
消火を始める
資財を移す
逃げる
気づかない　etc
2 それぞれの動きについて労力・時間が少なく効果が大きい動きを考える
消火を始める
守備が弱まる
攻撃
気づかない
火が拡がる
静観

火攻篇
4

収めどころを初めに考えておく

夫《そ》れ戦勝攻取《せんしょうこうしゅ》して、其《そ》の功《こう》を修《おさ》めざるは、凶《きょう》なり。命《なず》けて費留《ひりゅう》と曰《い》う。故《ゆえ》に曰《いわ》く、明主《めいしゅ》は之《これ》を慮《おもんぱか》り、良将《りょうしょう》は之《これ》を修《おさ》むと。利《り》に非《あら》ざれば動《うご》かず、得《え》ること非《あら》ざれば用《もち》いず、危《あや》うきこと非《あら》ざれば戦《たたか》わず。

文意

勝ったも同然なのにいっこうに戦いを収束できないのは、災厄に等しい。そういうのを、「浪費するだけのグズ」という。明君ならどう戦いを終わらせるか考え、良将なら戦果をどう修めるか考えるはずだ。利益が出ないなら計画を実行せず、有利でなければ軍を出陣させず、危険が迫らなければ敵と戦わないことだ。

▼始める前に終わりを決める

『孫子の兵法』では、戦いとは、利益を得るためのものである。火攻のようにダメージを与える作戦は、**本来ならとるべきではない。**

一方で、勝ちが決まっているのに戦いが続くといった状況は、コスト面から見て最悪である。だから、**ダメージを与えてでも収束させる。**苦しまぎれの策なのだ。

本来なら戦いの収束点は、戦いを始める段階で、トップと実行役（将軍）が責任を持って、以下の観点から、決めておくものである。

①得たい利益が確保できたとき
②かけるコストを使い切ったとき

つまり、準備段階で利益とコストを見積もるのは（⬇第2章）、「収束点をきちんと設定する」という

戦いの収束点は開戦前から決めておく

◉開戦前に決めておくべきこと

- 何を得るか（目標）
- コストをどれだけかけるか

開戦 → 目標を獲得 → 収束

開戦 → 獲得できない → コスト満了 → 収束

◉戦いを打ち切るタイミング

収束点がないと、戦い自体が目的となり、無駄な長期化を招く。

計画 → 利益は出るのか → YES → 出陣 ／ NO → 打ち切り

出陣 → 優位にあるのか → YES → 交戦 ／ NO → 打ち切り

交戦 → 危険が残っているのか → YES → 交戦 ／ NO → 打ち切り

意味も含まれている。

▼段階ごとの打ち切り基準

戦いを収束させるきっかけは、戦いが進めていく各段階で現れる。

一つめは、情勢分析から具体的な計画へ移るとき。ここでは利益面で判断する。**求める利益を得られるなら先に進む**が、そうでないなら打ち切る。

二つめは、計画から行動に移るとき。ここでは有利か不利かで判断する。**有利な条件で戦えるなら先に進む**が、不利なら打ち切る。

三つめは、交戦の後。ここでは今後のリスクで判断する。**敵の反撃があるなら臨戦態勢を保つ**が、そうでないなら打ち切る。

収束とは結局、ものごとの結果を責任を持って決めることなのだ。

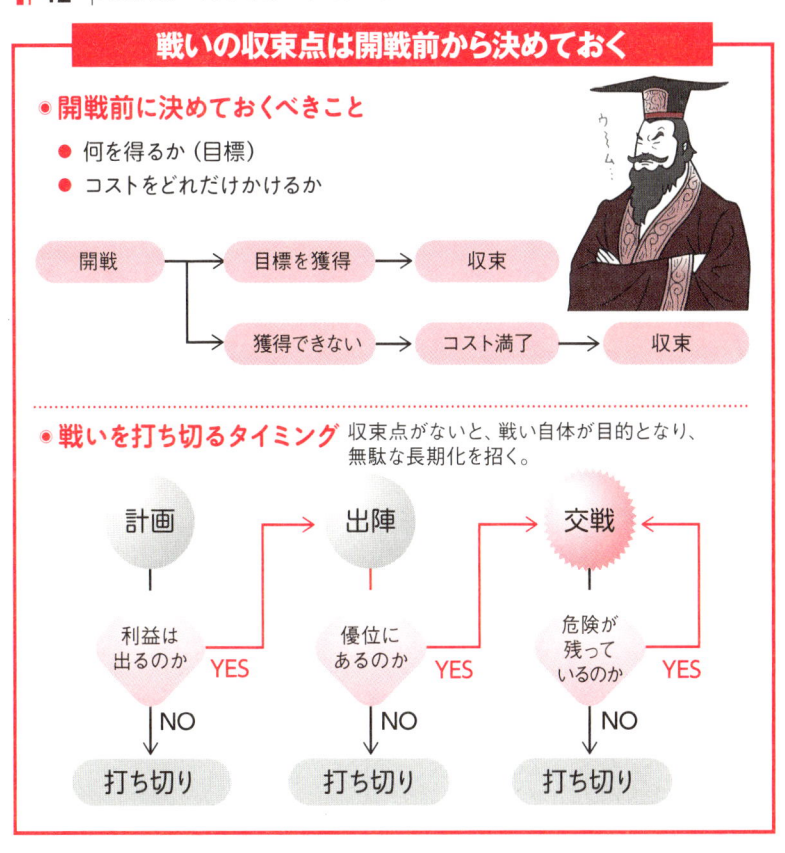

火攻篇 5

感情まかせで動かない

主《しゅ》は、怒《いか》りを以《もっ》て師《し》を興《お》こすべからず、
将《しょう》は、慍《いきどお》りを以《もっ》て戦《たたか》いを致《いた》すべからず。
利《り》に合《あ》えば而《すなわ》ち動《うご》き、
利《り》に合《あ》わざれば而《すなわ》ち止《や》めよ。
亡国《ぼうくに》は以《もっ》て存《そん》に復《ふく》すべからず、
死者《ししゃ》は以《もっ》て生《せい》に復《ふく》すべからず。

文意

君主たるもの、一時的な怒りで軍を出陣させてはいけない。将軍たるもの、一時的な憤りで合戦を始めてはいけない。すべてを利益が得られるかどうかで考え、利益に合わないなら、すぐに戦いを停止しなさい。怒りや憤りはやがておさまるが、戦いで滅んだ国が復活することはないし、戦死者が生き返ることもない。

▼シンプルな判断指標

戦いを先に進めるか、それとも収束させるか。人がいつも冷静に判断できるのなら問題はないが、困ったことには、トップも実行役（将軍）も、戦いの最中は頭に血がのぼっていることが多い。

感情にまかせて決断した場合、その往く末は単なる敗北に終わらず、**その先には国の滅亡があり、多くの戦死者がいる。**この『兵法』の冒頭にあげられていた「兵は国の大事にして、死生の地、存亡の道なり」という語句は（➡P34）、感情にかられてほんのちょっと判断ミスをおかせば、現実の事態としてふりかかってくる。

では、具体的にどうすれば、感情にかられず判断できるのか。

▼合理性で感情を抑える

それはたとえば詳しい助言者を持つことであり（⬇P70）、ものごとを数値で見ることであり（⬇P88）、既存のモデルにあてはめること（⬇P182、194）だ。ほかにも、感情に流されない手段は、この『兵法』には数多く出てくる。

判断する際には、「利に合えば動き、利に合わざれば止む」、つまり戦うことに**メリットがあるなら事を進めるし、ないなら止める**——それがこの『兵法』の原則だ。**すべてを〈利〉の有る無しで計る合理性があれば、感情に流されない。**『孫子の兵法』が合理性を貫いているのは、戦いを感情で動かす弊害をとり除く意味もある。

戦いは理性で遂行する

感情で判断し戦う場合、
結果的に敗北に向かう。

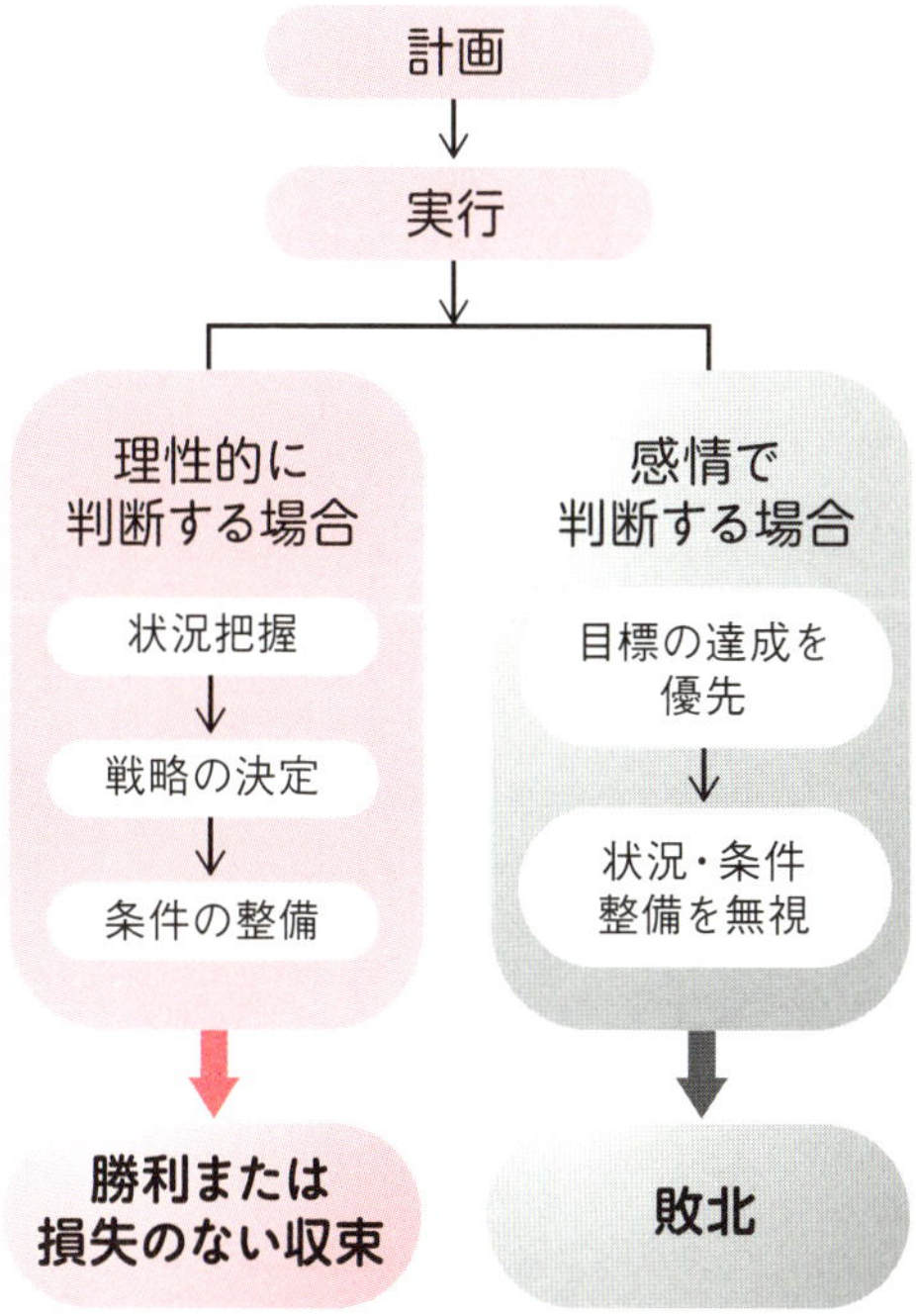
計画
実行
理性的に判断する場合
状況把握
戦略の決定
条件の整備
勝利または損失のない収束
感情で判断する場合
目標の達成を優先
状況・条件整備を無視
敗北

◉感情に流されない方法

- 助言者に聞いた上で決断を下す
  ➡P70
- 数値化できるものだけで考える
  ➡P88
- 判断のチャートに添って考える
  ➡P182、194

コラム Column

孫子注釈者・杜牧のダメ出し

孫子の兵法の解説は、魏《ぎ》の曹操《そうそう》をはじめ多くが取り組んでいるが、評価が高い一人に、唐時代の詩人杜牧《とぼく》（803-852）がいる。彼の注釈は、史実と照らし合わせて孫子の正しさを説明するというものだ。

歴史と兵法、両方に造形深い彼は、漢の始祖劉邦《りゅうほう》と天下争った項羽《こうう》が自害した地、烏江亭《うこうてい》で、次のような詩を読んでいる。

兵法にも詳しかった詩人・杜牧

烏江亭に題す

勝敗は兵家《へいか》も事期《ことき》せず
羞《しゅう》を包み恥を忍ぶは是れ男児
江東《こうと》の子弟才俊多し
捲土《けんど》重来《ちょうらい》未だ知るべからず

「兵法家でも勝敗は予測できないもの。恥をしのんで再起を図れば、まだチャンスはあったんじゃないか」といった意味あいである。

第13章

用間篇

「忍びの兵法」

◉

ひそかに情報を
把握する

用間篇 1

情報収集に費用を惜しまない

爵禄百金《しゃくろくひゃくきん》を愛《おし》みて、敵《てき》の情《じょう》を知《し》らざれば、
不仁《ふじん》の至《いたり》なり。
人《ひと》の将《しょう》に非《あら》ざるなり、
主《しゅ》の佐《たすけ》に非《あら》ざるなり、
勝《かち》の主《しゅ》に非《あら》ざるなり。

文意

間諜に与えるほうびを惜しんで、敵の情報の収集に不備が生じたなら、結局余分なお金がかかり、民に迷惑をかけることになる。そんな将軍は、兵を率いるにふさわしくなく、君主の補佐役としても、勝利の担い手としてもふさわしくない。

▼モトをとるための情報

準備から収束まで、戦いのどの段階でも、情報収集は欠かせない。一方で、トップも実行役もやるべき任務が多く、情報収集の重要さに比べ、割ける時間は少ない。

　そこで必要となるのが、代わりに情報収集を行ってくれる人間、〈間《かん》〉（＝情報探索者）である。〈間〉を使う意義は、代行してもらえる便利さの他に、二つある。

　一つは、**その経済性**だ。

　戦いには多くのコストがかかる。そしてそれは、勝利しない限り回収できない。ここで、情報探索のコストを惜しむと、どうなるか。

　敵の〈虚《きょ》〉（＝隙や不備）を見逃し好機を逃すか、局面を読み誤って敵に主導権を握られるか、してはいけない時に戦いをしかけてしまうか。どの場合も結果は敗北だ。

　情報でそのリスクが大きく減ることを思えば、**少しばかり費用が**

何故情報探索者が必要か

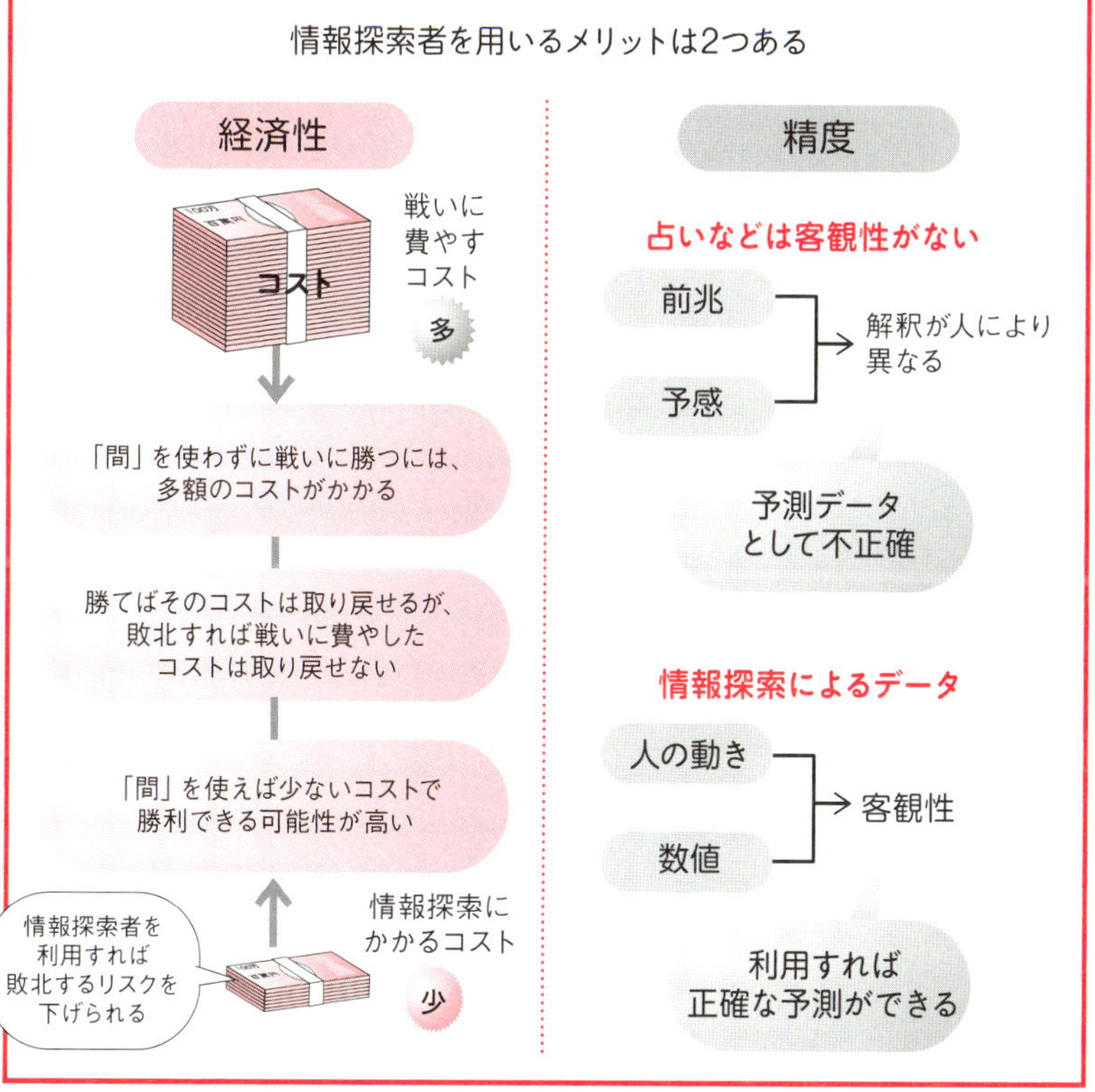
情報探索者を用いるメリットは2つある
経済性
コスト
戦いに費やすコスト
多
「間」を使わずに戦いに勝つには、多額のコストがかかる
勝てばそのコストは取り戻せるが、敗北すれば戦いに費やしたコストは取り戻せない
「間」を使えば少ないコストで勝利できる可能性が高い
情報探索者を利用すれば敗北するリスクを下げられる
情報探索にかかるコスト
少
精度
占いなどは客観性がない
前兆
予感
解釈が人により異なる
予測データとして不正確
情報探索によるデータ
人の動き
数値
客観性
利用すれば正確な予測ができる

増えても、情報探索者を雇う方が得だ。そういったコスト感覚も、戦いを進める際には不可欠である。

▼情報への信頼

もう一つは、**より正確な予測ができる**からだ。

孫子の時代には予測に占いが使われていたが、合理的な孫子は「そんなものでは未来はわからない」としている。唯一未来を予測できるとしたら、それは生身の人間が**目と耳で集めた情報を分析したとき**——それが、孫子の考えだ。

これは現代でも変わらず、情報は人の手を通すことで初めて意味が与えられ、役立つものになる。

神頼みよりもはるかに正しい予測を、一人の情報探索者がもたらしてくれるのである。

もう少し詳しく

間諜の種類と動き

間諜とはスパイのこと。敵国に潜入し情報収集や工作を行うが、自国の人間を使うだけでなく敵国の人間も利用する。またどこで活動するかなど様々な形態があった。

自国と敵国の間諜の役割

どの国の人間をどこで使うかによって間諜の種類が違う

間諜の種類	役割と特徴
郷間《きょうかん》 (因間《いんかん》)	敵国の住民。市井の情報を集め、 地形などを調べる。
内間《ないかん》	敵国の役人。 首脳部や敵陣の情報を伝える。
反間《はんかん》	敵国の間諜。二重スパイ。 こちらの情報を伝えるように見せかけつつ、 敵国の情報をこちらにもたらす。
死間《しかん》	自国人。敵国に寝返ったように見せかけ、 ニセ情報で敵の情報活動を混乱させる。
生間《せいかん》	自国人。敵国に潜入を繰り返し、情報を持ち帰る。 死間の工作の補助や、 敵国内の間諜（郷間、内間）が持つ 情報を集める役目もある。

は敵国人　　は自国人

間諜の動き

間諜によって行動範囲も大きく変わる

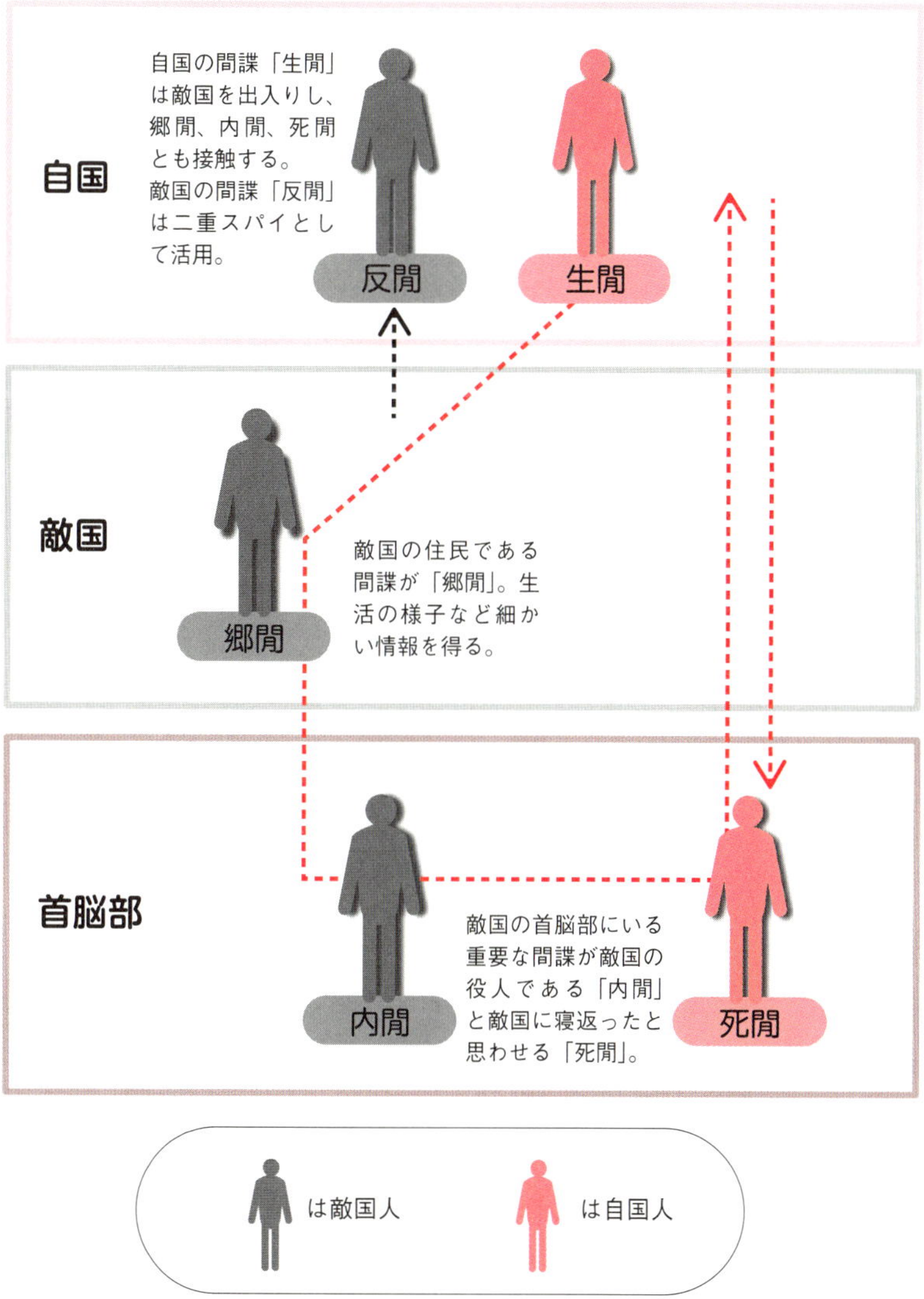
自国
自国の間諜「生間」は敵国を出入りし、郷間、内間、死間とも接触する。
敵国の間諜「反間」は二重スパイとして活用。
反間
生間
敵国
敵国の住民である間諜が「郷間」。生活の様子など細かい情報を得る。
郷間
首脳部
敵国の首脳部にいる重要な間諜が敵国の役人である「内間」と敵国に寝返ったと思わせる「死間」。
内間
死間
は敵国人
は自国人

用間篇 2

情報探索者を優遇する

三軍《さんぐん》の親《しん》は、間《かん》より親《した》しきは莫《な》く、
賞《しょう》は、間《かん》より厚《あつ》きは莫《な》く、
事《こと》は、間《かん》より密《みつ》なるは莫《な》し。

文意

間諜を将軍に最も直属できる立場に配置し、褒賞を最も多く与えなさい。そして、間諜の仕事は、最高機密として最も慎重に扱いなさい。

▼情報探索者の処遇

〈間〉（情報探索者）の処遇は、原則として、現場のリーダー（将軍）が決める。その際には、任務の特殊性を考え、以下の三ポイントを考慮すると良い。

一つめは、**リーダーに直属する**形で、情報探索者を配置すること。

情報は、目の前の局面を分析するためのもの。集める者と用いる者の間をすばやく伝わるしくみが不可欠だ。また、情報を敵をかく乱する作戦などに用いる際は、作戦を考える者と実行する者の間で、意図が正確に伝わる必要がある。

二つめは、情報探索者への**報償を高額にする**こと。

情報探索は、一般的な軍事活動よりも、個人の資質に左右される。報償が高額なら、優れた人材が集まる。また、情報探索は危険が多いので、高額な報償で任務の重要さを示し、士気を落とさないようにする効果もある。

三つめのポイントは、情報探索者が行う**任務（諜報活動）を、最高機密として扱う**こと。

情報戦略の失敗を避けるためなのはもちろんだが、担当者が危険

情報探索者の処遇について

情報探索者は場合によってトップより情報を持つことがあり、
きわめて重要なポストである。

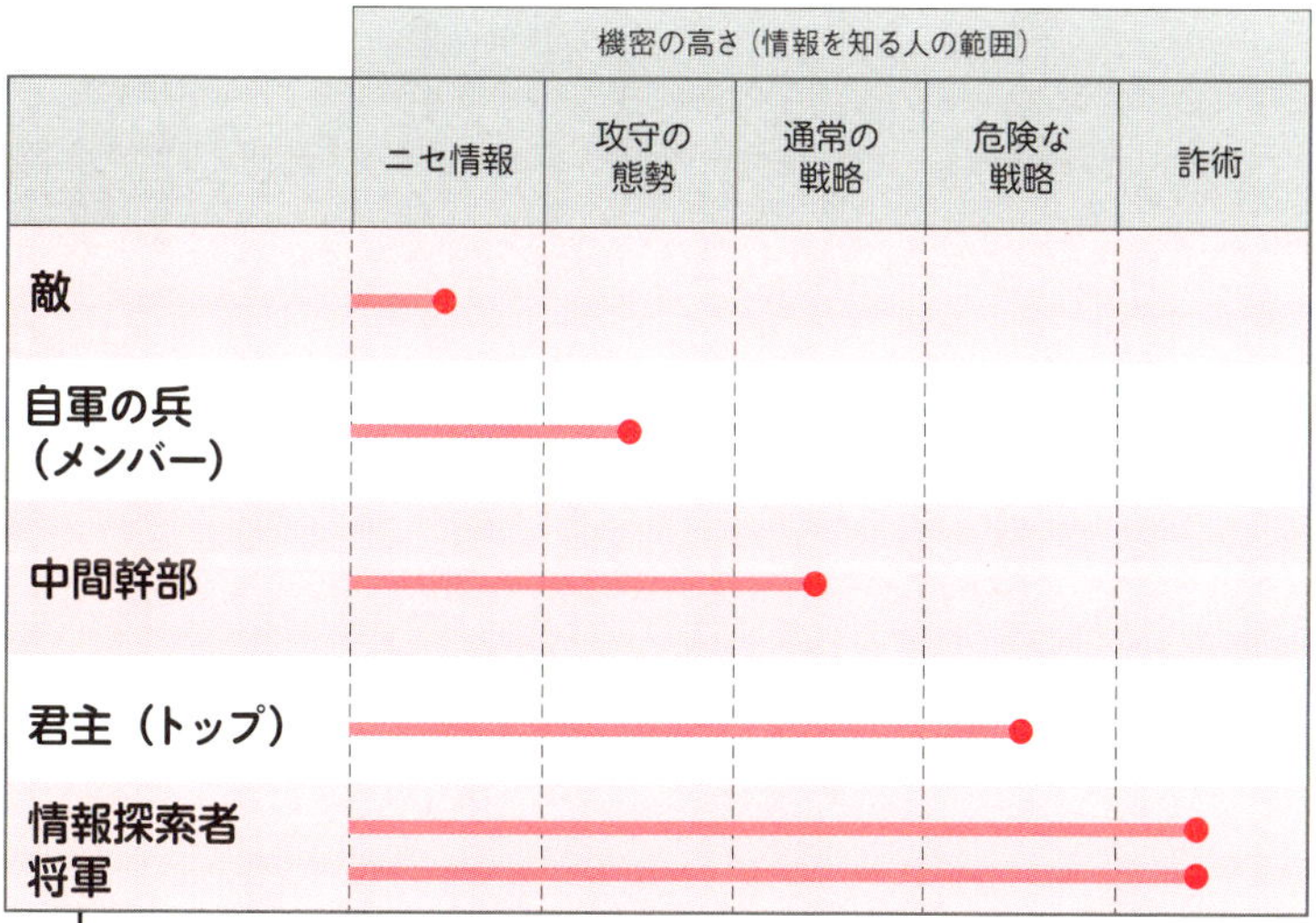
機密の高さ（情報を知る人の範囲）
ニセ情報
攻守の態勢
通常の戦略
危険な戦略
詐術
敵
自軍の兵（メンバー）
中間幹部
君主（トップ）
情報探索者
将軍

情報探索者は将軍に直属させる➡意図を伝えやすく、機密を守る

情報探索者への報奨を多くする➡危険手当を出し、裏切りを避ける

にさらされないようにする意味もある。特に敵の勢力圏に潜入させた場合、情報がもれたらこちらからは**救いようがない立場**にある。

▼使う側の資質

一方、現場のリーダーについても、情報探索者を効率的に用いるには、それなりの能力がいる。

一つめは、**分析力**。貴重な情報が入っても、将軍が的確に分析できなければ、わざわざ直属させた意味がない。

二つめは、**信頼**。高額で情報探索者を雇っても、将軍に重んじる気がなければ、忠実に働かない。

三つめは、**立案する力**。そもそも将軍の立てたプランに緻密さや巧妙さがないなら、どんな諜報活動も成果をあげられない。

用間篇 3

情報漏洩には厳罰であたる

間《かん》の事《こと》、未《いま》だ発《はっ》せざるに先《さき》んじて聞《き》くならば、間《かん》と、告《つ》ぐる所《ところ》の者《もの》は、皆死《みなしす》。

文意

まだ公表もしていないのに、進行中の諜報活動についての情報が他からもたらされたなら、その活動を担当していた間諜も、情報をもたらした者も、どちらも死刑にしなさい。

▼情報漏洩のリスク

情報は、正確な分析に必要なだけでなく、敵をかく乱する作戦では、重要なコマとして用いられる。

情報の適切な開示と守秘《しゅひ》が、戦いには欠かせない。もし情報が適切でないところへもれたら、敗北を始め、自軍に大きな損害がもたらされる。

どの情報を組織のどこまで開示するかは組織のリーダー（将軍）が決めるが（⬇P206）、その決定に応じて情報を守るのは、情報探索者の任務だ。**情報探索者は、情報を集め、実際に活用し、守るという三役をこなす**立場といえる。

情報の漏洩が発覚したときは、担当していた情報探索者が、厳しく責任を問われる。当人が故意に漏洩したケースだけでなく、過失がなくとも、「情報がもれていた」という事実があれば、責任を負う。

▼関係者全員を解任する

情報の漏洩が見つかった場合、すぐに関係者全員を組織から除外しなければならない。担当の情報探索者はもちろん、**情報に触れた可能性がある者は全員解任**する。

これは、これ以上情報が拡がら

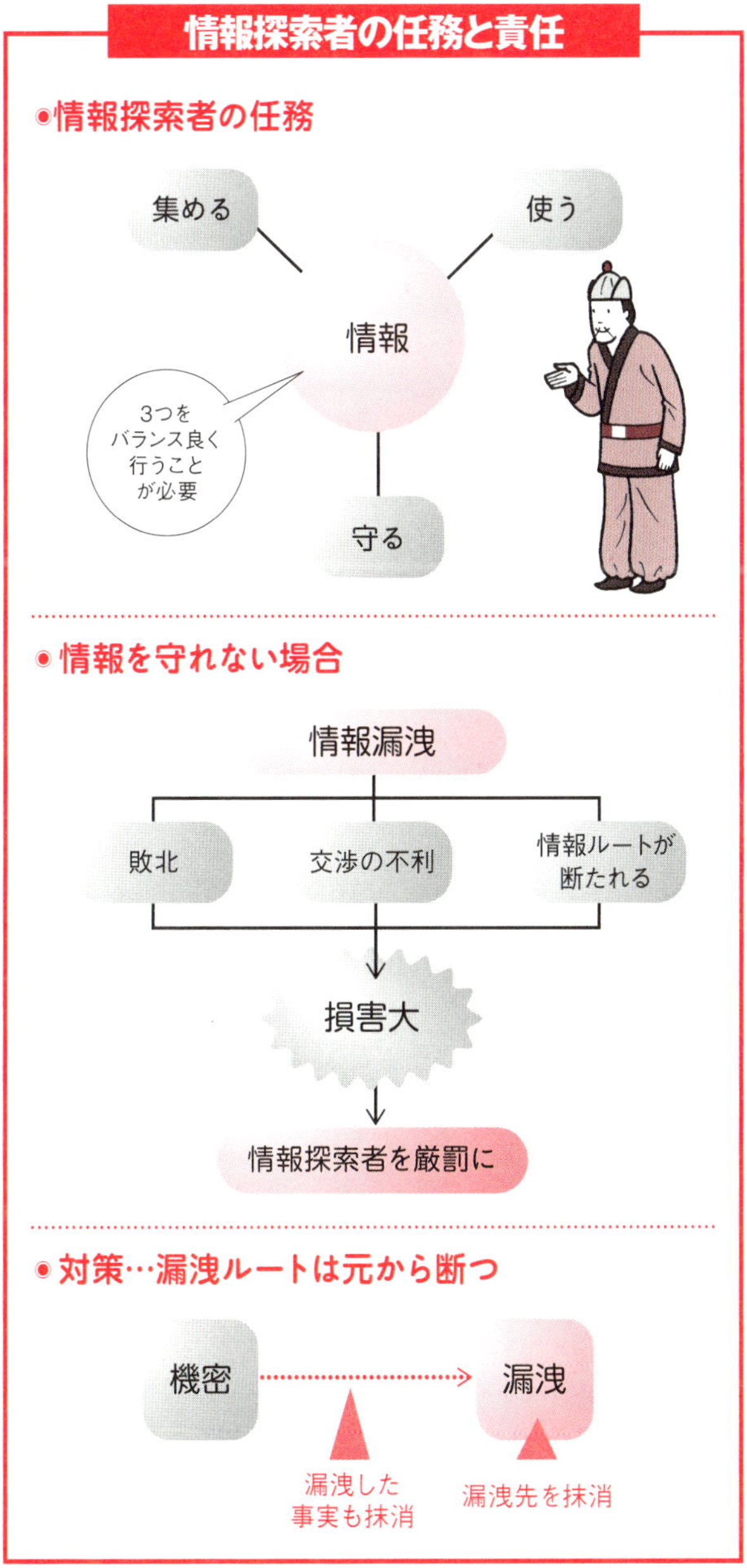
情報探索者の任務と責任
●情報探索者の任務
集める
使う
情報
守る
3つを
バランス良く
行うこと
が必要
●情報を守れない場合
情報漏洩
敗北
交渉の不利
情報ルートが
断たれる
損害大
情報探索者を厳罰に
●対策…漏洩ルートは元から断つ
機密
漏洩
漏洩した
事実も抹消
漏洩先を抹消

ないためであり、また、漏洩ルートを通じて**敵が情報にアクセスするのを防ぐ**ためだ。さらには、「そのような情報があった」という事実を消し去り、**作戦の存在を隠す**意味がある。

同時に、今後同じような事件をおこさない予防策でもある。機密情報に触れたとき、その重要性がわからず話してしまうような人材は、**セキュリティ上危険**なので、組織から外しておくのである。

用間篇
4

周辺人物からコンタクトを図る

凡《およ》そ軍《ぐん》の撃《う》たんと欲《ほっ》する所《ところ》、
城《しろ》の攻《せ》めんと欲《ほっ》する所《ところ》、
人《ひと》の殺《ころ》さんと欲《ほっ》する所《ところ》は、
必《かなら》ず先《さき》んじて、其《そ》の守《まも》る将《しょう》、
左右《さゆう》、謁者《えつしゃ》、門者《もんじゃ》、舎人《しゃじん》の姓名《せいめい》を知《し》り、
吾《わ》が間《かん》をして必《かなら》ず索《もと》めて之《これ》を知《し》らしめよ。

文意

攻撃したい軍、攻略したい城、暗殺したい要人があるなら、まずは、警護担当の武将、側近、謁見の取次役、門衛、雑役担当者の名前を調べ、間諜を派遣して、その人物たちの情報を探らせなさい。

▼名前が最初の情報源

情報の中でも正確で信頼がおけるのは、組織の末端からの情報よりも中枢からの情報であり、伝聞情報よりも直接情報だ。情報探索者には、**敵の中枢からの直接情報を手に入れる**ように動いてもらう。

その際、そういった情報に接触する足がかりとして、かんたんに手に入るわりに役立つのが、敵メンバーの姓名である。

敵内に攻略したいターゲットがある場合、まずはそれに**関係する人物の姓名を調べる**。最終のターゲットに近い人物が望ましいが、無理なら末端でも、つながりをたどればいつかは最終ターゲットに接触できる人物であればいい。

姓名がわかったら、あとは情報

小さな手づるからターゲットに近づく

1 ターゲットの周辺人物の姓名を知る
エ〜ト
2 現地でその何人かの行動を調べる
3 攻略できそうな人物にコンタクトする
?
4 手なづける、もしくは弱みを握る
5 情報を聞き出す
6 ターゲットにより近い人物を紹介させる

探索者の出番だ。

▼ステップアップで情報入手

　情報探索者は現場に出向き、行動範囲や嗜好などを調べた後に接触する。会話などから情報を得るだけでも良いが、ある程度親しくなれたら、**懐柔や弱みを握る**などして、さらなる情報を得られる。

　あとはその人物の人脈を利用して、**組織内でもう少し重要な立場にある人物に近づく**。これをくりかえすことで、本来のターゲットに近づいていく。

　本来のターゲットにいきなり接触を図れば、意図を知られる危険が大きい。小さな手づるを確実につかみ、そこから地道に情報を得ていく方が、成功する。姓名は、その糸口となる大切な情報となる。

用間篇
5

敵側の人間を利用する

五間《ごかん》の事《こと》、主《しゅ》は必《かなら》ず之《これ》を知《し》る。
之《これ》を知《し》るは必《かなら》ず反間《はんかん》に在《あ》り。
故《ゆえ》に、反間《はんかん》は厚《あつ》くせざるべからざるなり。

文意

君主には、五種類の間諜から様々な情報がもたらされるが、その情報源となっているのは、敵から来た間諜である。彼らをぜひとも厚遇しなさい。

▼情報源としての敵側人間

敵の勢力圏内に入らなくとも、直接情報を得られる情報源がある。こちらの勢力圏内にいる、敵方の人間のことだ。

『孫子の兵法』では、彼らを寝返らせて〈反間《はんかん》〉（＝二重スパイ）にするが、現代社会でそれができないとしても、この**貴重な直接情報を利用しない手はない**。

相手に裏切りを強要しない形ならば、敵が機密扱いにしていない情報、敵に非があって内部告発の対象となる情報などを得るのは、倫理上認められるだろう。

こういった情報を分析すれば、**重要な情報に化ける可能性は少なくない**。機密情報に直接触れられなくとも、「何か機密がある」「重大なことがおきた」という兆候はわかるもので、そこを分析すれば、より重要な情報が手に入る。

また、何らかの情報をわざと彼らにつかませ、**敵方に持って帰ってもらう**こともできる。

こちらの情報探索者が敵の勢力圏で動いているとき、たとえば流したニセ情報を補う情報を送りこめば、活動の手助けとなる。

それが無理でも、敵方へ人脈を作るのに、利用することはできる。そこから、**手づるを作って情報をつかんでいけば良い**（⬇P232）。

▼善意の第三者を味方にする

こういった利用のしかたは、第三者的な立場の人びとにも応用できる。

たとえば、こちらに有利な情報を敵方に流す際、第三者を仲立ちさせてみる。人は、自分側の人間がもたらす情報を最も信用するが、それに次ぐレベルで、**「善意の第三者」**からの情報もまた、信用するものだ。

第三者ならではのユニークな情報をもっているケースも多く、利用次第で重要な情報源になる。

敵方の人間を利用するには

敵のスパイを味方にすることのメリットは大きい。

◉敵の人間だからこそできる任務

敵国内の内応者を紹介する

敵国にニセ情報を流す

敵国に潜入した自国スパイをフォローする

さらにこんなメリット

- 敵方ならではの情報を利用する
- 人脈を利用する
- 敵がその人に寄せている信用を利用する
- 自由に行き来できる機会を利用する

用間篇 6

有能な者を情報探索者に使う

昔《むかし》殷《いん》の興《お》こるや、伊摯《いし》、夏《か》に在《あ》り。
周《しゅう》の興《お》こるや、呂牙《りょが》、殷《いん》に在《あ》り。
故《ゆえ》に、惟《た》だ明君賢将《めいくんけんしょう》のみぞ、
能《よ》く上智《じょうち》を以《もっ》て間者《かんじゃ》為《た》らしめ、
必《かなら》ず大功《たいこう》を成《な》す。

文意

かつて殷王朝が勃興できたのは、優れた家来だった伊尹が夏王朝に間諜として潜入していたからだ。周王朝が勃興できたのは、太公望呂尚が殷王朝に潜入していたからだ。明君や賢将だからこそ、最上の賢者を間諜にでき、偉大な功績をあげることができる。

▼実行役としての情報探索者

情報をどう使うかという視点で見ると、戦いにおける役割分担は、次のようになる。

- トップ…情報をもとに大局を見て、戦いの方向性を決める
- 現場のリーダー（将軍）…情報をもとにその場の局面を見て、作戦を立て、軍に実行させる
- 情報探索者…情報を集める、守る、活用する

ここで着目したいのは、この分担では将軍だけが情報を分析・利用する任務を負うが、**情報探索者も同じ役割を果たせる**という点だ。

トップは現場の情報に遠いので介入すべきでない（⬇P72、146、186）が、この点を情報探索者はクリアしている。あとは分析と立案の能力があれば、将軍と同じく、作戦を立てて実行できるはずだ。

▼実行役が二倍

もちろん軍を直接動かすような

戦いを勝利に導くトライアングル

●戦いに必要な人材とその役割

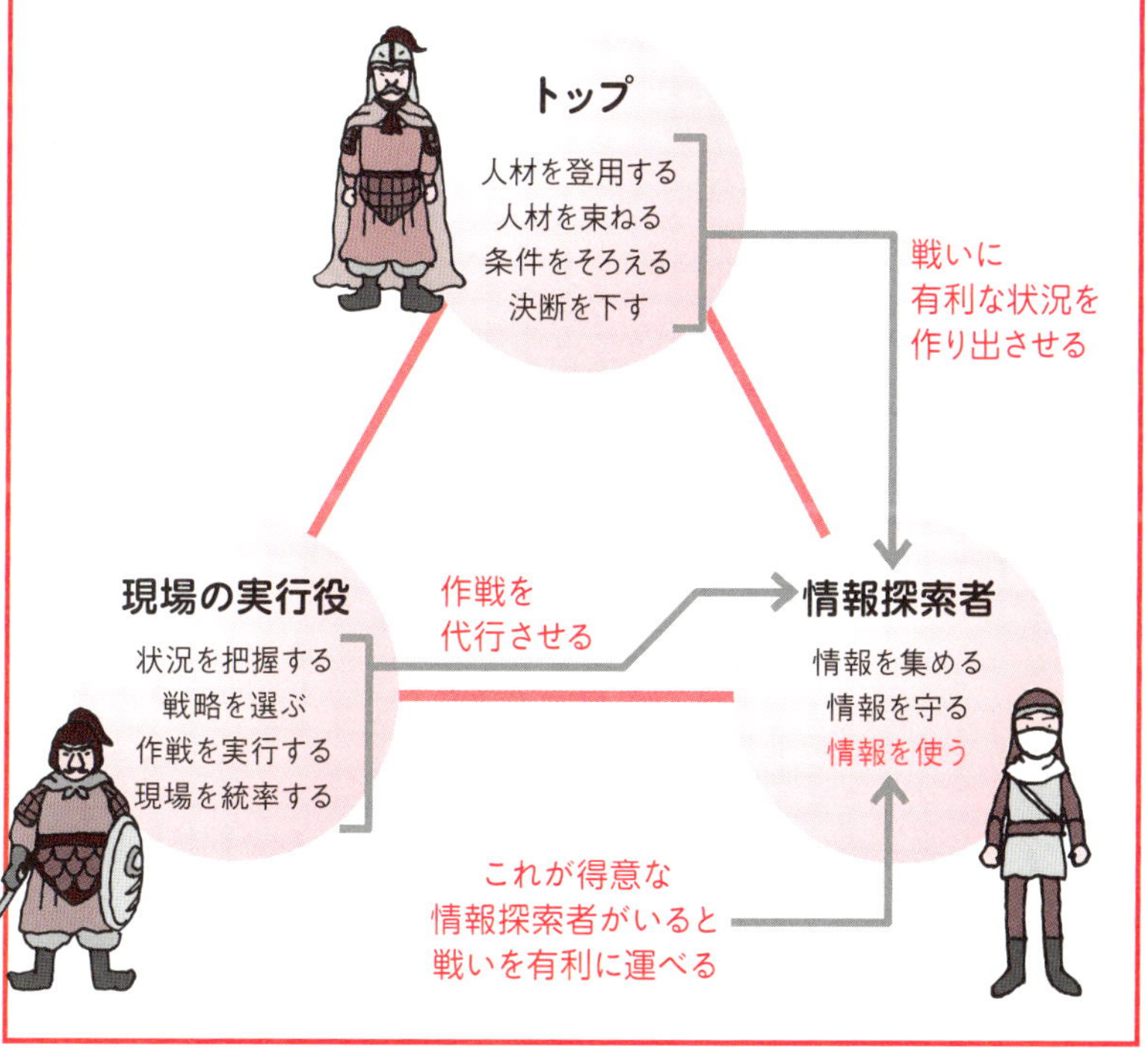
トップ
人材を登用する
人材を束ねる
条件をそろえる
決断を下す
戦いに
有利な状況を
作り出させる
現場の実行役
状況を把握する
戦略を選ぶ
作戦を実行する
現場を統率する
作戦を
代行させる
情報探索者
情報を集める
情報を守る
情報を使う
これが得意な
情報探索者がいると
戦いを有利に運べる

作戦は、メンバーの信頼を得る必要があって難しいが、情報戦なら、**情報探索者が立てた方が的確で、自ら動く分すばやい対応もできる。**

情報探索者が作戦を兼務すれば、現場の実行役の任務をこなす者が倍に増え、チャンスが増える。

たとえば*殷《いん》の宰相（王の補佐役）・伊摯《いし》は、主君に罪を着せられたと謀って敵国・*夏《か》に入国し、内情を探っている。*周《しゅう》の軍師・呂牙《りょが》も、プレゼント攻撃で敵国・殷を懐柔し、幽閉されていた主君を釈放させている。彼らのこのような作戦があって、後に新王朝がうまれたといえる。

優れた者が情報探索者になれば、**新しい王朝を興こせるほどの力**を発揮できるのである。

*殷・夏・周…古代中国の王朝の名前

コラム Column

新たな『孫子』現る？

1996年、驚くべきニュースが中国「人民日報」に載った。82篇からなる孫武《そんぶ》の兵法が発見されたというのである。

82篇というのは、歴史書『漢書《かんしょ》』が、孫武の兵法の篇の数として記したものだ。これに対し、現存する『孫子』は全て13篇。このため、「孫子13篇は一部にすぎない」との説が言われ続けた。82篇の孫武兵法は、論争を一挙に解決する。

発見されたのは清《しん》朝官吏《かんり》の末裔の家で、先祖が地方の任地で竹簡《ちくかん》（紙の代わりに使われた竹の札）を見つけ購入し、紙に書き写した。文化大革命で竹簡は焼き捨てざるを得なかったが、写した紙は残った…というものだった。

全世界から買い取りたいとする人が現れると、発見者は「1文字1000ドルで売る」と発表した。この兵法の文字数は14万1709字あり、全篇売却すれば、1億4170万9000ドル（日本円では当時のレートでおよそ156億円）となる。

このあたりで、中国考古学界が真贋の是非を改めるため、乗り出した。結果は偽物、それも質の悪い偽物と断定され、発見者の1億5000万長者の夢は絶たれた。

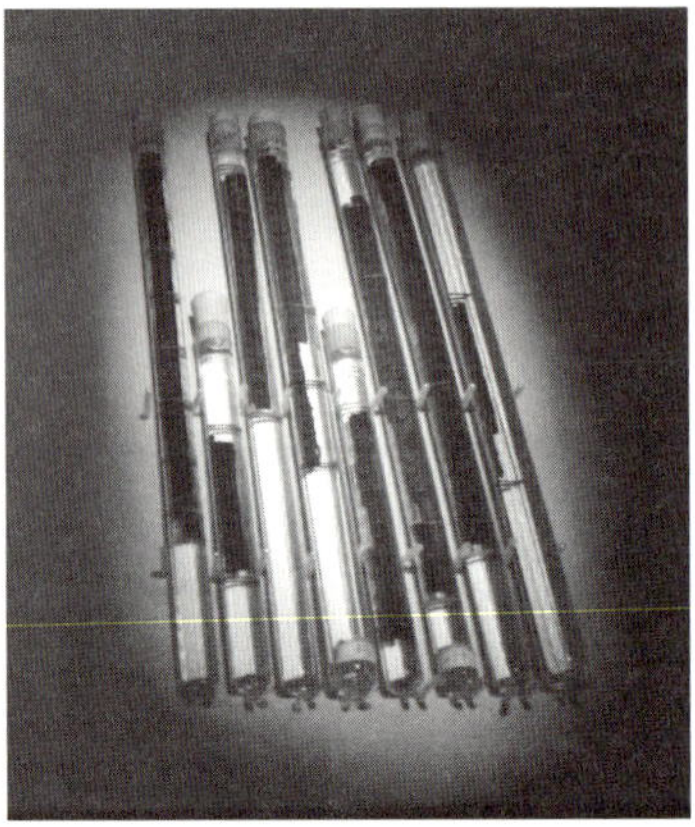
1972年、中国山東省の銀雀山墳墓から出土した『孫子』の竹簡。

付録

『孫子』読み下し文

付録

「孫子」読み下し文

※『孫子』には多くの異本があり、これはその一例です。
※行間に書かれている番号が掲載ページに対応します。

一 計篇

P34

孫子曰く、兵は国の大事にして、死生の地、存亡の道なり。察せざるべからず。

故に、之を経《いとな》むに五事を以てし、之を校《はか》るに計を以てし、其の情を策《もと》む。

一に曰く、道。二に曰く、天。三に曰く、地。四に曰く、将。五に曰く、法。

P36

道とは、民をして、上と意を同じくせしむるなり。故に、之と死すべく、之と生くべくして、危うきを畏れず。

天とは、陰陽、寒暑、時制なり。地とは遠近、険易、広狭、死生なり。将とは、智、信、仁、勇、厳なり。法とは、曲制、官道、主用なり。

凡そ此の五者、将は聞かざる莫《な》し。之を知れば勝ち、知らざれば勝たず。

P38

故に、之を校るに計を以てし、其の情を策む。曰く、主孰《いず》れか有道なる、将孰れか有能なる、天地孰れか得たる、法孰れか行わる、兵衆孰れか強き、士卒孰れか練《ね》れたる、賞罰孰れか明らかなる。

吾、此を以て勝負を知る。

P40

将、吾が計を聴く。之を用うれば必ず勝たん。之を留めん。将、吾が計を聴かず。之を用うれば、必ず敗れん。之を去らん。

計、利として、以て聴かば、乃ち之を勢と為して、以て其の外を佐《たす》く。

勢とは、利に因りて、権を制するなり。

P42

兵は詭道なり。故に、能にして之を不能と示し、用にして之を不用と示し、近くして之を遠きと示す。

P44

利にして之を誘い、乱にして之を取り、実にして之に備え、強にして之を避け、怒にして之を撓《みだ》し、卑にして之を驕らせ、佚にして之を労し、親にして之を離す。

其の無備を攻め、其の不意に出づ。

これ兵家の勢、先には伝うべからざるなり。

P46

夫れ未だ戦わずして廟算《びょうさん》するに、勝つとは、算を得るに多ければなり。未だ戦わずして廟算するに、勝たざるとは、算を得るに少なければなり。算多きは勝ち、算少なきは勝たず。而るを、況んや算の無きにおいてをや。

吾、此を以て之を観るに、勝負見《あらわ》る。

二 作戦篇

孫子曰く、凡そ用兵の法は、馳《ち》車は千駟《く》、革《かく》車は千乗《じょう》、帯甲は十万、千里に糧を饋《おく》るものなれば、則ち内外の費、賓客の用、膠漆の材、車甲の奉に、日に千金を費やして、而《しか》る後に十万の師挙がる。

其の戦いを用《おこな》うや、勝つに久しければ、則ち兵は鈍して鋭を挫く。城を攻むれば、則ち力は屈く。久しく師を暴《さら》さば、則ち国用は足りず。

夫《そ》れ兵が鈍して鋭を挫き、力も屈き貨も殫《つ》きれば、則ち諸侯は其の弊に乗じて起《た》つ。智者有りと雖《いえど》も、其の後を善くすること能わず。

P50

故に、兵は拙速を聞くも、未だ巧久を睹《み》ざるなり。夫れ兵の久しくして国に利なる者は、未だこれ有らざればなり。

故に、用兵の害を知ることを尽《きわ》めざる者は、すなわち、用兵の利を知ることをも尽むる能わざるなり。

P52

善く兵を用うる者は、役を再び籍せず、糧を三《みたび》載せず。用は国にて取り、糧は敵に因る。

故に、軍食足るべきなり。

P54

国の、師にて貧なるは、遠きに輸《おく》ればなり。遠きに輸れば、則ち百姓は貧す。師に近ければ、貴売す。貴売すれば、則ち百姓は財を竭《つく》す。

財を竭せば則ち丘役は急し、力は中原に屈《つ》き、用は家に虚しく、百姓の費《ついえ》は、十に其の七を去る。

公家の費は、破車罷馬、甲冑《かっちゅう》矢弩《しど》、戟楯矛《げきじゅんぼう》櫓《ろ》、丘牛大車《きゅうぎゅうだいしゃ》に、十に其の六を去る。

故に、智将は務めて敵を食む。敵の一鍾を食むは、吾が二十鍾に当たる。萁《き》秆《かん》一石は、吾が二十石に当たる。

P58

故に、敵を殺すは怒なれど、敵の貨を取るは利なり。

故に、車戦に車十乗已上を得れば、其の先んじて得たる者を賞せよ。而《しか》して、其の旌旗を更《あらた》め、車は雑《まじ》えて之に乗らしめ、卒は善くして之を養わしめよ。

是《これ》、敵に勝ちて強を益《ま》すと謂《い》う。

故に、兵は勝ちを貴び、久しきを貴ばず。

故に、兵を知るの将は、民の司命にして、国家安危の主なり。

三 謀攻編

P62

孫子曰く、凡そ用兵の法は、国を全うするを上と為し、国を破るは之に次ぐ。軍を全うするを上と為し、軍を破るは之に次ぐ。旅を全うするを上と為し、国を破るは之に次ぐ。卒を全うするを上と為し、卒を破るは之に次ぐ。伍を全うするを上と為し、伍を破るは之に次ぐ。

是の故に、百戦百勝は、善の善なる者に非ざるなり。戦わずして人の兵を屈するが、善の善なる者なり。

P64

故に上兵は謀を伐つ。其の次は交を伐つ。其の次は兵を伐つ。其の下は城を攻む。攻城の法は已むを得ざるに為す。櫓《ろ》・轒轀《ふんおん》を修め、器械を具《そな》うること、三月にして後に成る。距闉《きょいん》又三月にしてのちに已《お》わる。

将、其の忿《いきどお》りに勝《た》えずしてこれに蟻附《ぎふ》すれば、士卒の三分の一を殺す。而して城の抜けざれば、此れ攻の災いなり。

P66

故に、善く兵を用うる者は、人の兵を屈するも、戦うに非ざるなり。人の城を抜くも、攻むるに非ざるなり。人の国を毀《やぶ》るも、久しきに非ざるなり。

必ず全きを以て天下に争う。故に、兵は頓《たお》れずして、利は全かるべし。

此れ謀攻の法なり。

P68

故に、用兵の法は、十なれば則ち之を囲み、五なれば則ち之を攻め、倍すれば則ち之を分かち、敵すれば則ち能く之と戦い、少なければ則ち能く之を逃れ、若《し》かざれば則ち能く之を避けよ。

故に、小敵の堅は、大敵の擒《とりこ》なり。

P70

夫れ将は国の輔《たすけ》なり。輔が周《ちか》ければ、則ち国は必ず強く、輔に隙あらば、則ち国は必ず弱し。

P72

故に、君の軍にて思いとなる所以《ゆえん》の者には三あり。

軍の進むべからざるを知らずして、之に進めと謂い、軍の退くべからざるを知らずして、之に退けという。是を、軍を縻《すりへら》すと謂う。

三軍の事を知らずして、三軍の政を同じうすれば、則ち軍士惑わん。

三軍の権を知らずして、三軍の任を同じうすれば、則ち軍士疑わん。

三軍既に惑い、且つ疑わば、則ち諸侯の難至らん。

是を、軍を乱して勝ちを引くと謂う。

P74

故に、勝ちを知るに五あり。

戦うべきと戦うべからざるを知れば、勝つ。衆寡の用を識れば、勝つ。上下が欲を同じうすれば、勝つ。虞を以て不虞を待てば、勝つ。将能にして君御さざれば、勝つ。

此の五者は、勝ちを知るの道なり。

P76

故に曰く、彼を知りて己を知れば、百戦して殆《あやう》からず。彼を知らずして己を知れば、一勝一負す。彼を知らず己を知らざれば、戦うごとに必ず殆し。

四 形篇

孫子曰く、昔の善く戦う者は、先ず勝つべからざるを為して、以て敵の勝つべきを待つ。

P80

勝つべからざるは己に在り、勝つべきは敵に在り。

故に、善く戦う者は、能く勝つべからざるを為すも、敵をして勝つべからざらしむること能わず。故に曰く、勝ちを知るべし、而《しか》れど為すべからずと。

P82

勝つべからざるとは、守なり。勝つべきとは、攻なり。守るは則ち余りあり。攻むるは則ち足らず。

P84

善く守る者は、九地の下に蔵し、善く攻むる者は、九天の上に動く。故に、能く自ら保ちて、勝ちを全うするなり。

勝ちを見るに、衆人の知るところに過ぎざるは、善の善なる者に非ざるなり。戦いに勝ちて天下が善というは、善の善なる者に非ざるなり。

故に、秋毫《しゅうごう》を挙ぐるを多力とは為さず、日月を見るを明目とは為さず、雷霆《らいてい》を聞くを聴耳とは為さず。

P86

古《いにしえ》の所謂《いわゆる》善く戦う者は、勝ち易きに勝つ者なり。故に善く戦う者の勝つや、奇勝無く、智名なく、勇功なし。故にその戦い勝ちて忒《たが》わず。忒わざるとは、其の勝ちを措《お》く所、已に敗るる者に勝てばなり。

故に善く戦う者は不敗の地に立ちて、敵の敗を失わざるなり。是の故に勝つ兵は先ず勝ちて、而る後に戦いを求め、敗るる兵は先ず戦いて而る後に勝ちを求む。

善く兵を用うる者は、道を修めて法を保つ。故に、能く勝敗の政を為す。

P88

兵法は、一に曰く、度。二に曰く、量。三に曰く、数。四に曰く、称。五に曰く、勝。

地は度を生じ、度は量を生じ、量は数を生じ、数は称を生じ、称は勝を生ず。

故に、勝つ兵は鎰《いつ》を以て銖《しゃ》を称《はか》るが若《ごと》く、敗るる兵は、銖をもって鎰を称るが若し。

勝者の民を戦わすや、積水を千仞《じん》の谿《たに》に決するが若きは、形なり。

五 勢篇

P92

孫子曰く、凡そ衆を治むるに寡を治むるが如きは、分数是なり。衆を闘わすに寡を闘わすが如きは、形名是なり。三軍の衆、畢《ことごと》く敵を受けて敗なからしむべきは、奇正是なり。兵の加うる所、碬《たん》を以て卵に投ずるが如きは、虚実是なり。

P94

凡そ戦いは、正を以て合い、奇を以て勝つ。故に、善く奇を出す者は、窮まり無きこと天地の如く、竭《つ》きざること江河のごとし。終わりて復《また》始まるは、日月是なり。死して復《また》生ずるは、四時是なり。

声は五に過ぎざるも、五声の変は、勝《あ》げて聴くべからざるなり。色は五に過ぎざるも、五色の変は、勝げて観るべからざるなり。味は五に過ぎざるも、五味の変は、勝げて嘗《な》めるべからざるなり。

戦勢は奇正に過ぎざるも、奇正の変は、勝げて窮むべからざるなり。

奇正の循《めぐ》りて相生ずること、環の端なきが如し。孰《だれ》か能く之を窮めんや。

P96

激水《げきすい》の疾《はや》くして、石を漂《ただよわ》すに至る者は、勢なり。鷙鳥《しちょう》の撃ちて、毀折《きせつ》に至る者は、節《せつ》なり。

是の故に、善く戦う者は、其の勢は険にして、其の節は短なり。勢は弩《ど》を引くがごとく、節は機《き》を発するが如し。

P98

乱は治に生じ、怯は勇に生じ、弱は彊《きょう》に生ず。治乱は数なり。勇怯は勢なり。彊弱は形なり。

P100

故に、善く敵を動かす者は、之を形すれば、敵は必ず之に従う。之を予《あた》うれば、敵は必ず之を取る。

利を以て之を動かし、詐を以て之を待つ。

P102

故に、善く戦う者は、之を勢に求め、人に責せず。故に、能《よ》く人を択《えら》びて勢に任ず。

勢に任ずれば、其の人を戦わしむるや、木石を転ずるが如し。木石の性は、安らえば則ち静まり、危うければ則ち動き、方なれば則ち止まり、円なれば則ち行く。

故に、善く人を戦わしむるの勢とは、円石を千仞《じん》の山に転ずるが如くならば、勢なり。

六 虚実編

孫子曰く、凡そ先んじて戦地に処《い》て敵を待つ者は、佚す。後れて戦地に処て戦いに趨《おもむ》く者は、労す。故に、善く戦う者は、人を致して人に致されず。

P106

能く敵人をして自ら至らしむとは、之を利すればなり。能く敵人をして至るを得ざらしむとは、之を害すればなり。

故に、敵の佚すれば能く之を労《つか》れさしめ、飽けば能く之を飢わしめ、安んじれば能く之を動かす。

P108

其の趨《おもむ》かざる所に出で、其の意《おも》わざる所に趨き、千里を行きて労《つか》れずとは、無人の地を行けばなり。攻めて必ず取るとは、其の守らざる所を攻むればなり。守りて必ず固しとは、其の攻めざる所を守ればなり。

故に、能く攻むる者には、敵、其の守る所を知らず。能く守る者には、敵、其の攻むる所を知らず。

微《び》なるかな微なるかな、無形に至る。神《じん》なるかな神なるかな、無声に至る。故に、能く敵の司命を為す。

P110

進みて禦《ふせ》ぐべからずとは、其の虚を衝《つ》けばなり。退きて追うべからずとは、速やかにして及ぶべからざればなり。

P112

故に、我戦いを欲すれば、敵、塁を高くし溝を深くすと雖も、我と戦わざるを得ずとは、其の必ず救う所を攻むればなり。我戦いを欲せざれば、敵、我と戦うを得ずとは、其の之《ゆ》く所に乖《そむ》けばなり。

故に、人を形せしめて、我は無形なれば、則ち我は専《まとま》りて敵分かる。

我は専りて一と為り、敵は分かれて十と為る。是れ、十を以て其の一を攻むるなり。則ち、我は衆《おお》くして、敵は寡《すくな》し。

能く衆きを以て寡きを撃てば、則ち、吾が与《とも》に戦う所は約なり。

P114

吾が与《とも》に戦う所の地は、知るべからず。知るべからざれば、則ち、敵の備うる所は多し。敵の備うる所多ければ、則ち、吾が与に戦う所は寡《すくな》し。

故に、前を備うれば則ち後ろは寡く、後ろを備うれば前は寡く、左を備うれば右は寡く、右を備うれば左は寡し。

備えざる所なければ、すなわち寡からざる所なし。

寡きとは、人に備うればなり。衆《おお》きとは人をして己《おのれ》に備わしむればなり。

故に、戦いの地を知り、戦いの日を知れば、則ち、千里にして会戦すべし。

P116

戦いの地を知らず、戦いの日を知らざれば、則ち、左は右を救うこと能わず、右は左を救うこと能わず。前は後ろを救うこと能わず、後ろは前を救うこと能わず。而《しか》るを、況んや遠きは数十里、近きは数里をもってしてもや。

吾を以て之を度《はか》るに、越人の兵多しと雖も、亦奚《またなん》ぞ勝敗に益あらんや。

故に曰く、勝ちを擅《ほしいまま》にすべきなりと。敵衆《おお》しと雖も、闘い無からしむるべし。

P118

故に、之を索《さぐ》りて得失の形を知り、之を蹟《せき》して動静の理を知り、之を形《あらわ》して死生の地を知り、之に角《ふ》れて有余不足の処を知る。

P120

故に、兵を形《あらわ》すの極は、無形に至る。形無ければ、則ち、深間は窺うこと能わず、智者は謀ること能わず。形に因りて勝ちを衆に錯《お》くも、衆は知ること能わず。

人皆、我が勝つ所以《ゆえん》の形を知れども、吾が勝ちを制す所以の形を知ることなし。

故に、其の戦いの勝つや、復《くりかえ》さずして、形に無窮に応ず。

夫れ兵の形は、水を象《かたど》る。

水の形は高きを避けて下に趨《おもむ》く。兵の形は実を避けて虚を撃つ。水は地に因りて流れを制し、兵は敵に因りて勝ちを制す。

故に、兵に常勢無く、常形無し。

能く敵に因りて変化して、勝ちを取る者、これを神と謂う。

故に、五行に常勝なく、四時に常位なけれど、日には短長あり、月には死生あり。

七 軍争編

孫子曰く、凡そ用兵の法は、将、君より命を受け、軍を合し衆を聚《あつ》め、和を交えて舎《とど》まるに、P124軍争より難きものは莫《な》し。軍争の難きは、迂《う》を以て直と為し、患を以て利と為せばなり。

故に、その途《みち》を迂にして、之を誘うに利を以てし、人に後れて発し、人に先んじて至る。これ迂直の計を知ればなり。

P128

軍争は利為り。軍争は危為り。

軍を挙げて利を争えば、則ち及ばず。軍を委《す》てて利を争えば、則ち輜重捐《すて》らる。軍は輜重なければ則ち亡び、糧食なければ則ち亡び、委積なければ則ち亡ぶ。

是の故に、甲を巻きて趨《はし》り、日夜処《い》ず、道を倍して兼行すること、百里にして利を争えば、則ち、三将軍は擒《とら》われ、勁《つよ》き者は先んじ、疲るる者は後れ、其の法、十にして一至る。五十里にして利を争えば、則ち、上将軍は蹶《たお》れ、其の法、半ば至る。三十里にして利を争えば、則ち三分の二至る。

故に、諸侯の謀《はかりごと》を知らざれば、預《あらかじ》め交わること能わず。山林、険阻、沮《そ》沢《たく》の形を知らざれば、行軍すること能わず。郷導を用いざれば、地の利を得ること能わず。

P130

故に、兵は詐を以て立ち、利を以て動き、分合を以て変を為す者なり。

故に、其の疾きこと風の如く、其の徐《しず》かなること林の如く、侵掠すること火の如く、知り難きこと陰の如く、動かざること山の如く、動くこと雷震の如し。

郷を掠《かす》めるに衆を分かち、地を廓《ひろ》げるに利を分かち、権を懸けて而《しか》して動く。

先んじて迂直の計を知れば、勝つ。此れ軍争の法なり。

軍制に曰く、言えど相聞こえず、故に金鼓《きんこ》を為す、視《しめ》せど相見えず、故に旌旗《せいき》を為すと。故に、夜戦に火鼓多く、昼戦に旌旗多きは、人の耳目を便ずる所以なり。

夫れ金鼓旌旗は、人の耳目を一にする所以《ゆえん》なり。人既に専《まとま》りて一つならば、則ち、勇者は独進するを得ず、怯者は独退するを得ず。紛紛紜《ふんぷんうん》紜《うん》として闘い乱れても、乱るるべからざるなり。渾渾沌沌《こんこんとんとん》として形円《まる》くしても、敗るるべからざるなり。これ衆を用いるの法なり。

P132

故に、三軍は気を奪うべく、P134将軍は心を奪うべし。

P132

是の故は、朝の気は鋭、昼の気は惰、暮れの気は帰なり。故に、善く兵を用いる者は、其の鋭気を避け、其の惰帰を撃つ。此れ、気を治むる者なり。

P134

治を以て乱を待ち、静を以て譁《か》を待つ。此れ、心を治むる者なり。

P136

近きを以て遠きを待ち、佚を以て労を待ち、飽を以て飢を待つ。此れ、力を治むる者なり。

P138

正正の旗を邀《むか》うること無く、堂堂の陳《じん》を撃つこと勿し。此れ、変を治むる者なり。

八 九変篇

P142

孫子曰く、凡そ用兵の法、高陵に向かうこと勿かれ、背丘を逆《むか》えること勿かれ、絶地に留まること勿かれ、佯北に従うこと勿かれ、鋭卒を攻むること勿かれ、餌兵を食むこと勿かれ、帰師を遏《とど》むること勿かれ、囲師は必ず闕き、窮寇に迫ること勿かれ。此れ用兵の法なり。

P146

塗《みち》に由らざる所あり、軍に撃たざる所あり、城に攻めざる所あり、地に争わざる所あり、君命に受けざる所あり。

P148

故に、将、九変の利に通ずる者は、用兵を知る。将、九変の利に通ぜざる者は、地形を知ると雖も、地の利を得ること能わず。兵を治むるに九変の術を知らざれば、五利を知ると雖も、人の用を得ること能わず。

P150

是の故に、智者の慮は必ず利害に雑《まじ》う。利に雑りて、而《しか》して務めを信とするに可なり。害に雑りて、而して患いを解くに可なり。

P152

是の故に、諸侯を屈するには害を以てし、諸侯を役するには業を以てし、諸侯を趨《はし》らすには利を以てす。

P154

故に、用兵の法、其の来たらざるを恃《たの》むこと無く、吾が待つを以て有るを恃む。其の攻めざるを恃むこと無く、吾が攻むべからざる所の有るを恃むなり。

P156

故に、将に五危あり。必死は殺さるるべし。必生は虜《とら》わるるべし。忿速は侮《あなど》らるるべし。廉潔は辱《はずかし》めらるるべし。愛民は煩わさるるべし。凡そ此の五者は、将の過ちなり。用兵の災いなり。軍を覆し将を殺すは、必ず五危を以てなり。察せざるべからず。

九 行軍篇

P160

孫子曰く、凡そ軍を処して敵を相《み》るには、山を絶《わた》るには谷に依り、生を視るには高きに処し、隆にて戦うには登ること無かれ。此れ山に処するの軍なり。

水を絶れば必ず水を遠ざけ、客、水を絶りて来たらば、之を水の内にて迎うること勿かれ。半ば済《わた》らしめてこれを撃てば、利なり。戦わんと欲さば、水に附くこと無くして、客を迎えよ。これ水上に処するの軍なり。

斥沢を絶るには、惟亟《ただすみ》やかに去りて留まること無かれ。若し軍を斥沢の中に交うるならば、必ず水草に依りて、衆樹を背にせよ。これ斥沢に処するの軍なり。

平陸は易きに処きて、高きを右背にし、死を前にし生を後ろにせよ。これ平陸に処するの軍なり。

およそ、此の四軍の利は、黄帝の四帝に勝ちし所以《ゆえん》なり。

凡そ軍は、高きを好みて下《ひく》きを悪《にく》み、陽を貴びて陰を賤《さげす》み、生を養いて実を処《お》けば、軍に百疾無し。是れを必勝と謂《い》う。

丘陵堤防は、必ず其の陽に処して之を右背せよ。此れ兵の利、地の助なり。

上に雨ふりて水沫至らば、渉《わた》らんと欲する者は、其の定まるを待て。

P162

凡そ地に絶澗《ぜっかん》、天井《てんせい》、天牢《てんすう》、天羅《てんら》、天陥《てんかん》、天《てん》隙《げき》有らば、必ず亟《すみ》やかに之を去りて、近づくこと勿かれ。吾は之を遠ざけ、敵は之に近づけよ。吾は之を迎え、敵は之を背せしめよ。

軍行に険阻、潢井《こうせい》、葭葦《かい》、山林、翳薈《えいわい》有らば、必ず謹しみて之を覆索せよ。此れ伏姦の処《お》る所なり。

敵近くして静かなるは、其の険を恃《たの》めばなり。遠くて戦いを挑むは、人の進むを欲すればなり。その居る所の易きなるは、利すればなり。

衆樹の動くならば、来たるなり。衆草の障《おおい》多ければ、疑なり。

鳥の起《た》つは、伏なり。獣の駭《おどろく》は、覆なり。

塵高くして鋭ければ、車が来たるなり。卑《ひく》くして広ければ、徒が来たるなり。散じて條達するは、樵を採るなり。少なくして往来するは、軍を営むなり。

P166

辞の卑《ひく》くして備えを益すならば、進むなり。辞の彊《つよ》くして進駆するならば、退くなり。

軽車先ず出でて其の側に居るならば、陳なり。約無くして和を講ずるならば、謀なり。奔走して兵車を陳《つら》ぬるならば、期なり。半ば進み半ば退くならば、誘なり。

P168

杖つきて立てるは、飢なり。汲みて先ず飲むは、渇なり。利を見て進まざるは、労《つか》るるなり。

鳥集まるは、虚なり。

夜呼ばわるは、恐なり。軍の擾《みだ》るるは、将の重くあらざればなり。旌旗の動くは、乱なり。吏の怒るは、倦みたるなり。

馬に粟《ぞく》して肉を食らい、軍に懸缻《けんふ》なくして、其の舎に返らざるは、窮寇なり。

P170

諄《じゅん》諄《じゅん》翕《きゅう》翕《きゅう》として、徐《おもむろ》に人と言《かた》るは、衆を失うなり。

数《しばしば》賞するは、窘《くる》しむなり。数罰するは、困《つか》るるなり。先に暴して後に其の衆を畏るるは、不精の至りなり。

P172

来たりて委謝するは、休息を欲するなり。

兵怒りて相迎え、久しくして合わず、また相去らざるは、必ず謹しみて之を察せよ。

P176

兵は多きを益とするに非ざるなり。惟《た》だ、武進すること無く、力を併せ敵を料らば、以て人を取るに足るとするのみ。惟だ慮の無くして敵を易《あなど》れば、必ず人に擒《とら》われん。

P178

卒、未だ親附せざるに之を罰すれば、則ち服さず。服さざれば、則ち用い難きなり。卒、已《すで》に親附するに罰を行わざれば、則ち用うべからざるなり。

故に、之を令するに文を以てし、之を斉《ととの》えるに武を以てせよ。是れを必取という。

令、素より行われ、以て其の民に教えるならば、則ち民は服す。令、素より行われず、以て其の民に教えるならば、則ち民は服さず。令、素より信ならば、衆と相得るなり。

十 地形篇

孫子曰く、地形には、通ずる者有り、挂《さまた》ぐる者有り、支《わか》るる者有り、隘《せま》き者有り、険しき者有り、遠き者有り。

我が以て往くも可にして彼が以て来たるも可なるを、通と曰う。通の形は、まず高陽に居て、糧道を利し、以て戦えば、則ち利有り。

以て往くは可なれど以て返るには難きを、挂と曰う。挂の形は、敵に備え無ければ、出でれば之に勝つ。敵若《も》し備え有れば、出でても勝てず。返り難きを以て、不利なり。

我が出づるに不利にして彼が出づるも不利なるを、支と曰う。支の形は、敵が我に利すると雖も、我は出づること勿かれ。引きて之を去り、敵をして半ば出《い》ださしめて、之を撃てば、利なり。

隘の形は、我は先に之に居て、必ずこれを盈《み》たして、以て敵を待て。若し敵先に之に居らば、盈つれば従うこと勿かれ。盈たざれば之に従え。

険の形は、我は先に之に居、必ず高陽に居て、以て敵を待て。若し敵先に之に居らば、引きて之を去り、従うこと勿かれ。

遠の形は、勢均しければ、以て戦いを挑み難く、戦えば不利なり。

凡そこの六者は、地の道なり。将の至任なれば、察せざるべからざるなり。

故に、兵には、走る者有り、弛む者有り、陥いる者有り、崩るる者有り、乱るる者有り、北《にげ》る者有り。凡そ此の六者は、天の災いに非ず、将の過ちなり。

夫れ勢の均しくて、一を以て十を撃つを、走と曰《い》う。

卒強くして吏弱きを、弛と曰う。吏強くして卒弱きを、陥と曰う。

大吏怒りて服さず、敵に遇《あ》えば懟《うら》みて自ら戦い、将其の能を知るらざるを、崩と曰う。

将弱くして厳しからず、教道明らかならずして、吏卒は常なく、兵の陳《つら》ぬること縦横なるを、乱と曰う。将、敵を料《はか》ること能わず、少なきを以て衆に合い、弱きを以て強きを撃ち、兵に選鋒無きを、北と曰う。

凡そ此の六者は、敗の道なり。将の至任なれば、察せざるべからざるなり。

P182

夫れ地形は、兵の助けなり。敵を料《はか》り勝を制し、険易遠近を計るは、上将の道なり。此れを治めて戦いを用《おこな》う者は、必ず勝つ。此れを知らずして戦いを用うものは必ず敗ける。

P186

故に、戦道が必勝ならば、主が戦う無かれと曰《い》うとも、必ず戦うべきなり。戦道が不勝ならば、主が必ず戦えと曰うとも、戦い無かるべきなり。

故に、進みて名を求めず、退きて罪を避けず、唯だ人を是れ保ちて、而して利の主に合うは、国の宝なり。

P188

卒を視るに嬰児の如き故に、之と深渓に赴くべし。卒を視るに愛子の如き故に、之と倶《とも》に死すべし。

厚くして使うこと能わず、愛して令すること能わず、乱して治むること能わざれば、譬えば驕子の若くして、用うべからざるなり。

P190

吾が卒の以て撃つべきを知るも、敵の撃つべからざるを知らざれば、勝ちの半ばなり。敵の撃つべきを知るも、吾が卒の以て撃つべからざるを知らざれば、勝ちの半ばなり。敵の撃つべきを知り、吾が卒の以て撃つべきを知るも、地形の以て戦うべからざるを知らざれば、勝ちの半ばなり。

故に、兵を知る者は、動きて迷わず、挙げて窮せず。

故に曰く、彼を知り己を知れば、勝ちて乃ち殆《あやう》からず。天を知り地を知れば、勝ちて乃ち全うすべし。

十一 九地篇

孫子曰く、用兵の法には、散地有り、軽地有り、争地有り、交地有り、衢地有り、重地有り、圮《ひ》地有り、囲地有り、死地有り。

諸侯自ら其の地に戦う者を、散地と為す。

人の地に入りて深からざる者を、軽地と為す。

我が得れば則ち利となり、彼が得れば亦《また》利となる者を、争地と為す。

我が以て往くも可、彼が以て来たるも可なる者を、交地と為す。

諸侯の地に四属し、先に至れば天下の衆を得る者を、衢地と為す。

人の地に入ること深く、城邑を多く背する者を、重地と為す。

山林、険阻、沮沢を行き、凡そ行き難きの道なる者を、圮地と為す。

由りて入る所のものは隘《せま》く、従いて帰る所のものは迂にして、彼は寡にして、以て吾れの衆を撃つに可なる者を、囲地と為す。

戦うに疾ければ則ち存し、戦うに疾からざれば則ち亡ぶ者を、死地と為す。

P194

是の故に、散地は則ち戦うこと無く、軽地は則ち止まること無く、争地は則ち攻むること無く、交地は則ち絶《わた》ること無く、衢地は則ち交を合わせ、重地は則ち掠め、圮地は則ち行い、囲地は則ち謀り、死地は則ち戦う。

P198

所謂《いわゆる》古《いにしえ》の善く兵を用いる者は、能く敵人をして前後相及ばず、衆寡相恃《たの》まず、貴賤相救わず、上下相収めず。卒は離れて集めず、兵は合わせて斉《ととの》えず。

利に合えば而ち動き、利に合ざれば而ち止む。

P200

敢えて問う、敵、衆を整えて将《まさ》に来たらんとす、之を待つこと若何。曰く、先ず其の愛する所を奪わば、則ち聴かん。

兵の情は速やかなるを主とす。人の及ばざるに乗じて、不虞の道に由《よ》り、其の戒めざる所を攻むるなり。

凡そ客たるの道は、深く入れば則ち専《まと》まり、主人克たず。

饒野に掠めて、三軍の食足る。謹しみて養いて労すること勿く、気を併せ力を積み、兵を運《めぐ》らして謀を計り、測るべからざるを為す。

P202

之を往く所なきに投ずれば、死すとも且《はた》北《に》げず。死、為《いずく》んぞ、士人の力を尽くすを得ざらん。

兵士甚《はなはだ》しく陥いれば、則ち懼《おそ》れず。往く所の無ければ則ち固め、入るに深ければ則ち拘わり、已むを得ざれば則ち闘う。

是の故に、其の兵修めずして戒しめ、求めずして得、約さずして親《ちか》しく、令せずして信なり。祥を禁じて疑を去らば、死に至るまで之《い》く所なし。

吾が士に余財無くとも、貨を悪《にく》むに非ざるなり。余名無くとも、寿を悪むに非ざるなり。

令を発するの日、士卒の坐れる者の涕は襟を霑《うるお》し、偃臥する者の涕は頤に交わる。これを往く所無きに投ずれば、諸・劌《けい》の勇なり。

故に、善く兵を用うる者は、譬えれば率然の如し。率然とは常山の蛇なり。其の首を撃てば、則ち尾が至り、其の尾を撃てば、則ち首が至り、其の中を撃てば、則ち首尾倶《とも》に至る。

敢えて問う、兵を率然の如くならしむること、可なるや。曰く、可なり。夫れ呉人と越人は相悪《にく》めど、其の舟を同じくして済《わた》るに、風の遇うに当たれば、其の相救うや、左右の手の如し。

是の故に、馬を方して輪を埋むるとも、未だ恃《たの》むに足らざるなり。勇を斉《ととの》えること一のごとくなるが、政の道なり。剛柔皆得るが、地の理なり。

故に、善く兵を用うる者は、手を携えるに一の若くして、人をして已むを得ざらしむるなり。

将軍の事、静なること幽を以てし、正なるこ

P206

と治を以てし、能く士卒の耳目を愚にして、之をして知ること無からしむ。其の事を易《か》え、其の謀を革《あらた》めて、人をして識らしむこと無からしむ。其の居を易え、其の途を迂にして、人をして慮ること得ざらしむ。

帥《ひき》いて之と期すれば、高きに登りて其の梯を去るが如し。帥いて之と諸侯の地に深く入りて、其の機を発すれば、群羊を駆るが若《ごと》くにして、駆られて往き、駆られて来たるとも、之《い》く所を知る莫し。

三軍の衆を聚《あつ》めて、之を険に投ず。此れ将軍の事と謂うなり。

九地の変、屈伸の利、人情の理は、察せざるべからず。

凡そ客たるの道、深ければ則ち専《まと》まり、浅ければ則ち散ず。国を去り境を越えて師《ひき》いるとは、絶地なり。四達とは、衢地なり。深く入るとは、重地なり。浅く入るとは、軽地なり。背は固にして前の隘《せま》ければ、囲地なり。往く所無ければ、死地なり。

是の故に、散地には、吾れ将《まさ》に其の志を一にせんとす。軽地には、吾れ将に之を属せしめんとす。争地には、吾れ将に其の後を趨らんとす。交地には、吾れ将に其の結を固めんとす。重地には、吾れ将に其の食を継がんとす。圮《ひ》地には、吾れ将にその塗《みち》を進まんとす。囲地には、吾れ将に其の闕を塞《ふさ》がんとす。死地には、吾れ将に之を示すに、活きざるを以てせんとす。

故に、兵の情、囲まるれば則ち禦《ふせ》ぎ、已むを得ざればすなわち闘い、過ぐれば則ち従う。

是の故に、諸侯の謀を知らざれば、預《あらかじ》め交わること能わず。山林、険阻、沮沢の形を知らざれば、行軍すること能わず。郷導を用いざれば、地利を得ること能わず。

此の三者の、一を知らざれば、覇王の兵に非ざるなり。

夫れ覇王の兵、大国を伐たば、則ち其の衆は聚《あつ》まることを得ず。威を敵に加せば、則ち其の交は合することを得ず。是の故に、天下の交を争わず、天下の権を養わず。己の私を信《の》べ、威を敵に加す。故に、其の城を抜くこと可にして、其の国を堕とすも可なり。

無法の賞を施し、無政の令を懸ければ、三軍の衆を犯《もち》いること、一人を使うが若し。

之を犯《もち》いるに事を以てし、言を以て告げること勿かれ。之を犯いるに利を以てし、害を以て告げること勿かれ。之を亡地に投じて、然る後に存す。之を死地に陥《おとしい》れて、然る後に生かす。夫れ衆は、害に陥りて、然る後に、能く勝敗を為すなればなり。

故に、兵為《た》るの事、敵の意を順詳するに在り。敵を并《あわ》せて一向し、千里にして将を殺す。此れ巧みに能く事を成すと謂う。

是の故に、政を挙《おこな》うの日は、関を夷《とど》め符を折りて、其の使を通ずること無く、廊廟の上にて厳しくして、以て其の事を誅《せ》む。

P208

敵人開闔すれば、必ず亟《すみ》やかに之に入り、其の愛する所に先んじ、微《ひそ》かに之と期し、剗《せん》墨《ぼく》して敵に随いて、以て戦事を決す。

是の故に、始めは処女の如くにして、敵人は戸を開け、後は脱兎の如くにして、敵人は拒《ふせ》ぐに及ばず。

十二 火攻篇

P212

孫子曰く、凡そ火攻に五有り。一に曰く、火《か》人《じん》。二に曰く、火積《かし》。三に曰く、火輜《かし》。四に曰く、火庫《かこ》。五に曰く、火隊《かたい》。

P214

火を行うには必ず因有り、煙火は必ず素より具《そな》う。

火を発するに時あり、火を起こすに日あり。時は天の燥《かわ》けるなり。日とは月の箕《き》、壁《へき》、翼《よく》、軫《しん》に在るなり。凡そ四宿は、風起つの日なり。

P216

凡そ火攻は、必ず五火の変に因りて之に応ず。

火の内より発すれば、則ち早《ただ》ちに外より之に応ず。

火の発して兵静かなれば、待ちて、攻むること勿かれ。其の火力を極め、従うべくして之に従い、従うべからずして之を止む。

火の外より発すること可なれば、内を待つこと無く、時を以て之を発せよ。

火の上風に発すれば、下風を攻むること無かれ。昼に風久しければ、夜には風止む。

凡そ軍は、必ず五火の変の有るを知りて、数を以て之を守れ。

故に、火を以て攻を佐《たす》くる者は明なり、水を以て攻を佐ける者は、強なり。水は以て絶つことは可なれど、以て奪うことは可ならず。

P218

夫れ戦勝攻取して、其の功を修めざるは、凶なり。命《なづ》けて費留《ひりゅう》と曰《い》う。

故に曰く、明主は之を慮《おもんばか》り、良将は之を修むと。利に非ざれば動かず、得ること非ざれば用いず、危うきこと非ざれば戦わず。

P220

主は、怒りを以て師を興こすべからず、将は、慍《いきどお》りを以て戦いを致すべからず。利に合えば而ち動き、利に合わざれば而ち止めよ。

怒は以て喜に復すべく、慍は以て悦に復すべくあれど、亡国は以て存に復すべからず、死者は以て生に復すべからず。

故に、明君は之を慎しみ、良将は之を警《いまし》む。此れぞ国を安んじて軍を全うするの道なり。

十三 用間篇

孫子曰く、凡そ師を興こすこと十万にして、出征すること千里ならば、百姓の費、公家の奉、日に費やすこと千金。内外は騒動して、道路を怠たり、事を操うこと得ざる者は、七十万家。相守ること数年にして、以て一日の勝ちを争う。

P224

而るに、爵禄百金を愛《おし》みて、敵の情を知らざれば、不仁の至なり、人の将に非ざるなり、主の佐《たすけ》に非ざるなり、勝の主に非ざるなり。

故に、明君賢将の、動きて人に勝ち、成功を衆に出だす所以の者は、先んじて知ればなり。先んじて知れば、鬼神に取るべからず、事に象《かたど》るべからず、度に験すべからず。必ず人に取りて、敵の情を知る者なり。

故に、間を用うるに五有り。郷間有り、内間有り、反間有り、死間有り、生間有り。五つの間は倶《とも》に起こりて、其の道を知ること莫し。これ神紀と謂う。人君の宝也。

郷間とは、其の郷人に因りて之を用いる。内間とは、其の官人に因りて之を用いる。反間とは、其の敵間に因りて之を用いる。死間とは、外にて誑《かた》り事を為して、吾が間に之を知らしめ、而して敵間に伝うるなり。生間とは、反《かえ》りて報ずるなり。

P228

故に、三軍の親は、間より親しきは莫く、賞は、間より厚きは莫く、事は間より密なるは莫し。

聖智に非ざれば、間を用うること能わず。仁義に非ざれば、間を使うこと能わず。微妙に非ざれば、間の実を得ること能わず。微かな微かな、間を用いざる所無し。

P230

間の事、未だ発せざるに先んじて聞くならば、間と、告ぐる所の者は、皆死。

P232

凡そ軍の撃たんと欲する所、城の攻めんと欲する所、人の殺さんと欲する所は、必ず先んじて、其の守る将、左右、謁者、門者、舎人の姓名を知り、吾が間をして必ず索《もと》めて之を知らしめよ。

敵人の間来たりて我を間するならば、因りて之を利し、導きて之を舎しむ。故に、反間は得て用うべきなり。是に因りて之を知る故に、郷間、内間は得て使うべきなり。是に因りて之を知る故に、死間は誑り事を為して、敵に告げさしむべし。是に因りて之を知る故に、生間は期のごとく使うべし。

P234

五間の事、主は必ず之を知る。之を知るは必ず反間に在り。故に、反間は厚くせざるべからざるなり。

P236

昔殷の興こるや、伊摯《いし》、夏《か》に在り。周の興こるや、呂牙《りょが》、殷に在り。

故に、惟《た》だ明君賢将のみぞ、能く上智を以て間者為《た》らしめ、必ず大功を成す。

此れ兵の要にして、三軍の恃《たの》みて動く所なり。

写真提供・参考文献

〈写真提供〉

- 日本マイクロソフト株式会社
- 野田市立興風図書館
- PANA通信社
- 毎日新聞社
- 山梨市教育委員会
- 横手市教育委員会
- 霊友会妙一記念館

〈参考文献〉

注釈書

- 孫子　金谷治　岩波文庫
- 孫子　浅野裕一　講談社学術文庫
- 全釈漢文大系22　孫子・呉子　山井湧　集英社
- 孫子訳注　郭化若　東方書店
- 孫子・呉子　村山孚　徳間書店
- 新書漢文大系3　孫子・呉子　天野鎮雄　明治書院

兵法・兵学

- 戦略戦術兵器事典1　中国古代編　歴史群像グラフィック戦史シリーズ　学研
- よみがえる中国の兵法　湯浅邦弘　大修館書店
- 孫子兵法発掘物語　岳南　岩波書店
- 諸子百家〈再発見〉　掘り起こされる古代中国思想　浅野裕一・湯浅邦弘編　岩波書店
- 江戸の兵学思想　野口武彦　中央公論社
- 日本兵法全集6　諸流兵法（上）　石岡久夫　人物往来社

戦略関連

- 正史三国志　陳寿・裴松之　筑摩書房
- 三国志演義　羅貫中　筑摩書房
- 日露戦争史　海上の戦い　日本海海戦（1）（2）　国立公文書館アジア歴史資料センター「日露戦争特別展Ⅱ」　http://www.jacar.go.jp/nichiro2/index.html
- ドキュメントヴェトナム戦争全史　小倉貞男／著　岩波書店
- 戦略の本質　戦史に学ぶ逆転のリーダーシップ　野中郁次郎ほか　日経ビジネス人文庫
- 地図で知る戦国（下）　地図で知る戦国編集委員会・ぶよう堂編集部編　武揚堂
- 山本勘助と戦国24人の名軍師　別冊歴史読本49　新人物往来社
- ナポレオン戦争全史　松村劭　原書房
- ナポレオン自伝　ナポレオン　朝日新聞社
- ボー・グエン・ザップ　ベトナム人民戦争の戦略家　ジェラール・レ・クアン　サイマル出版会
- シュワーツコフ回想録　少年時代・ヴェトナム最前線・湾岸戦争　H・シュワーツコフ　新潮社
- 弱者の兵法　野村克也　アスペクト
- 孫子・戦略・クラウゼヴィッツ　その活用の方程式　守屋淳　プレジデント社
- 戦略の歴史　抹殺・征服技術の変遷　石器時代からサダム・フセインまで　キーガン　心交社
- 新戦略の創始者　マキアヴェリからヒトラーまで　上下　エドワード・ミード・アール編　原書房

中国史

- 新版中国の歴史上　古代-中世　愛宕元・冨谷至編　昭和堂
- 古代中国　原始・殷周・春秋戦国　貝塚茂樹・伊藤道治　講談社学術文庫
- 史記列伝一　司馬遷　平凡社ライブラリー
- 中国古代の生活史　林巳奈夫　吉川弘文館

その他

- 字統　白石静　平凡社
- 漢文の語法と故事成語　吹野安・小笠原博慧　笠間書院

●著者紹介　松下 喜代子
[まつした きよこ]
長野県生まれ。東京都立大学法学部政治学科卒。編集業・著述業。執筆を担当したものとして、「一冊でわかるイラストでわかる図解」シリーズ（成美堂出版）より『近代史』『宗教史』ほか、『人づきあいをラクにする行動のヒント68』（監修：下斗米淳／すばる舎）など。

●イラスト・図版──桔川 伸　藤本昇　木村図芸社
●デザイン・DTP──新野富有樹（エスプラスデザイン事務所）
●編集協力────生田安志（編集工房アルビレオ）

決定版《けっていばん》 知《し》れば知《し》るほど面白《おもしろ》い！ 孫子《そんし》の兵法《へいほう》

●著　者────松下 喜代子 [まつした きよこ]
●発行者────若松 和紀
●発行所────株式会社西東社《せいとうしゃ》
〒113-0034 東京都文京区湯島 2-3-13
営業部：TEL（03）5800-3120　FAX（03）5800-3128
編集部：TEL（03）5800-3121　FAX（03）5800-3125
URL：http://www.seitosha.co.jp/

ISBN978-4-7916-1904-7